Hildegard Farke

Grammatik und Sprachverarbeitung

Hildegard Farke

Grammatik und Sprachverarbeitung

Zur Verarbeitung syntaktischer Ambiguitäten

Westdeutscher Verlag

Die Deutsche Bibliothek – CIP-Einheitsaufnahme

Farke, Hildegard:
Grammatik und Sprachverarbeitung: zur Verarbeitung syntaktischer Ambiguitäten / Hildegard Farke. – Opladen: Westdt. Verl., 1994

ISBN 978-3-531-12545-9 ISBN 978-3-322-90241-2 (eBook)
DOI 10.1007/978-3-322-90241-2

Der Westdeutsche Verlag ist ein Unternehmen der Verlagsgruppe Bertelsmann International.

Umschlaggestaltung: Christine Huth, Wiesbaden

Gedruckt auf säurefreiem Papier

INHALT

Vorwort

Die vorliegende Arbeit ist eine leicht überarbeitete Fassung meiner Dissertation, die im Oktober 1992 von der Philosophischen Fakultät der Universität Passau angenommen wurde. Gutachter waren Prof. S.W. Felix und Prof. H.-W. Eroms.

An dieser Stelle möchte ich mich zunächst bei meinen Lehrern bedanken: Hier sind vor allen anderen Sascha Felix, der mich an die angewandte Sprachwissenschaft herangeführt hat, und Gisbert Fanselow zu nennen. In jeder Phase des Entstehens dieser Dissertation fand ich bei ihnen Unterstützung und Inspiration. Meinen Göttinger Lehrern, Prof. Thomas Gardner, Hero Janßen und Hartmut Czepluch verdanke ich, daß sie mein Interesse an der generativen Linguistik weckten und mich darin ausbildeten. Nicht zuletzt aus dieser Konstellation heraus hat sich die Themenstellung dieser Arbeit, nämlich die Frage, was sprachliches Wissen ausmacht und wie es zur Anwendung kommt, entwickelt.

Ein besonderer Dank gilt Frau Gabi Neszt für ihre ausdauernde Hilfe beim Korrekturlesen und bei der Erstellung des Manuskriptes. Den Studenten der Universität Passau danke ich für ihre Teilnahme an den durchgeführten Experimenten.

Meiner Familie, ganz besonders meinen Eltern, und meinen Freunden danke ich für ihr Verständnis, ihre Geduld und ihre Unterstützung.

Passau, Oktober 1993 Hildegard Farke

Einleitung

Während sich die Generative Grammatiktheorie vor allem mit dem Repräsentations- und dem Lernbarkeitsaspekt von Sprache als einem System menschlichen Wissens befaßt hat, wurde die Untersuchung des Realisierungsaspektes von Sprache weitgehend vernachlässigt.

> "While there is no clear sense to the idea that language is "designed for use" or "welladapted to its functions", we do expect to find close links between the properties of the language and the manner of its use. Insights into these properties should facilitate the study of language use, conversely." (Chomsky 1992:1)

Der Zusammenhang von Sprache im Sinne eines mental repräsentierten grammatischen Systems einerseits und dem Gebrauch dieses Wissens andererseits ist noch weitgehend unbestimmt. Daß die Repräsentation der Grammatik und ihre Realisierung nicht identifiziert werden können, zeigt vor allem das Phänomen der bevorzugten Lesarten bei strukturellen Mehrdeutigkeiten: So stellt die Grammatik für die Interpretation eines Satzes wie *der Mann sieht den Jungen mit dem Fernrohr* oder *welche Frau sieht Hans* zwei Analysen zur Verfügung; bei der Verarbeitung solcher mehrdeutigen Sätze ist aber zu beobachten, daß eine der beiden Lesarten bevorzugt wird. Diese Präferenzen aufzuzeigen und zu erklären ist ein Ziel der - heute weitgehend experimentell betriebenen - Sprachverarbeitungsforschung, um auf diese Weise Einblick in den Zusammenhang zwischen grammatischer Wissensbasis und dem Gebrauch dieses Wissens zu gewinnen. Praktische Relevanz haben die Ergebnisse der Sprachverarbeitungsforschung für die Versuche, natürliche Sprache in künstlichen Systemen zu simulieren.

Die heutigen Annahmen über den menschlichen Sprachverarbeitungsmechanismus basieren überwiegend auf Untersuchungen zur Verarbeitung des Englischen. Die Annahme einer biologisch determinierten Sprachfähigkeit setzt jedoch einen universalen Sprachverarbeitungsmechanismus voraus, dessen Architektur und Arbeitsweise bei allen Menschen grundsätzlich gleich ist. Die Frage, ob die gewonnenen Erkenntnisse zur Sprachverarbeitung die Arbeitsweise eines universalen Verarbeitungsmechanismus oder aber spezifische Prozesse ausgerichtet auf die Eigenschaften des Englischen reflektieren, wurde vielfach ignoriert. Aus diesem Grunde müssen die formulierten Thesen über die menschliche Sprachverarbeitung an weiteren Sprachen zu überprüft werden, um schließlich aus den Untersuchungen der Einzelsprachen Erkenntnisse über den universalen menschlichen Sprachverarbeitungsapparat zu gewinnen. Dieses Buch daher zum einen eine kritische Auseinandersetzung mit den bisher formulierten Annahmen zur Sprachverarbeitung führen und zum anderen Ergebnisse einer psycholinguistischen Untersuchung zur Verarbeitung strukturell mehrdeutiger Fragesätze im Deutschen vorstellen. Gerade das Deutsche bietet aufgrund der Eigenschaft, sowohl Verbzweit- als auch Verbendstrukturen zu konstruieren, besondere Möglichkeiten, Prozesse der Sprachverarbeitung zu untersuchen. Aufgrund der - im Vergleich zum Englischen - freieren Wortstellung und des Synkretismus morphologischer Kasusformen kommt es zu vielfältigen Mehrdeutigkeiten, die das Deutsche besonders geeignet machen, der Frage nach der Serialität oder Parallelität von Verarbeitungsprozessen nachzugehen.

Bei der Analyse der Ergebnisse zeigt sich, daß sich die beobachteten Effekte nicht mit den bisherigen Annahmen zur Sprachverarbeitung, die vielfach von heuristischen grammatikunabhängigen Verarbeitungsstrategien ausgehen, vereinbaren lassen; vielmehr wird deutlich, daß sich die Verarbeitungseffekte auf die Grammatik selbst zurückführen lassen. Die These einer engen Verknüpfung zwischen Grammatik und Sprachverarbeitungsmechanismus revitalisiert eine frühere Auffassung über die menschliche Sprachverarbeitung. Diese Wiederanknüpfung an frühere Annahmen wird auf den Paradigmenwechsel von einer derivationellen zu einer repräsentationellen Grammatiktheorie zurückgeführt und begründet.

Die Ergebnisse der Sprachverarbeitungsexperimente ermöglichen vielfach eine Entscheidung zwischen konkurrierenden syntaktischen Analysen, die sich als mehr oder weniger kompatibel mit den Sprachverarbeitungsdaten erweisen: Als eine Theorie der grammatischen Kompetenz sind die Aussagen über die Repräsentation sprachlichen Wissens jedoch in dem Maße auf die Kompatibilität mit Sprachverarbeitungsdaten angewiesen, wie sie kognitive Validität beanspruchen.

Mit den gewonnenen Daten und der Rückführung der Verarbeitungseffekte auf die Grammatik sowie einigen aufgezeigten Korrelationen mit Spracherwerbsdaten wird versucht, die in der Praxis vielfach zu beobachtende isolierte Betrachtungsweise des Repräsentationsaspektes, des Lernbarkeitsaspektes und des Verarbeitungsaspektes der Grammatik zu überwinden. Der grammatiktheoretische Bezugsrahmen dieser Arbeit ist das Prinzipien- und Parametermodell[1], das sich auf die Untersuchung dieser drei Aspekte der Sprache bezieht und eine integrative Betrachtung der menschlichen Sprachfähigkeit, nämlich des Repräsentations-, des Lernbarkeits- und des Gebrauchsaspektes sprachlichen Wissens fordert.

---

1 Die Bezeichnungen *Prinzipien- und Parametermodell* oder *Rektions- und Bindungstheorie* beziehen sich auf Chomsky (1981, 1986a, 1986b, 1989) und die darauf basierenden Analysen und Weiterentwicklungen.

1. Sprache und der Gebrauch von Sprache

1.1 Grammatik und Psychologie

Ziel und Gegenstand des interdisziplinären Forschungsgebietes der Psycholinguistik ist die Erforschung jener kognitiven Prozesse, die dem Erwerb und dem Gebrauch von Sprache zugrunde liegen. Die Generative Grammatik betrachtet Sprache als ein System menschlichen Wissens, das sich in sprachlichem Verhalten manifestiert und unter anderem in der Fähigkeit eines jeden Sprechers dokumentiert, Urteile über Grammatikalität oder Ungrammatikalität eines Satzes zu geben, Grade der Ungrammatikalität zu differenzieren und Mehrdeutigkeiten zu erkennen. Sprechen als kompetenter Gebrauch des sprachlichen Wissens ist Verhalten, das nicht untersucht werden kann ohne eine Theorie über das zugrundeliegende Wissen, während andererseits das System des Wissens nicht untersucht werden kann ohne Bezug auf das Verhalten, in dem es sich manifestiert. In dieser Weise versteht Chomsky die Analyse von Sprache als ein Mittel, Erkenntnisse über die Funktionsweise der menschlichen Kognition zu gewinnen, und er definiert die Generative Linguistik als ein Teilgebiet der Psychologie.

> "The study of language (...) will bring to light inherent properties of the human mind." (Chomsky 1972:103)

Der Bereich der Psychologie, der sich vor allem mit allgemeinen und spezifischen Aspekten der menschlichen Kognition befaßt, also jenen geistigen Fähigkeiten des Menschen, die Prozesse wie Wahrnehmung, Denken und Sprechen umfassen, wird als *kognitive* Psychologie bezeichnet:

> "As used here the term "cognition" refers to all the processes by which the sensory input is transformed, reduced, elaborated, stored, recovered and used." (Neisser 1967:4)

Die Funktionsweise des menschlichen Geistes war erst nach der "kognitiven Wende" Anfang der 60er Jahre Gegenstand der Psychologie geworden. In der vorangehenden behavioristischen Psychologie wurde nur das der direkten Beobachtung zugängliche Verhalten des Menschen analysiert. Jedes beobachtbare Verhalten wurde als Reiz-Reaktionsmechanismus verstanden, und in diesem Sinne wurde auch sprachliches Verhalten als Summe einzelner, durch Konditionierung, Verstärkung und Generalisierung antrainierter Sprechgewohnheiten betrachtet. Mentale Zustände und Vorgänge waren aufgrund des rigiden positivistischen Postulats der direkten Beobachtbarkeit nicht Gegenstand der behavioristischen Linguistik.

Chomsky (1959) zeigte in seiner Skinner-Rezension, daß sich die Sprachfähigkeit des Menschen nur mit der Annahme eines internalisierten Kenntnissystems, das dem sprachlichen Verhalten zugrunde liegt, erklären lasse. Chomsky (1986a) beschreibt den Paradigmenwechsel vom Behaviorismus zum Kognitivismus wie folgt:

> "The shift was from behavior or products of behavior to states of the mind/brain that enter into behavior."
> (Chomsky 1986a:1)

Die kognitive Linguistik ist ausgerichtet auf die mentale Repräsentation sprachlichen Wissens und seine Anwendung im Sprachgebrauch, auf die Interaktion zwischen der Repräsentation sprachlichen Wissens einerseits und der Realisation und Anwendung dieses Wissen bei der Sprachverwendung andererseits, i.e. auf den Zusammenhang von Kompetenz und Performanz.

1.2 *Kompetenz und Performanz*

Zentraler Gegenstand der generativen Grammatiktheorie[2] ist die Auseinandersetzung mit den folgenden Fragen[3]:

(a) What constitutes knowledge of language?

(b) How is knowledge of language acquired?

(c) How is knowledge of language put to use?

Die Frage (a) bezieht sich auf den Repräsentationsaspekt, die Frage (b) auf den Lernbarkeitsaspekt und die Frage (c) auf den Realisierungsaspekt von Sprache als einem System menschlichen Wissens. In der Praxis hat sich die generative Grammatikforschung vor allem mit der Frage (a), also mit den repräsentationellen Aspekten, befaßt. Im Rahmen der Rektions- und Bindungstheorie geht man davon aus, daß sprachliches Wissen in Form eines Systems universaler deklarativer Prinzipien, die sprachspezifisch parametrisiert sind, repräsentiert ist. Aufgabe dieser Prinzipien ist es, syntaktische Repräsentationen auf ihre strukturelle Wohlgeformtheit hin zu überprüfen. Diese Grammatikkonzeption bedeutet insbesondere, daß einzelsprachliche Konstruktionen nicht etwa das Ergebnis sprachspezifischer Regeln sind, sondern sich vielmehr aus dem Zusammenspiel universaler Prinzipien ergeben. Im Hinblick auf den Fragenkomplex (b) gilt die Universalgrammatik als Charakterisierung des genetisch determinierten kognitiven Ausgangszustandes des Menschen und ist daher als Beschränkung über die Zahl und Art der erlernbaren Grammatiken zu verstehen. Unter dieser Perspektive reduziert sich Spracherwerb im wesentlichen auf den Erwerb des Lexikons sowie die Fixierung von Parameterwerten auf der Basis des sprachlichen Inputs. Die Rektions- und Bindungstheorie versteht sich also zunächst ausschließlich als Theorie über den Fragenkomplex (a), wobei

---

2 Chomsky (1965, 1977, 1981, 1986a)

3 Cf. Chomsky (1986a:3).

Lernbarkeits- und Verarbeitungsüberlegungen ein zusätzliches Adäquatheitskriterium darstellen[4].

Da sich die Rektions- und Bindungstheorie explizit als Kompetenztheorie versteht, ist in ihr der Realisierungsaspekt, also die Frage, wie sprachliches Wissen im aktuellen Sprachgebrauch zur Anwendung kommt, selten thematisiert worden. Die Sprachfähigkeit des Menschen ist aber erst dann definiert, wenn auch die Prozesse der Sprachverwendung beschrieben sind. Auch für die Entwicklung von Sprachverarbeitungsmodellen wird dieser Aspekt relevant, wenn man von der plausiblen Annahme ausgeht, daß der Mensch bei der Sprachverarbeitung auf sein grammatisches Wissen zurückgreift.

Ausgerichtet auf die Sprachverarbeitung reformuliert De Vincenzi (1991) Chomskys Fragen nach dem Gegenstand der generativen Grammatiktheorie zu Adäquatheitskriterien für ein Modell der menschlichen Sprachverarbeitung[5]:

> "For a model of a real parser to be empirically adequate, it has to conform to at least three criteria:
>
> (1) be compatible with the (optimal) grammar of L, that is to be able to recognize all the structural descriptions that the grammar produced;
>
> (2) be compatible with the other cognitive/psychological abilities of human beings;
>
> (3) be compatible with the experimental evidence of how people, in fact, parse language." (De Vincenzi 1991:4)

Eine Theorie der Sprachverarbeitung muß also kompatibel sein mit den strukturellen Beschreibungen, die die Grammatik einer Sprache vorgibt, mit anderen - auch nicht-sprachlichen - kognitiven Fähigkeiten des Menschen und mit den Beobachtungen zur menschlichen Sprachverarbeitung. Die Sprachfähigkeit des Menschen ist sowohl strukturell-repräsentational als mentales Kenntnissystem

---

4 Cf. Fanselow & Felix (1987a:126 ff.).

5 Der Begriff 'Parser' (engl. *to parse*, zergliedern) bezeichnet im allgemeinen die syntaxverarbeitende Komponente des Sprachverarbeitungssystems.

als auch prozedural als Verarbeitungssystem manifestiert. Andere generative Theorien[6] berücksichtigen bei ihrer grammatischen Theoriebildung prozedurale Überlegungen, i.e. Annahmen über Aufbau und Funktion des Sprachprozessors. Nur so kann dem Anspruch auf psychologische Plausibilität des Grammatikmodells Rechnung getragen werden.

Schon die frühen Arbeiten der generativen Grammatiktheorie weisen auf den Zusammenhang zwischen mentalem Kenntnissystem und sprachverarbeitenden Prozessen hin:

> "To avoid what has been a continuing misunderstanding, it is perhaps worth while to reiterate that a generative grammar is not a model for a speaker or a hearer. It attempts to characterize in the most neutral possible terms the knowledge of the language that provides the basis for actual use of language by a speaker-hearer. When we speak of a grammar as generating a sentence with a certain structural description, we mean simply that the grammar assigns this structural description to the sentence. When we say that a sentence has a certain derivation with respect to a particular generative grammar, we say nothing about how the speaker or hearer may proceed, in some practical or efficient way, to construct such a derivation. These questions belong to a theory of language use - the theory of performance." (Chomsky 1965:9)

Insofern die Grammatiken die faktischen Regularitäten im System sprachlicher Äußerungen formal systematisieren und notieren, repräsentieren sie indirekt auch das System, das offenbar in jedem einzelnen Sprecher/Hörer einer Sprache die Fähigkeit realisiert, Urteile über die Grammatikalität bzw. Ungrammatikalität von sprachlichen Äußerungen zu machen. Demnach erfaßt die Grammatik als System von Regeln und Prinzipien die Gesamtheit der Sätze und Wortformen der Sprache, und sie macht eine abstrakte Aussage über das mentale Kenntnissystem Grammatik im Sinne jener notwendigen Kompetenz, die ein kompetenter Sprecher der Sprache besitzen muß, um Sprachurteile abgeben

---

6 Z.B. die Lexikalisch-Funktionale Grammatik (LFG) (Bresnan 1982) oder die Generalisierte Phrasenstrukturgrammatik (GPSG) (Gazdar, Klein, Pullum & Sag 1985).

zu können. Um zu behaupten, eine Grammatik habe psychologische Realität oder Validität, müssen neben der Kompetenz auch die Prozesse der realen Sprachverwendung, i.e. der Performanz beschrieben werden, wobei man sich vor allem auf Erkenntnisse der Psycholinguistik und der Neurowissenschaften beziehen muß. Das Kenntnissystem ist neutral gegenüber Kapazitäts- und Zeitbeschränkungen, das Sprachverarbeitungssystem wird jedoch gerade durch diese Faktoren limitiert. Die Faktoren, die in einer strukturorientierten Systemlinguistik als irrelevante Performanzaspekte eingestuft werden, erweisen sich bei der Erklärung des Sprachprozessors als konstitutive Größen.

> "Linguistic theory is concerned primarily with an ideal speaker-listener, in a completely homogeneous speech-community, who knows its language perfectly and is unaffected by such grammatically irrelevant conditions as memory limitations, distractions, shifts of attention and interest, and errors (random or characteristic) in applying his knowledge of the language in actual performance. We thus make a fundamental distinction between competence (the speaker-hearer's knowledge of his language) and performance (the actual use of language in concrete situations)." (Chomsky 1965:3)

Kompetenz und Performanz sind Komponenten im Sprecher/Hörer, und es ist wichtig, zwischen den Funktionen und Eigenschaften des Wahrnehmungsapparates einerseits und der Kompetenzgrammatik andererseits zu unterscheiden. Wenn auch die Grammatik ein System von Regeln und Prozessen darstellt, die in einer bestimmten Reihenfolge zur Anwendung kommen, so sagt dies nichts über die sukzessiven Abläufe im Sprachverarbeitungsapparat aus.

Der Begriff 'Performanz' wird nicht einheitlich verwendet, sondern in den folgenden unterschiedlichen Ausprägungen: (1) als Produkt, bzw. als Auslöser kognitiver Prozesse: Performanz meint hier das sprachliche Verhalten an sich, wobei die kognitiven Prozesse selbst nicht zum Gegenstand gemacht werden - dies ist im wesentlichen die behavioristische Auffassung; (2) als Prozeß, i.e. die internen Prozesse, die zum sprachlichen Verhalten führen; (3) als

Instanz mit einer inhärenten Struktur, die sowohl das Produkt als auch den Prozeß "Sprache" beeinflußt[7].

Fodor & Garrett (1967) weisen darauf hin, daß die Auffassungen unter (1) und (2) die Kompetenz-Performanz-Unterscheidung interpretieren als

> "distinction between studying behaviour and the mechanisms underlying it." (Fodor & Garrett 1967:290)

und in dieser Lesart letztendlich weniger zu einer Konkretisierung des Kompetenz-Performanz-Verhältnisses als vielmehr zu einer Ausdifferenzierung des Kompetenzbegriffes im Sinne eines *knowing how - knowing that* führen.

Nur in der Interpretation (3) wird die Performanz als eigene Instanz mit einer spezifischen Architektur und eigenen Entscheidungskriterien betrachtet. Unter dieser Perspektive ist die Kompetenz-Performanz-Unterscheidung mehr als nur eine heuristische oder methodologische Annahme, sondern eine ernstzunehmende Aussage über mentale Realitäten. In dieser Interpretation hat der Performanzbegriff die psycholinguistische Forschung beeinflußt und wird in diesem Sinne im folgenden verwendet.

---

7 Im Gegensatz dazu gehen funktionale Ansätze davon aus, daß die Performanz auch die Grammatik als System beeinflußt (cf. Hawkins 1990).

2. Die Rektions- und Bindungstheorie

Da die Rektions- und Bindungstheorie einerseits als ein Filtersystem von Wohlgeformtheitsprinzipien über Strukturen konzipiert ist, andererseits die Effizienz und Geschwindigkeit des menschlichen Sprachverarbeitungsmechanismus aber einen systematischen und regelgeleiteten Strukturaufbau nahelegt, stellt sich zunächst die Frage, auf welchem Wege erreicht werden kann, daß das Verarbeitungssystem über einem Inputstring eine phrasenstrukturelle Repräsentation aufbaut, ohne auf eine Wissensbasis zurückzugreifen, die grammatische Regeln enthält.

2.1 Derivation und Repräsentation

Innerhalb der Generativen Grammatik hat im Laufe der 70er Jahre ein Paradigmenwechsel von einer derivationellen zu einer repräsentationellen Grammatiktheorie stattgefunden. Im früheren derivationellen Modell der Generativen Transformationsgrammatik[8] wurden die möglichen Strukturen einer Sprache über sprach- und konstruktionsspezifische Phrasenstruktur- und Transformationsregeln definiert. So gab es in der Phrasenstrukturgrammatik für jede Verb-Objekt-Abfolge eine eigene Phrasenstrukturregel:

1) <u>PSG Englisch</u>

1a) VP -> V NP

1b) VP -> V NP PP

2) <u>PSG Deutsch</u>

2a) VP -> NP V

2b) VP -> NP PP V

---

8 Cf. Chomsky (1965, 1973, 1975).

Einzelne syntaktische Konstruktionen wurden durch spezifische Transformationen erzeugt, wobei eine Transformationsregel aus einer Satzbeschreibung (SD) und einer Satzveränderung (SC) bestand:

3a) *passive rule*:

SD:	NP_1	V	NP_2	
	1	2	3	
SC:	3	Vpass	0 (by 1)	

3b) *raising rule*:

SD:	e	V	$(_{IP}$ NP_1...
	1	2	3
SC:	3	V	0

3c) *dative movement rule*:

SD:	X	V	NP	to NP
	1	2	3	4 5
SC:	1	2	5+3	0

Sofern die Applikationsbedingungen (SD) in einer Struktur gegeben waren, wurde die Transformationsregel angewendet, die die Tiefenstruktur des Satzes in eine Oberflächenstruktur überführte. Dieser eher deskriptive Ansatz erwies sich als zu flexibel, da die Restriktionen über Regeln zu allgemein waren: Regeln der oben beschriebenen Art konnten Strukturen erzeugen, die in natürlichen Sprachen gar nicht vorkommen. Beginnend mit Ross (1967) und Chomsky (1973) wurden daher Anstrengungen unternommen, die Bedingungen über Regeln auf tieferliegende interagierende Prinzipien zurückzuführen, die in Subtheorien wie Kasustheorie, Thetatheorie etc. modularisiert wurden. Der mit Bestrebungen dieser Art ausgelöste Paradigmenwechsel kann allgemein charakterisiert werden als ein *abstracting away of constraints and language specific conditions*[9]: Bezüglich der Phrasenstrukturregeln zeigte vor allem Stowell (1981), daß die Annahme sprachspezifischer Phrasenstrukturregeln redundant ist, da sich die Abfolge von Verb und seinen Komplementen aus der Kasuszuweisung ergibt. Die Richtung der Kasuszuweisung unterliegt offensichtlich der Paramatrisierung: Im Englischen weisen Verben den Kasus nach rechts zu, was in der Abfolge V-NP resultiert, während im Deutschen die Verben den Kasus nach links zuweisen, was dazu führt, daß die Komplemente links vom Verb erscheinen. Die Abfolge der Satzglieder im Nebensatz stellt daher die zugrundeliegende Struktur des Deutschen dar. Auch für Passivstrukturen konnte gezeigt werden, daß sie nicht durch eine spezifische Regel erzeugt werden, sondern Folge besonderer Merkmalskonstellationen im Satz sind: Durch die Analyse der Kasus- und Theta-Verhältnisse und ihrer Interaktion ließ sich die Vielzahl spezifischer Transformationen auf eine einzige Regel *move α* zurückführen.

Diese Rückführung konstruktions- und sprachspezifischer Regeln und Bedingungen auf tieferliegende generelle Prinzipien bietet eine Erklärung einzelsprachlicher Phänomene und Variationen und führte zum heutigen Prinzipien- und Parametermodell der Grammatik, in dem Strukturen mittels Prinzipien auf ihre Wohlgeformtheit hin überprüft werden. Vor der Rückführung konstruktionsspezifischer Transformationen auf das generelle Prinzip *move α* war zuerst die Phrasenstrukturkomponente Gegenstand des 'Reduktionsprogramms': In früheren Versionen der Grammatiktheorie waren die Phrasenstrukturregeln zu expressiv, so daß sie Strukturen erzeugen konnten, die in natürlichen Sprachen nicht vorkommen. Darüber hinaus erwiesen sich die Phrasenstrukturregeln als redundant, da sie versuchten, alle möglichen Kontexte eines Verbs zu erfassen. Da diese Informationen jedoch item- und sprachspezifisch sind, mußten sie ohnehin im lexikalischen Eintrag des Verbs erscheinen, wo sie als Subkategorisierungsrahmen die syntaktischen Kontexte des Verbs spezifizieren. Stowell (1981) vollzog die Reduktion der Phrasen-

---

9 Jaeggli & Safir (1989:4)

strukturregeln auf das X-bar-Schema, eine generelle Restriktion über die Architektur von Phrasen. Die Generierung von Strukturen unterliegt dem X-bar-Schema und dem Projektionsprinzip, nach dem lexikalische Eigenschaften wie Subkategorisierungs- und Θ-Zuweisungseigenschaften auf allen syntaktischen Ebenen erhalten bleiben müssen. Aus diesem "Konstanzprinzip"[10] zusammen mit dem Θ-Kriterium folgt die Annahme von Spuren in den Positionen, aus denen eine Phrase herausbewegt wurde.

Bezüglich der Frage, auf welche Weise in dieser Prinzipiengrammatik Strukturen, auf die Prinzipien angewendet werden können, erzeugt werden, schlägt Speas (1990) das generelle Prinzip *project α* vor[11]. Die so erzeugten Strukturen werden durch andere Module der Grammatik (X-bar-Prinzip, Kasusfilter, Θ-Kriterium, Bindungsprinzipien) auf ihre Wohlgeformtheit hin überprüft und interpretiert.

Das grammatische Modell der Rektions- und Bindungstheorie (Chomsky 1981, 1986a, 1986b) unterscheidet vier syntaktische Repräsentationsebenen: D-Struktur, S-Struktur, die Ebene der Logischen Form (LF) und die Ebene der Phonetischen Form (PF).

D-Struktur
|
S-Struktur
/ \
PF LF

Die D-Struktur entsteht durch die Projektion von Einheiten aus dem Lexikon gemäß dem X-bar-Schema. Auf diese Weise macht die Universalgrammatik

10 Lebeaux (1990a:18)

11 Speas vollzieht mit der Formulierung des unbeschränkten Prinzips *project α* die radikale Eliminierung von Regeln aus der Grammatik. Ausgangspunkt von Speas (1990) ist die Auseinandersetzung mit Pullum (1985:325), der behauptet, "that to adopt *some version of X-bar theory* is to claim that a natural language has at some level of description (...) a set of sentence structures that are definable by means of a context-free grammar (CF-PSG) meeting certain restrictions on the form of its rules". Hieraus leitet Pullum ab, daß X-bar-Grammatiken notationelle Varianten von kontextfreien Phrasenstrukturgrammatiken seien.

lexikalische Einheiten für das komputationelle System zugänglich. Das X-bar-Schema ist von fundamentaler Bedeutung, da das komputationelle System nur auf X-bar-Strukturen operieren kann[12].

> "The level of D-structure is directly associated with the lexicon. It is a "pure" representation of Θ-structure, expressing Θ-relations through the medium of X-bar-theoretic conditions in accordance with the Projection Principle." (Chomsky 1989:419)

Die D-Struktur stellt eine Schnittstelle zwischen dem Lexikon und den syntaktischen Repräsentationsebenen dar, die selbst auch ein *interface* zu anderen mentalen Systemen darstellen:

> "We distinguish the lexicon from the computational system of the language, the syntax in a broad sense (including phonology). Assume that the syntax provides three fundamental levels of representation, each constituting an "interface" of the grammatical system with some other system of the mind/brain: D-structure, Phonetic Form (PF), and Logical Form (LF).... The level of PF is the interface with motor-perceptual systems, and the level of LF, the interface with logical systems."
> (Chomsky 1989:418)

Die Ebene der S-Struktur nimmt gegenüber den repräsentationellen Ebenen DS, PF und LF einen besonderen Status ein, da sie als intermediäre Ebene die anderen Ebenen verbindet. Die drei fundamentalen Ebenen DS, PF und LF können nicht direkt interagieren, sondern nur über die Ebene der S-Struktur. In dieser Funktion ist die S-Struktur ein derivationelles Konzept.

Die UG umfaßt eine Reihe von Subsystemen, die als Menge von Prinzipien die Repräsentationen auf den einzelnen Ebenen lizensieren und restringieren.

---

12 Chomsky (1992:3)

Zentral für die modulare Theorie der Grammatik ist das 'Prinzip der vollständigen Lizensierung' (FI)[13]. Chomsky formulierte dieses Prinzip ursprünglich nur für die Ebenen PF und LF.

> PRINCIPLE OF FULL INTERPRETATION
>
> "Every element must be licensed in the appropriate way at the levels of LF and PF." (Chomsky 1986a:98)

Chomsky (1989) erweitert den Geltungsbereich des Prinzips der Lizensierung auf die drei fundamentalen Ebenen der syntaktischen Repräsentation. Auf diese Weise ermöglicht das Prinzip der Lizensierung, die Anforderungen an die Syntax als ein *interface* zu anderen Modulen zu erfüllen[14].

Wenn die Syntax eine Schnittstellen-Funktion zu weiteren grammatischen wie auch nicht-sprachlichen kognitiven Modulen hat, stellt sich die Frage nach den relevanten Lizensierungsbedingungen. Nach dem *principle of full interpretation* muß jedes Element lizensiert sein. Nicht-maximale Projektionen und Köpfe sind phrasenintern durch das X-bar-Prinzip lizensiert. Maximale Phrasen müssen dagegen extern lizensiert sein, wobei die Elemente der D-Struktur "automatisch" lizensiert sind:

> "At D-structure FI holds by definition, this level simply being a projection of lexical structure in terms of the notions of X-bar theory." (Chomsky 1989:19)

---

13 Stowell (1981), Chomsky (1986a)

14 "It is natural to expect that FI holds at each of the three fundamental levels that constitute an interface between the computational system of language and other systems: hence, at the level of D-structure, PF and LF. If so, then "licensing" under FI is expressed in terms of conditions relating the syntax, broadly construed, to other systems of the mind/brain. The basic assumption is that the fundamental levels are those that satisfy the external licensing conditions at the "interface" with other systems." (Chomsky 1989:19)

Lizensierung maximaler Projektionen auf den anderen syntaktischen Repräsentationsebenen findet durch die folgenden Relationen statt:

> "A maximal projection is licensed as either: a) an argument or the trace of an argument (in which case it must receive a Θ-role); b) a predicate (in which case it must assign a Θ-role); c) an operator (in which case it must bind a variable)." (Chomsky 1986a:101)

Lizensierung findet also durch Subkategorisierung, i.e. Θ-Zuweisung an Komplemente oder durch Prädikation statt. Es sind genau diese beiden Relationen, die das X-bar-Schema konstituieren, i.e. jede syntaktische Struktur kann mit diesen Relationen beschrieben werden.

2.2.1 X-bar Theorie

In der Argumentationslinie Stowell (1981) folgend, daß zugrundeliegende Strukturen nicht durch Phrasenstrukturregeln erzeugt werden, sondern unter Berücksichtigung anderer syntaktischer Prinzipien vom Lexikon aus projiziert werden, reduziert Speas in ihrer Theorie über Phrasenstrukturen die Bedeutung des X-bar-Prinzips auf ein Minimum: Die Funktion des X-bar-Prinzips ist die Lizensierung von nicht-maximalen Phrasen: Ein Kopf ist lizensiert durch darüberliegende *bar*-Phrasen, nicht-maximale Projektionen sind lizensiert durch einen Kopf derselben Kategorie.

Ausgehend von dem *principle of full interpretation* definiert Speas (1990) die Funktion des X-bar-Schemas neu:

> "The claim embodied by X-bar theory is that the human language faculty does not include phrase structure rules. The status of these rules is the same as the status of specific transformations like Raising or Passive: they may describe a certain set of data because they are specific realizations of the output of the interaction of the actual linguistic principles, but they themselves are not rules of any natural language grammar." (Speas 1990:57)

Die strukturellen Repräsentationen müssen den Spezifikationen der X-bar-Theorie genügen: Jede Phrase muß die Projektion einer X^0-Kategorie, i.e. eines Kopfes sein. Die maximale Projektion dieses Kopfes umfaßt seine Komplemente und Spezifikatoren. Der Kopf einer Phrase steht zu seinen Komplementen in einer Schwesterrelation, i.e. Kopf und Komplement stehen auf derselben hierarchischen Ebene, während sich der Spezifikator einer Phrase auf einer anderen hierarchischen Ebene befindet. Innerhalb des X-bar-Schemas gibt es also eine lineare Relation zwischen dem Kopf und seinem Komplement sowie eine hierarchische Relation zwischen dem Spezifikator und der Konstituente, die aus dem Kopf und seinem Komplement besteht. So können alle syntaktisch relevanten Eigenschaften und Relationen lokal in den durch das X-bar-Schema ausgedrückten Beziehungen formuliert werden:

> "Basic relations hold between a head and a non-head. In structures of the form (1), we have two local relations: the spec-head relation of ZP to X, and the head-complement relation of X to YP.

(1)

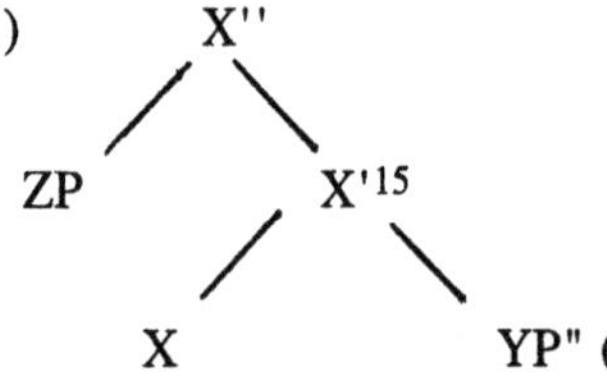

" (Chomsky 1992:4)

Ergänzungen einer Phrase, die weder Komplement noch Spezifikator eines Kopfes sind, sind Adjunkte (Attribute und Appositionen). Während die obligatorischen Komplemente eines Verbs in seinem Subkategorisierungsrahmen spezifiziert sind und ihr Nichterscheinen einen Satz ungrammatisch macht wie in 4b) und 4c), sind andere phrasale Kategorien optional, wie Satz 4e) zeigt:

---

[15] Speas (1990) und Bouchard (1991) nehmen keine feste Anzahl intermediärer *bar levels* an, vielmehr ergibt sich die Anzahl der zwischen einem Kopf und seiner maximalen Projektion liegenden Ebenen aus der Anzahl der Argument- und Modifikatorkombinationen, die im lexikalischen Eintrag spezifiziert sind.

4a) Peter gibt Maria ein Buch

4b) *Peter gibt Maria

4c) *Peter gibt ein Buch

4d) Peter hat letzte Woche im Schwimmbad ein Buch gelesen

4e) Peter hat ein Buch gelesen

Fakultative Elemente sind unabhängig vom Subkategorisierungsrahmen; sie unterscheiden sich von Komplementen auch darin, daß sie bezüglich ihrer Abfolge freier sind als Komplemente. Die Abfolge Komplement - Adjunkt ist jedoch ebenfalls restringiert.

5a) *Peter gibt ein Buch Maria

5b) Peter hat im Schwimmbad letzte Woche ein Buch gelesen

5c) ?Peter hat ein Buch letzte Woche gelesen

Das Verb und seine Komplemente bilden eine Konstituente, wie die Sätze in 6) demonstrieren:

6a) ein Buch gelesen hat Peter letzte Woche

6b) *im Schwimmbad gelesen hat Peter letzte Woche ein Buch

6c) *letzte Woche gelesen hat Peter ein Buch im Schwimmbad

6d) im Schwimmbad ein Buch gelesen hat Peter letzte Woche

Das subkategorisierte Komplement bildet zusammen mit dem Verb eine Konstituente, diese Projektion bildet zusammen mit einem Spezifikator die maximale Projektion. Wie die Sätze 6) zeigen, läßt sich die Anzahl der Adjunkte beliebig erweitern, wobei ein Adjunkt zusammen mit dem Kopf und seinem Komplement eine Konstituente bildet; diese Konstituente verhält sich jedoch syntaktisch genauso wie die Konstituente, die nur aus dem Kopf und dem Komplement besteht (6d).

Da sich die zwischen der maximalen Projektion und dem Kopf liegenden Projektionsebenen syntaktisch gleich verhalten, haben sie eine einheitliche Projektionshöhe, die rekursiv gebildet werden kann: die dazwischenliegenden Ebenen sind jeweils X'-bar-Phrasen.

7)

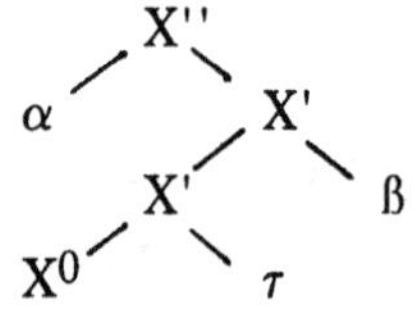

Die Position α ist die Spezifikatorposition, die als Schwester von X' definiert ist; Position τ ist Schwester von X^0 und damit die Komplementposition. Position ß ist Schwester von X', bildet aber keine maximale Projektion. Hier handelt es sich also um eine Adjunktposition. Eine Kategorie ß ist an X^n adjungiert, wenn sie zusammen mit einem weiteren X^n-Schwesterknoten von X^n dominiert wird. Adjunktion kann auch X^{max} betreffen, d.h. auch die Ebene X^{max} kann durch Adjunktion verdoppelt werden:

8)

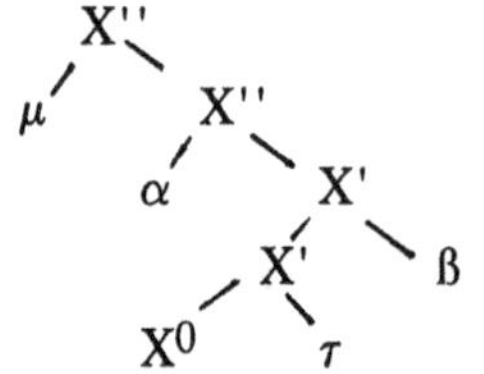

Um eine Adjunktion an eine maximale Projektion handelt es sich beispielsweise beim *scrambling*: Wird in einem Nebensatz das Objekt vor das Subjekt gestellt, wird die Objekt-NP an IP adjungiert:

9) weil dem Mann niemand geholfen hat

9') 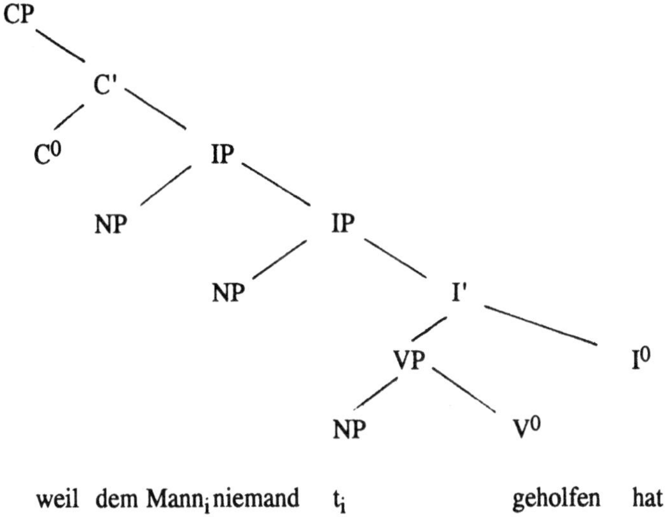

Die UG gibt also mit dem X-bar-Schema eine Restriktion über symbolische Repräsentationen vor, auf denen das komputationelle System operieren kann.

Während ursprünglich das X-bar-Schema nur für die lexikalischen Elemente (V, N, A, P) angenommen wurde, und mit Stowell (1981) und Chomsky (1986a) auch die Satzknoten S als maximale Projektion von Infl und S-bar als maximale Projektion von Comp in das X-bar-Schema integriert werden konnten, ist in jüngster Zeit eine weitere Vereinheitlichung der Phrasenstruktur zu beobachten, die ihren Ursprung in der Analyse des Determinierers hatte. Traditionell wurde der Artikel als Spezifikator einer NP analysiert und war damit das einzige Element, das nicht zu einer maximalen Phrase projizierte. Gegen diese Analyse sprach auch die Restriktion, daß die Nicht-Kopf-Elemente einer Phrase, also Komplemente und Spezifikatoren, maximale Projektionen sind. Die Beobachtung, daß nominale Phrasen sich bezüglich anderer Restriktionen[16] ähnlich verhalten wie Sätze, führte zu der sogenannten DP-

---

[16] So z.B. bei Extraktion und Bindung im Hinblick auf Subjazenz oder den *specified subject constraint*.

Analyse[17], nach der ein Determinierer als Kopf analysiert wird, der zu einer maximalen Phrase projiziert. Det nimmt obligatorisch eine NP, die auch ein phonetisch leeres *pro* sein kann, als Komplement zu sich und optional eine mit dem Genitiv markierte Phrase als Spezifikator.

10)

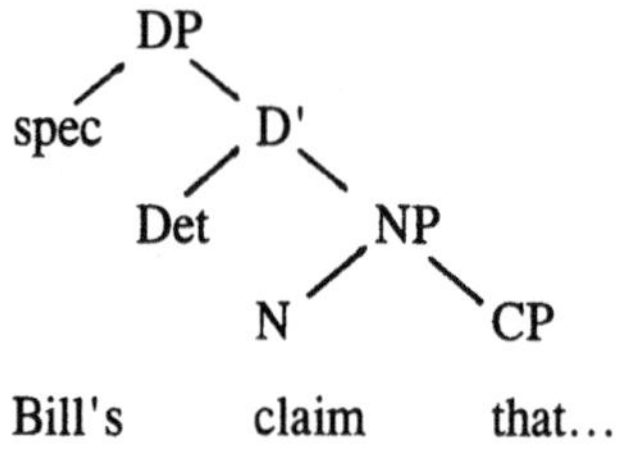

Ebenso wie die Kategorien Infl und C gilt auch für die Kategorie Det, daß diese keine einheitliche lexikalische Repräsentation besitzt, sondern ein Bündel abstrakter grammatischer Merkmale darstellt, d.h. auch wenn kein sichtbarer Determinierer vorhanden ist, so können doch Merkmale und Relationen wie Definitheit, Kongruenz etc. identifiziert werden, so daß hier eine abstrakte Kategorie anzunehmen ist. In neueren Versionen der GB-Theorie wird daher zwischen lexikalischen und funktionalen Elementen unterschieden, wobei lexikalische Kategorien auf den Merkmalen [+/-N], [+/-V] basieren, die als N, V, A, P lexikalisieren[18], während die funktionalen Elemente Bündel abstrakter grammatischer Merkmale sind: So umfaßt der funktionale Kopf D^0 die Merkmale *agreement*, Definitheit, Numerus, während I^0 die Merkmale *tense, aspect*, Person etc.[19] enthält.

Einige dieser Merkmale sind universal (z.B. Finitheit)[20], während andere nur in manchen Sprachen selegiert werden. Funktionale Köpfe sind demnach

---

17 Cf. Abney (1987), Chomsky (1986a), Felix (1990), Fukui & Speas (1986).

18 "Substantive elements (verbs, nouns, etc.) are drawn from an invariant universal vocabulary." (Chomsky 1989:2)

19 Felix (1990:48)

20 Cf. Felix (1990), Rizzi (1991a).

Det, Comp, Infl, die gemäß dem X-bar-Schema zu maximalen Phrasen projizieren. Funktionale Kategorien können lexikalisieren als Determinierer, Komplementierer, Kongruenz- und Flektionselement etc., sie haben jedoch im Gegensatz zu lexikalischen Kategorien keine einheitliche lexikalische Repräsentation.

Auch die funktionalen Kategorien (C, Infl, Det) projizieren also gemäß dem X-bar-Schema, woraus folgende Satzstruktur entsteht:

11)

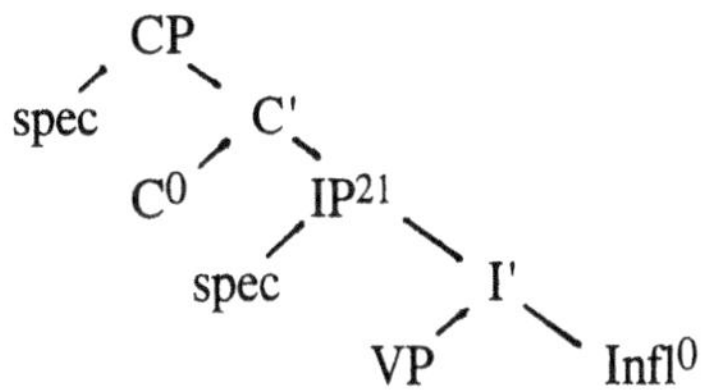

2.2.2 Projektionsprinzip und Thetatheorie

Die syntaktischen Prinzipien beziehen sich entweder auf sämtliche Repräsentationsebenen oder auf spezifische Ebenen. Bei der Formulierung von Prinzipien muß also jeweils die Applikationsebene spezifiziert werden. Ein Satz wird dann als korrekt beurteilt, wenn er auf allen Ebenen wohlgeformt ist. Das Prinzip, das die Verbindung der syntaktischen Ebenen regelt, ist das Projektionsprinzip, demzufolge die Eigenschaften lexikalischer Elemente wie Subkategorisierung und Θ-Markierung auf allen Repräsentationsebenen erhalten bleiben müssen.

Die Θ-Theorie regelt die Relation zwischen dem Kopf einer Phrase und seinen Komplementen durch die Funktion der Θ-Rolle, die der Kopf den Komplementen zuweist. Der lexikalische Eintrag eines Elementes enthält Informa-

---

[21] Pollock (1989) nimmt aufgrund von Verbstellungsdaten, Negationsdaten, *floating quantifier*-Effekten keinen singulären Infl-Knoten an, sondern ein "*split*"-Infl, wonach Tense und Agr eigenständige Köpfe sind.

tionen über die thematische Struktur, i.e. Spezifikationen bezüglich der Anzahl von Argumenten und die Art der Θ-Rollen[22], die den Argumenten zugewiesen werden.

12) put

(Agens, Theme, Location)

[___ NP PP]

Dieser Eintrag spezifiziert, daß *put* ein dreistelliges Prädikat ist, also ein Prädikat, das drei thematische Rollen zuweist[23]. Das zentrale Prinzip der Θ-Theorie ist das Theta-Kriterium:

Θ-KRITERIUM

"Each argument bears one and only one Θ-role, and each Θ-role is assigned to one and only one argument."
(Chomsky 1981:36)

Sätze, die referentielle Ausdrücke enthalten, die jedoch keine thematische Rolle zugewiesen bekommen, wie etwa die NP *Bill* in Satz 13a) und Sätze, in denen ein referentieller Ausdruck als Empfänger einer thematischen Rolle fehlt wie in Satz 13b), werden aufgrund des Θ-Kriteriums ungrammatisch.

13a) *Peter reads the book Bill

13b) *Peter tells

---

22 Dies geht über die Annahmen von Chomsky (1981) hinaus, wonach lediglich eine zahlenmäßige 1:1-Relation zwischen thematischen Rollen und Argumenten bestehen muß.

23 Neuere syntaktische und semantische Arbeiten zum Lexikon (Grimshaw 1990, Jackendoff 1990, Pustejowsky 1991, Speas 1990) zeigen, daß lexikalische Informationen strukturiert sein müssen, damit eine korrekte Abbildung auf die syntaktische Struktur gewährleistet ist.

Unter Θ-Markierung wird die Zuweisung thematischer Rollen (wie AGENS; PATIENS; THEME etc.) an Argumente verstanden. Aus dem Projektionsprinzip und dem Θ-Kriterium folgt die Annahme von Spuren: Phrasen, die in Positionen erscheinen, die nicht Θ-markiert sind, sind über eine *Kette* mit einer Θ-markierten Position verbunden. Da innerhalb der Ketten thematische Rollen "vererbt" werden, fordert das Θ-Kriterium, daß jeder Kette nur eine thematische Rolle zugewiesen werden darf. Die Reformulierung des Theta-Kriteriums besagt daher, daß jedes Argument α in einer Kette mit einer einzigen sichtbaren Theta-Position P erscheinen darf, und jede Theta-Position P ist sichtbar in einer Kette, die ein einziges Argument α enthält, wobei eine Position sichtbar ist, wenn die Kette, in der sie enthalten ist, eine kasusmarkierte Position enthält[24].

Der Begriff der Subkategorisierung bezeichnet den Komplementrahmen lexikalischer und funktionaler Köpfe, worauf Travis (1984) hinweist:

> "Though some categories select complements independently of how they themselves are lexically filled (COMP -> INFL; INFL -> V) others (lexical) take different complements depending on the lexical item (persuade NP (S); believe (NP) S)." (Travis 1984:29)

"Funktionale Selektion", i.e. die Selektion durch funktionale Köpfe kann daher universal fixiert werden[25]. Neben dem Theta-Kriterium steuert ein Uniformitätsprinzip, das Bakers (1988) *Uniformity of Theta Assignment Hypothesis* (UTAH)[26] entspricht, die Projektion lexikalischer Items: Identische thema-

---

24 Chomsky (1986a:97)

25 Abneys *functional selection* erfaßt auch Det als funktionalen Kopf, der eine NP als Komplement selegiert (cf. Abney 1987). Felix (1990:46) postuliert die *biuniqueness*-Hypothese, wonach die Abhängigkeit von funktionalem Kopf und Komplement eine eineindeutige Beziehung ist: Eine NP ist immer Komplement von Det, eine VP immer Komplement von Infl und IP immer Komplement von Comp.

26 "Uniformity of Theta-Assignment Hypothesis (UTAH): Identical thematic relationships between items are represented by identical structural relationships between those items at the level of D-structure." (Baker 1988:46)

tische Relationen werden auf der D-Struktur durch identische strukturelle Relationen repräsentiert. Das Projektionsprinzip formuliert Speas (1990) nun wie folgt:

> PROJECTION PRINCIPLE
>
> "UTAH and Theta Criterion hold at all syntactic levels."
> (Speas 1990:30)

Die beiden Prinzipien, die im Projektionsprinzip enthalten sind, sind in grammatischen Sätzen auf allen Repräsentationsebenen erfüllt. Die Positionen innerhalb eines thematischen Rasters sind gemäß einer Theta-Hierarchie geordnet, das Projektionsprinzip stellt eine Parallelität von Θ-Relationen und syntaktischen Relationen her. Speas (1990) legt folgende Theta-Hierarchie zugrunde:

14) AGENS > EXPERIENCER > INSTRUMENT > OBJECT > SOURCE > GOAL > LOCATION > TIME

Die Abbildung des thematischen Rasters aus dem Lexikon auf eine syntaktische Struktur erfolgt nach folgendem Prinzip:

> MAPPING PRINCIPLE
>
> "If a verb α determines Θ-roles Θ_1, Θ_2,...Θ_n, then the lowest role on the Thematic Hierarchy is assigned to the lowest argument in constituent structure, the next lowest role to the next lowest argument, and so on."
> (Larson 1988:382)

Nach diesen Prinzipien wird die syntaktische Struktur ausschließlich vom Lexikon projiziert; es gibt keine "leeren Projektionen".

15)

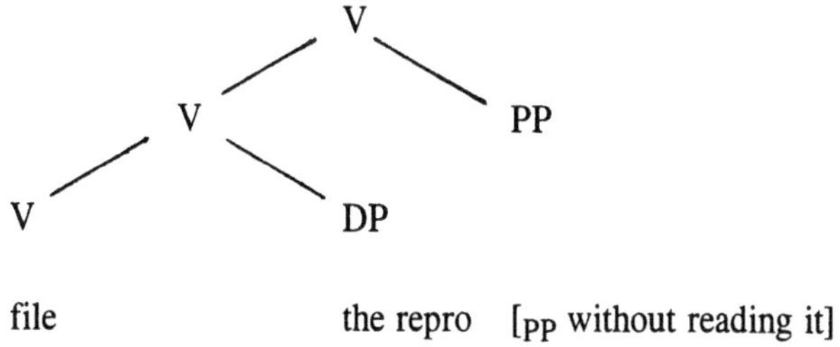

16)

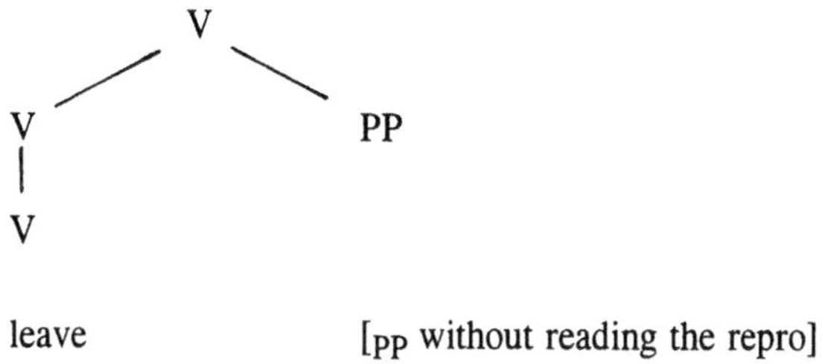

In der Struktur 16) ist ein nicht-verzweigender V-Knoten notwendig, da andernfalls gegen das Projektionsprinzip verstoßen wäre: Die Struktur enthält eine Schwester von V^0, die nicht von V^0 theta-markiert wäre. Es handelt sich daher nicht um ein Vorkommen von *vacuous projection*.

Der Aufbau einer syntaktischen Struktur erfolgt aufgrund des unbeschränkten Prinzips *project* α: Jede Phrase hat einen Kopf, und jeder Kopf projiziert zu einer maximalen Phrase, wobei nach Speas (1990) die maximale Projektion dann erreicht ist, wenn alle Merkmale des Kopfes wie Θ-Rollen, Kasus, wh etc. abgelegt sind. Die Projektion eines lexikalischen Elementes wird wie folgt definiert:

> "A word of syntactic category X is dominated by an uninterrupted sequence of X nodes." (Speas 1990:43)

Dabei ist X das Element, von dem aus projiziert wird: bei lexikalischen Kategorien die Merkmale [+/-N], [+/-V]; bei funktionalen Kategorien grammatische Merkmale wie [+/- Tense], [+/-Agreement], [+/-WH]. Daraus ergibt sich eine Projektionskette, die als eine nicht-unterbrochene Sequenz von X-Projektionen definiert ist.

Speas vergleicht diese Projektionskette mit der Kette, die durch die Annahme von Spuren entsteht: So wie sich syntaktische Prinzipien nicht auf intermediäre Spuren beziehen können, können sie sich auch nicht auf nicht-minimale und nicht-maximale, also intermediäre Projektionsebenen beziehen. Das Merkmal *bar level* ist demnach kein syntaktisches Primitiv, das bestimmte Werte annehmen kann, vielmehr definiert Speas MINIMALE und MAXIMALE PROJEKTION mit Hilfe der Projektionskette; X^0 und X^{max} können nicht absolut definiert werden, sondern nur relativ zu einer konkreten Projektion. Ebenso wird die Position des Kopfes ... X^0 ... relativ zu seinen Komplementen nicht spezifiziert, sie ergibt sich aus der Richtung der Kasus- und Thetazuweisung, die von Kopf zu Kopf und von Sprache zu Sprache variieren kann, also der Parametrisierung unterliegt, woraus sich die unterschiedliche Serialität (Wort- und Satzgliedstellung) der einzelnen Sprachen ergibt[27]. Phrasen sind demnach nicht uniform gemäß einem strikten Schema aufgebaut, sondern die Projektionen ergeben sich - unter Berücksichtigung von Chomskys Ökonomieprinzip für Derivationen und Repräsentationen[28] - aus den spezifischen Merkmalen des jeweiligen Kopfes. Die Abbildung der lexikalischen Struktur auf die Syntax, i.e. die Projektion lexikalischer Repräsentationen zu D-Strukturen geht vom lexikalischen Eintrag aus, der die folgenden Informationen enthält:

- Lexikalisch-konzeptuelle Struktur (LCS), die die semantischen Informationen der lexikalischen Einheit repräsentiert. Variablen innerhalb der lexikalisch konzeptuellen Struktur werden auf die syntaktischen Positionen abgebildet.

---

27 Cf. Travis (1984).

28 Cf. Chomsky (1989).

- Prädikat-Argument-Struktur (PAS), die die syntaktischen Informationen des lexikalischen Eintrags enthält und das Theta-Raster darstellt[29].

17)

S
NP VP
John V NP
cut the bread

PAS: <1 2>

LCS: x produce linear seperation of y

Der Lexikoneintrag eines Verbs spezifiziert also die Art der Argumente, worunter referentielle Θ-Rollen fordernde - Ausdrücke verstanden werden. Einer syntaktischen Position wird dann eine thematische Rolle zugewiesen, wenn diese mit einer Variable der lexikalisch-konzeptuellen Struktur des Verbs (LCS) assoziiert ist.

Nach Chomsky (1986b) ist eine Position eine Argument-Position (A-Position), die potentiell Θ-markiert werden kann:

> "The first class of positions contains those that are assigned grammatical functions such as subject and object (including the object of a preposition); let us call these "A-positions", indicating that they may (although need not) be filled by arguments, the latter being quasireferential elements that require a semantic role. The A-positions, then are the

---

29 Speas (1990:13) geht davon aus, daß alle sprachlichen Einheiten Theta-Raster haben: "The functional categories such as INFL, COMP and DET also have lexical entries, and are also probably characterizable in terms of an extended system of binary features". Bei den funktionalen Kategorien sprechen Travis (1984), Abney (1987), Felix (1990) von funktionaler Selektion, die im Gegensatz zur Selektion lexikalischer Kategorien eindeutig ist.

> positions in which semantic roles such as agent, patient, and so forth can in principle be assigned, although whether they are in fact assigned depends on the choice of lexical items. Their positions we will call "A'-positions" in particular, the clause external position occupied by operators such as *who.*" (Chomsky 1986b:80)

A-Positionen, die eine Θ-Rolle zugewiesen bekommen, werden zu Θ-Positionen; dies ist bei Komplementpositionen des Verbs der Fall. In die satzexterne Position CPspec kann grundsätzlich keine Θ-Rolle zugewiesen werden, sie ist also eine Nicht-Argument-Position (A'-Position). Der Status der IPspec-Position dagegen ist nicht eindeutig zu charakterisieren. Geht man davon aus, daß das Subjekt in IPspec basisgeneriert wird, stellt diese Position eine A-Position dar, da sie potentiell von V oder VP Θ-markiert werden kann, aber wie in *raising*-Konstruktionen oder bei passivischen Verben, nicht grundsätzlich Θ-markiert ist. In diesen Fällen ist die IPspec-Position keine Θ-Position. Es wird hier also in der Weise zwischen A- und A'-Positionen differenziert, daß die Positionen innerhalb von IP A-Positionen sind, die zu Θ-Positionen werden können. Positionen außerhalb von IP sind dagegen A'-Positionen.

Evidenz dafür, daß IPspec auch eine A'-Position ist, stellt die Untersuchung des Yiddischen dar[30], da im Yiddischen auch eingeleitete abhängige Nebensätze Verbzweit (V2) - Effekte aufweisen. Das finite Element befindet sich in der dritten Satzposition, also nach dem Fragewort bzw. der Konjunktion und nach dem Subjekt bzw. einem topikalisierten Nicht-Subjekt.

18) zi iz gekumen zen ver frier vet kontshen
sie ist gekommen sehen wer früher wird fertig

19) vemen hot er nit gevolt az ot di bikher zoln mit gebn
wem hat er nicht gewollt daß die Bücher sollen wir geben[31]

---

30 Cf. Diesing (1990).

31 Diese Sätze sind Diesing (1990:50) entnommen.

Wenn in der Position vor dem finiten Verb sowohl das Subjekt[32] als auch eine Nicht-Subjekt-Phrase erscheinen kann, dann muß diese Position einen dualen Status haben, nämlich Argumentposition wie auch Nicht-Argumentposition sein können[33].

Die Annahme eines ambigen Status der IPspec-Position läßt sich vermeiden, wenn man den Begriff der A-Position von dem der Θ-Position trennt[34]. Gemäß der *lexical clause hypothesis* (Stowell 1983) wird das Subjekt innerhalb der VP basisgeneriert.

> LEXICAL CLAUSE HYPOTHESIS (LCH)
>
> "At D-structure all arguments in the Θ-grid are projected to positions which are dominated by a projection of the verb." (Stowell 1983:17)

Das Subjekt wird demnach innerhalb der VP basisgeneriert und über einen uniformen VP-internen Prozeß mit der thematischen Rolle versehen. Aufgrund des Kasusfilters wird diese NP in die IPspec-Position bewegt. So ist die IPspec-Position, ebenso wie die CPspec-Position eine A'-Position. Nur die Positionen innerhalb der VP sind A-Positionen. Bezüglich der Basisposition des Subjekts innerhalb der VP gibt es unterschiedliche Auffassungen: So wird als Basisposition für das Subjekt entweder die Spezifikatorposition von VP angenommen (20a)[35] oder aber eine Schwesterposition von VP, also eine Adjunktionsposition (20b)[36]:

---

32 Diesing (1990) setzt also voraus, daß das Subjekt in IPspec basisgeneriert wird, und daß Basispositionen Argumentpositionen sind.

33 Rizzi (1991b) ist daher der Auffassung, daß die Spezifikator-Positionen von funktionalen Kategorien generell A- und A'-Positionen sein können, je nach Auftreten von *spec-head-agreement*.

34 Cf. Koopman & Sportiche (1982).

35 Cf. Kuroda (1988) oder Rizzi & Roberts (1989).

36 Cf. Sportiche (1988).

20a)

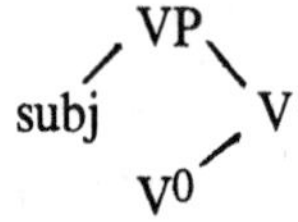

20b)

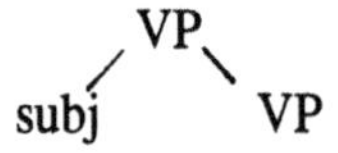

Für die Annahme, daß die Subjektphrase innerhalb der VP eine Adjunktionsposition besetzt wie in 20b), spricht vor allem, daß sich Subjekte hinsichtlich ihrer Bewegungsundurchlässigkeit oder Opakheit ähnlich wie Adjunkte verhalten. Darüber hinaus produzieren Subjekte wie auch Adjunkte ECP-Verletzungen. Objekte sind im Gegensatz zu Subjekten und Adjunkten bewegungsdurchlässig oder transparent, sie unterliegen bei der Bewegung dem Prinzip der Subjazenz. Das ECP ist in der Objektposition generell erfüllt.

Im Yiddischen tritt der V2-Effekt also sowohl in Hauptsätzen wie auch in eingeleiteten Nebensätzen auf, im Deutschen tritt dagegen der V2-Effekt nur in unabhängigen Sätzen, nicht in eingeleiteten Nebensätzen auf. Platzack & Holmberg (1989) führen den Unterschied zwischen dem Deutschen und dem Yiddischen auf den Finitheitsparameter zurück: V2-Sprachen zeichnen sich dadurch aus, daß der Finitheitsparameter [+F] zusammen mit dem Merkmal [WH] in derselben syntaktischen Position erscheint. Der Finitheitsparameter [+F] kann nun entweder in INFL oder in COMP stehen: Im Deutschen befindet sich der Finitheitsparameter [+F] sowie das Merkmal [WH] in COMP, so daß der V2-Effekt in eingeleiteten Nebensätzen nicht auftreten kann, da COMP durch eine einleitende Konjunktion besetzt ist. Im Deutschen fallen also der Landeplatz für finite Verben im Hauptsatz und die Position für nebensatzeinleitende Elemente zusammen. Im Yiddischen befinden sich der Finitheitsparameter [+F] sowie das Merkmal [WH] in INFL, so daß der V2-Effekt sowohl in Haupt-, aber auch in eingeleiteten Nebensätzen auftreten kann. Zwischen dem Kopf einer Phrase und der Spezifikatorposition dieser Phrase (C-CPspec; I-IPspec) herrscht eine Merkmalsgleichheit (Kongruenz, *spec head agreement*):

Im Deutschen muß in abhängigen Sätzen bzw. in solchen Fällen, in denen die CP eine wh- oder Relativphrase oder eine subordinierende Konjunktion enthält, das finite Verb in INFL verbleiben, da aufgrund von *spec head agreement* die ganze CP als besetzt gilt. Im Deutschen gibt es daneben auch abhängige V2-Sätze (*ich glaube, Hans sieht Maria*), in denen sich kein Selektionsmerkmal [+WH] in irgendeiner Position der CP befindet: In diesem Fall müssen beide Positionen der CP besetzt werden, der Kopf C^0 mit dem finiten Verb und die CPspec-Position mit einer maximalen Projektion, i.e. mit V2-Prozessen.

Das Phänomen, daß bei eingeleiteten Nebensätzen ein V2-Effekt auftritt, liegt etwa auch im Skandinavischen vor[37]. Dies zeigt, daß die Position C nicht mit der V2-Position identifiziert werden kann. Auch Diesing (1990) nimmt bei der Beschreibung des Yiddischen an, daß unabhängige Sätze Projektionen von INFL sind, also IPs; abhängige eingeleitete Sätze dagegen sind CPs.

> ASYMMETRIE-HYPOTHESE
>
> "Nur Complementizer-eingeleitete Sätze weisen in der D-Struktur eine initiale COMP-Position auf; V/2 und V/1-Sätze sind COMP-los." (Reis 1985:273)[38]

Nach Reis (1985) gibt es zwei D-Strukturen: Abhängige Sätze (z.B. Relativsätze) und Nebensätze sind CPs mit INFL-finaler IP und kopffinaler VP; unabhängige Hauptsätze sind INFL-initale IPs, wobei der INFL-Kopf die V2-Position darstellt.

Travis (1984) nimmt aufgrund der Tatsache, daß Subjekte in CPspec ausgeschlossen sind, die Struktur SUBJ INFL VP an, wobei - wie bei Reis (1985) - die IP kopfinitial und die VP kopffinal ist[39]. Wie Travis (1984) vertritt auch te Velde (1992) vor allem aufgrund von Koordinationsasymmetrien die Diffe-

---

37 Cf. Vikner (1990).

38 Reis (1985) legt eine Analyse zugrunde, die eine einzige COMP-Position annimmt im Gegensatz zu Travis (1984), die auch die Asymmetrie-Hypothese vertritt, allerdings ein COMP mit zwei Positionen annimmt.

39 Diese Annahme impliziert *INFL-lowering* im Nebensatz.

renzthese: Unabhängige Sätze mit präverbalem Subjekt sind IPs, abhängige Nebensätze, Fragesätze und Hauptsätze mit topikalisierter Nicht-Subjekt-Phrase sind CPs.

2.2.3 Kasustheorie

Ein weiteres Modul der Rektions- und Bindungstheorie ist die Theorie des abstrakten Kasus. Die Kasustheorie restringiert die Verteilung overter Nominalphrasen aufgrund des Kasusfilters:

> CASE FILTER
>
> "*[NP] if NP has a phonetic matrix and no Case."
> (Chomsky 1981:175)

Universale Kasuszuweiser sind die [-N]-Kategorien, also Verben, Präpositionen und AGR in INFL, das in finiten Sätzen vorhanden ist. In infiniten Sätzen erhält die Subjektposition also keinen Kasus: Steht in dieser Position eine lexikalische NP, wird der Satz durch den Kasusfilter ausgeschlossen.

21a) *it seems Bill to win the price

21b) Bill seems t to win the price

Kasus ist ein universales syntaktisches Merkmal, unabhängig von der morphologischen Realisierung. Universal weisen die als [-N]-spezifizierten Kategorien Kasus zu, in manchen Sprachen - wie etwa im Deutschen - auch die [+N]-spezifizierten Kategorien, also Nomen und Adjektive. Dies erklärt, daß im Englischen die Komplemente von Nomen und Adjektiven mit einer syntaktischen Präposition angebunden werden müssen, wie die Sätze in 22) zeigen, im Deutschen dagegen nicht, was die Sätze in 23) illustrieren.

22a) die Zerstörung der Stadt

22b) *the destruction the city

22c) the destruction of the city

23a) er ist des Redens müde

23b) *he is tired talking

23c) he is tired of talking

Es wird unterschieden zwischen strukturellem Kasus einerseits, der infolge einer bestimmten Konfiguration zugewiesen wird, und lexikalischem Kasus andererseits, der von spezifischen Eigenschaften des jeweiligen lexikalischen Elementes abhängt. Beim strukturellen Kasus gibt es zwei Zuweisungsarten: Kasuszuweisung unter Rektion, i.e. an Komplemente und den Spezifikator einer Komplementphrase (ECM oder AcI-Verben) und Kasuszuweisung aufgrund von Kongruenz (*specifier head agreement*), i.e. Kasusmarkierung des Subjekts[40]. Als strukturelle Kasusmerkmale werden *nominative* und *accusative /objective* zugewiesen: lexikalische oder inhärente Kasusmerkmale sind *genitive* und *dative*, die als *oblique* bezeichnet werden. Der Kasus *nominative* wird von Infl zugewiesen, wobei zu spezifizieren ist, welches Element in Infl genau für die Kasuszuweisung verantwortlich ist. So argumentiert Chomsky (1981) aufgrund der Kongruenzrelation zwischen flektiertem Verb und Subjekt dafür, daß AGR in Infl den Nominativ zuweist[41], während Platzack (1983) wegen der Korrelation zwischen dem Vorhandensein von AGR und der Finitheit eines Satzes die Kasuszuweisung auf das Merkmal TENSE zurückgeführt.

Wortstellungsunterschiede wie beispielsweise zwischen dem Deutschen mit kopffinaler VP und dem Englischen mit kopfinitialer VP werden darauf zurückgeführt, daß es einen Parameter gibt, der die Richtung der Kasuszuweisung festlegt. So weisen Verben im Deutschen den Kasus nach links zu, was

40 Koopman & Sportiche (1991)

41 Cf. Chomsky (1981).

sich in einer SOV-Abfolge manifestiert, während sich die SVO-Abfolge des Englischen daraus ergibt, daß Verben den Kasus nach rechts zuweisen. Wenn davon ausgegangen wird, daß Parameter an funktionale Elemente geknüpft sind, impliziert dieses, daß struktureller Kasus, also *nominative* und *objective*, durch das funktionale Element Infl zugewiesen wird. Ein Verb weist dann den strukturellen Kasus *objective* zu, wenn es von Infl regiert wird[42].

Eine besondere Kasuseigenschaft einer Klasse von Verben führt zu sogenannten ECM- oder AcI-Konstruktionen:

24a) John expected (*him* to come)

24b) ich hörte (*den Mann* die Frau einladen)

Verben wie *expect, consider, want* oder im Deutschen *hören, sehen, lassen* betten infinitivische Sätze ein, in denen das Subjekt (*him, den Mann*) aufgrund des nicht-finiten Infls keinen Kasus *nominative* erhalten kann. Wie die Beispiele zeigen, tragen die NPs den Kasus *objective*, der vom Matrixverb zugewiesen wird. Diese Verben zeichnen sich also dadurch aus, daß sie in die *specifier*-Position des Komplements Kasus unter Rektion zuweisen können, so daß die Subjektphrase des eingebetteten Satzes den Kasus vom Matrixverb und die thematische Rolle (AGENS) vom Verb des eingebetteten Satzes erhält. Dies spiegelt den ambifunktionalen Charakter der postverbalen NP bei AcI- bzw. ECM-Verben.

2.2.4 *move α*

Eine große Anzahl syntaktischer Phänomene läßt sich auf die Interaktion von Kasus- und Theta-Theorie zurückführen: So entstehen etwa Passivkonstruktionen dadurch, daß ein passivisches Verb weder dem Objekt einen Kasus, noch

42 Cf. Larson (1988).

dem Subjekt eine thematische Rolle zuweist[43]. Eine Nominalphrase in der Komplementposition eines passivischen Verbs würde aufgrund des Kasusfilters ausgeschlossen. Gelangt sie über *move* α in die IPspec, erhält sie dort alle Spezifikationen, die sie benötigt: den Kasus *nominative* aufgrund des finiten Infls und eine thematische Rolle über Vererbung. Die Phänomene der Sprache, in denen Phrasen nicht in ihrer Basisposition verbleiben, sondern in andere Positionen bewegt werden, um dort notwendige Spezifikationen zu erhalten, lassen sich definieren und differenzieren aufgrund der Kasus- und Theta-Konstellationen: NP-Bewegung sind Abhängigkeiten, die von einer thetamarkierten kasuslosen Position in eine nicht-thetamarkierte Kasusposition gehen. Neben dem Passiv ist *raising* ein weiterer Typ von NP-Bewegung: Da Verben wie *scheinen* der Subjektposition keine thematische Rolle zuweisen, kann in dieser Position entweder ein expletives *it* stehen wie in 25a); oder aber das Subjekt eines eingebetteten infiniten Satzes, das in seiner Basisposition keinen Kasus erhält, wird in die Subjektposition des Matrixsatzes angehoben wie in 25b).

25a) it seems that Mary loves John

25b) Mary_i seems t_i to love John

Dieser Bewegungstyp wird A-Bewegung genannt, da die Bewegung in eine Argumentposition geht. Wh-Bewegung oder A'-Bewegung dagegen geht von einer kasus- und thetamarkierten Position in eine Position, der weder Kasus- noch Thetamerkmale zugewiesen werden. Dies ist bei Fragebildungs- und Topikalisierungsprozessen der Fall. Diese Beispiele illustrieren nochmals die Applikation des Prinzips *move* α, die in wohlgeformten Strukturen solange unbeschränkt ist, wie sie nicht gegen andere Prinzipien - wie Kasusfilter oder Theta-Kriterium - verstößt. Das Prinzip *move* α hat zwei Ausprägungen: Substitution und Adjunktion. Adjungiert werden können nur maximale Phrasen an

---

43 Dieser Zusammenhang wurde von Burzio (1981) formuliert und wird als "Burzio's Generalisierung" bezeichnet.

maximale Projektionen, die nicht Argument sind. Substitution unterliegt dagegen folgenden Restriktionen:

a) Bewegung in Komplementpositionen ist aus thematischen Gründen nicht möglich.
b) X^0 kann nur in eine Kopfposition bewegt werden (*head movement constraint*).
c) Nur eine maximale Phrase kann in die Spezifikatorposition bewegt werden, wobei eine maximale Phrase bei NP-Bewegung aus Kasus- und Theta-Gründen in die *specifier*-Position von IP und bei wh-Bewegung aus Skopusgründen[44] in die *specifier* Position von CP bewegt wird.
d) *Move* α kann sich nur auf Köpfe oder maximale Projektionen, nicht auf intermediäre Projektionen beziehen.

Im Deutschen und Englischen findet *move* α in der Syntax zwischen D-Struktur und S-Struktur statt, in anderen Sprachen wie etwa dem Japanischen bleiben wh-Phrasen auf der S-Struktur in der Basisposition. Die Skopusverhältnisse zeigen jedoch, daß die wh-Phrase auf der Ebene der Logischen Form (LF) bewegt wurde. Bleiben dagegen wh-Phrasen im Deutschen *in situ* wie in Satz 26b), hat dies zur Folge, daß die Frage als Echofrage interpretiert wird.

26a) wen hast du gesehen?

26b) du hast wen gesehen?

Eine derivationelle Auffassung von *move* α siedelt diesen Prozeß im Übergang von D-Struktur zu S-Struktur an. Die repräsentationelle Auffassung geht dagegen davon aus, daß innerhalb einer Struktur verschiedene Positionen über

---

44 Ein Element α hat Skopus über ein Element ß, wenn α ß c-kommandiert. Die C-Kommando-Relationen zwischen Quantoren (*alle*, *ein*, *wh*-Phrasen etc.) erklären die unterschiedlichen Lesarten der folgenden Sätze:

a) alle Kinder lieben einen Hund

b) everyone in this class speaks two languages

c) what did John forget that he should tell Mary

Indizierung oder Kettenformation miteinander in Beziehung gebracht werden. Über diese Ketten werden Merkmale wie Kasus oder Theta weitergegeben. Sportiche (1988) bezeichnet sie deshalb als *transmission relations*.

Die A'-Bewegung wird durch Skopuseigenschaften motiviert. Fälle von A'-Bewegung sind beispielsweise Frage- und Relativsatzbildung. Im Gegensatz zur A-Bewegung unterliegt die A'-Bewegung nicht den strengen lokalen Bedingungen, so daß die A'-Bewegung zu sehr langen Abhängigkeiten (*unbounded dependencies*) führen kann: Bezüglich der Bindungsanforderungen verhält sich die bei A'-Bewegung zurückbleibende Spur (Variable) nämlich wie ein R-Ausdruck: sie ist über eine A'-Kette mit dem Antezedens (Operator) in einer Nicht-Argument-Position verbunden, ist also A-frei.

Auch der Prozeß der Topikalisierung wird häufig als A'-Bewegung analysiert, i.e. Fragesatzbildung und Topikalisierung werden als ein und derselbe Prozeß verstanden. Ein Topikalisierungsprozeß wird - unter der Uniformitätsthese, nach der alle Sätze CP-Strukturen sind - auch für die Analyse eines deutschen Verbzweit-Satzes angenommen, wobei das finite Verb in dic C^0-Position und eine maximale Projektion aus der IP heraus in die der C^0-Position vorangehenden CP*specifier*-Position bewegt wird.

27)

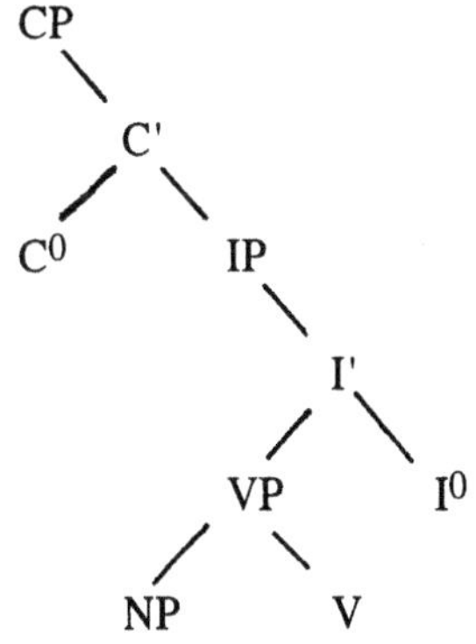

Reis & Rosengren (1988) weisen jedoch darauf hin, daß die Relation, die bei der Fragesatzbildung zwischen der wh-Phrase, i.e. dem Operator und der koindizierten Spur (Variable) sich von der Relation zwischen topikalisierter

Phrase, i.e. dem referentiellen Ausdruck und der koindizierten Spur unterscheidet. Im Falle der wh-Bewegung entsteht eine Skopusrelation zwischen Operator und Variable, die bei Topikalisierung nicht relevant ist. Daraufhin schlagen Reis & Rosengren (1988) vor, bei der A'-Bewegung bezüglich der Art der bewegten Phrase [+/-wh] zu differenzieren: wh-Bewegung von [+/-wh]-Phrasen (i.e. Fragewörter und Quantoren) ist motiviert durch die Herstellung bestimmter Skopusrelationen. Topikalisiert werden können also [-wh]- und [+wh]-Phrasen, bei der Fragesatzbildung kann dagegen nur eine [+wh]-Phrase bewegt werden, die hinsichtlich ihrer syntaktischen Eigenschaften wie auch ihrer Operatoreneigenschaften positiv spezifiziert ist.

Baltin (1982) differenziert die A'-Bewegung in bezug auf die Landepositionen aufgrund von englischen Sätzen, in denen eine [+wh]- <u>und</u> eine [-wh]-Phrase A'-bewegt wurde:

28a) he's a man ($_{CP}$ to whom ($_{IP}$ liberty ($_{IP}$ we would never grant t t)))

28b) it's obvious ($_{CP}$ that ($_{IP}$ Mary ($_{IP}$ he can't stand t)))

Diese Sätze schließen ebenfalls eine Vereinheitlichung von Topikalisierung und Fragesatzbildung über die Landeposition aus, wie bereits der V2-Effekt in konjunktional eingeleiteten Nebensätzen gezeigt hatte. Für die Topikalisierung und die Fragesatzbildung müssen vielmehr zwei unterschiedliche Positionen zur Verfügung stehen. Baltin (1982) wie auch Müller & Sternefeld (1990) nehmen an, daß alle Sätze CPs sind (Uniformitätsthese), sie legen jedoch unterschiedliche Strukturen bzw. unterschiedliche Endpositionen bei W-Verschiebung und Topikalisierung zugrunde: Während W-Verschiebung in CPspec endet, landet eine topikalisierte Phrase im Spezifikator der zwischen CP und IP liegenden Topik-Projektion (TP). Die primäre grammatische Funktion von Elementen in CPspec ist die eines Operators, während die primäre grammatische Funktion des Elementes, das in der Kopfposition der TP steht, die eines Topikelementes ist.

2.2.5 Rektionstheorie und *Empty Category Principle*

Die Rektionstheorie ist als Spezifikation einer strukturellen Relation relevant für nahezu alle Prinzipien der Rektions- und Bindungstheorie. Viele Generalisierungen und Prinzipien lassen sich nur unter der Angabe der strukturellen Relationen formulieren, wobei die Relation der Rektion die zentrale Rolle spielt. Unter Rektion versteht man die Relation, die zwischen einem lexikalischen Kopf und seinen Komplementen besteht: So regiert beispielsweise das Verb sein Komplement innerhalb der VP oder eine Präposition ihr Komplement innerhalb der PP. Das Element Infl gilt nur dann als Regent, wenn es finit ist. Ein finites Infl weist der Subjektphrase unter Rektion den Kasus *nominative* zu. Eine weitere Bedingung für Rektion verlangt, daß das regierende Element α und das regierte Element ß in einer C-Kommando-Relation stehen. C-Kommando liegt dann vor, wenn jeder verzweigende Knoten, der α dominiert, auch ß dominiert, und α ß nicht dominiert.

29)

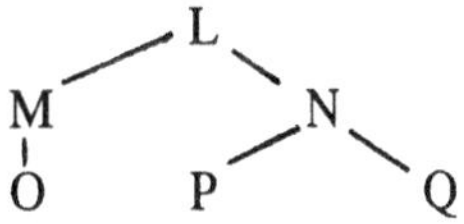

In der Struktur 29) c-kommandiert M den Knoten N, P und Q, aber nicht O. Der Knoten O seinerseits c-kommandiert N, P und Q. Die Knoten P und Q c-kommandieren sich gegenseitig. Mit der Definition des C-Kommando kann nun die Relation der Rektion beschrieben werden, wobei Rektion ein spezieller Ausschnitt von C-Kommando ist.

GOVERNMENT[45]

α governs ß iff

α is a lexical category or Agr and for all τ, τ a maximal category, τ dominates α iff τ also dominates ß.

---

45 Definition nach Aoun & Sportiche (1983).

Das zentrale Prinzip der Rektionstheorie ist das *Empty Category Principle* (Chomsky 1981) für die Identifikation leerer Kategorien, das besagt, daß nicht-pronominale leere Kategorien, also A- und A'-gebundene Spuren streng regiert sein müssen.

30a) who do you think that Mary saw t

30b) *who do you think t that t saw Mary

31a) who t saw Mary

31b) who do you think ((t (saw Mary)))

In Satz 30a) wird die Spur identifiziert, weil sie vom Verb lexikalisch regiert wird. In Satz 30b) wird die Spur in der Subjektposition sowohl von *that* als auch von der Zwischenspur regiert, trotzdem ist der Satz ungrammatisch. Offensichtlich wird die Rektion der Subjektposition durch die Zwischenspur aufgrund des intervenierenden Komplementierers blockiert. Da der Komplementierer *that* aber kein lexikalischer und damit kein strikter Regent ist, wird die Spur in IPspec nicht streng regiert. In Satz 31a) ist das Subjekt "kurz" bewegt; die Grammatikalität dieses Satzes deutet darauf hin, daß die Identifizierung der Subjektspur auch durch die bewegte Phrase selbst erfolgen kann, sofern diese in einer Rektionsbeziehung zur Spur steht. Auch Satz 31b), in dem eine "lange" Subjektbewegung stattgefunden hat, zeigt, daß die Bedingung der strengen Rektion erfüllt ist. In diesem Satz steht eine Zwischenspur in CPspec, die die Subjektposition regiert. Da in diesem Satz kein sichtbarer Komplementierer zwischen der Zwischenspur und der Ausgangsspur interveniert, wird die strenge Rektion offensichtlich auch hier durch das Antezedens der Spur geleistet. Strenge Rektion bedeutet also entweder lexikalische Rektion und/oder Antezedensrektion:

PROPER GOVERNMENT

α properly governs ß if α governs ß and

a) α is a lexical category X^0, or/and
b) α is coindexed with ß.

Bezüglich der Interpretation des ECP gibt es einerseits die disjunktive, andererseits die konjunktive Auslegung: Die disjunktive Auslegung verlangt, daß Spuren entweder lexikalisch oder antezedensregiert sein müssen, wobei Antezedensrektion Rektion und Koindizierung in einer Kette bedeutet. Eine Objektspur wird vom Verb streng (Θ-)-regiert, die Subjektposition und ein Adjunkt können im Englischen dagegen nur über Antezedensrektion streng regiert werden. Das ECP erfaßt die Subjekt-Objektasymmetrien bei bestimmten syntaktischen Prozessen wie Extraktion oder Bindung, im besonderen, wenn ein sichtbarer Komplementierer vorhanden ist oder wenn eine wh-Insel verlassen wird:

32a) *who_i do you think t_i' that t_i saw Mary

32b) who_i do you think t_i' t_i saw Mary

32c) who_i do you think t_i' (that) Mary saw t_i

32d) *who_i do you wonder when t_i saw Max

Da Infl nicht den Status eines lexikalischen Regenten hat, ist die Subjektposition auf Antezedensrektion angewiesen. In Satz 32a) erscheint zwischen der intermediären Spur (t'), die die Subjektposition antezedensregieren könnte, ein sichtbarer Komplementierer, der die Subjektposition regiert. Der Komplementierer ist jedoch kein lexikalischer Regent, der selbst strenge Rektion ausüben könnte. Die Rektion durch die Zwischenspur wird also durch einen näheren Regenten blockiert:

33) $\ldots\alpha\ldots[_{\delta}\ldots\tau\ldots$ ß]

In der Struktur 33) kann α ß nicht regieren, wenn τ ß regiert: als strenger Regent kommt nur der nächststehende Regent in Frage[46].

Unter dieser Bedingung wird in Satz 32a) Antezedensrektion durch die Zwischenspur blockiert, d.h. die Spur in der Subjektposition wird nicht streng regiert und verfällt somit dem ECP. In 32b) dagegen erscheint kein Komplementierer, so daß die Subjektposition antezedensregiert ist. In Satz 32c) steht die Spur in der Komplementposition des Verbes, diese Position ist lexikalisch regiert und erfüllt das ECP. In Satz 32d) kann die Spur nicht zwischenlanden, da die spec-Position durch das wh-Wort besetzt ist, so daß die Subjektposition wiederum nicht antezedensregiert wird.

Huang (1981) weist darauf hin, daß Subjekt-Objektasymmetrien im Grunde Komplement/Nicht-Komplement-Asymmetrien sind. Ausgangspunkt ist die Beobachtung, daß sich Adjunkte bezüglich der Extraktionseigenschaften verhalten wie Subjekte:

34a) *who_i do you wonder when t_i saw Max

34b) *how_i do you wonder when they talked to Max t_i

34c) who t saw Max

34d) how_i did they talk to Max t_i

34e) who_i do you think t_i' t_i saw Mary

34f) how_i do you wonder they talked to Max t_i

Auch diese Asymmetrien können mit dem ECP erfaßt werden, da Adjunkte - ebenso wie Subjekte - nicht lexikalisch regiert werden. Adjunkte können - wie Subjekte - "kurz" extrahiert werden wie in Satz 34c) und 34d), aber ebenso wie Subjekte nicht eine wh-Insel verlassen wie in Satz 34a) und 34b), da die Position für die intermediäre Spur, die Antezedensrektion leisten könnte, bereits durch das wh-Wort besetzt ist, womit die Ausgangsspur unregiert bleibt. Die Sätze 34e) und 34f), in denen ein Subjekt bzw. ein Adjunkt aus einem komplementiererlosen finiten Satz extrahiert wurde, sind grammatisch. Huang

46 Chomsky (1986b:Kap.8)

(1981) weist jedoch darauf hin, daß die Subjekt/Adjunkt-Parallelität nicht den Grammatikalitätsunterschied der Sätze 35) erfaßt:

35a) *who$_i$ did you say t$_i$' that t$_i$ would leave

35b) when$_i$ did you say t$_i$' that they would leave t$_i$

In Satz 35b) ist ein Adjunkt extrahiert, das auch in CPspec zwischenlanden kann. In C^0 interveniert jedoch ein sichtbarer Komplementierer, der die Antezedensrektion der Subjektposition blockieren müßte, wie in Satz 35a), in dem die Extraktion des Subjekts durch den Komplementierer blockiert wird. Satz 35b) ist jedoch grammatisch.

Eine Erklärung für diese Daten bietet nun die konjunktive Auslegung des ECP, wonach Spuren lexikalisch <u>und</u> antezedensregiert sein müssen[47], und der Modifikation, daß Kopfrektion vorliegen muß. Finite Null-Komplementierer (=AGR) sind gültige Kopfregenten[48], während sichtbare Komplementierer keine Kopfregenten sind, was den Grammatikalitätsunterschied zwischen 35a) und 35b) erklärt: Spuren von extrahierten Adjunkten sind durch einen funktionalen Kopf T oder AGR regiert.

36a) who (?t) loves Mary

36b) who does Mary love t

36c) welche Frau liebt der Mann t

36d) welche Frau liebt t den Mann

Unter der *vacuous movement hypothesis*[49] wird angenommen, daß im Englischen die wh-Subjektphrase auf der S-Struktur nicht bewegt wird. Aus Skopusgründen muß die wh-Phrase auf der Ebene der LF in eine prä-IP-Position bewegt werden. In Satz 36b) ist die wh-Phrase aus der Objektposition extra-

---

47 Cf. Rizzi (1990), Noonan (1988).

48 Rizzi (1986) argumentiert hierfür aufgrund von *spec-head agreement*.

49 Cf. Chomsky (1986b).

hiert, die Spur also vom Verb lexikalisch regiert; dasselbe gilt für Satz 36c). Satz 36d) weist wiederum eine Subjektextraktion auf, die zurückbleibende Spur wird entweder antezedensregiert oder lexikalisch von dem in C^0 bewegten Verb[50] regiert.

In süddeutschen Dialekten ist Subjektextraktion auch aus konjunktional eingeleiteten Nebensätzen möglich; im Holländischen ist die Konjunktion obligatorisch:

37a) welche Frau glaubst du t' daß der Mann t liebt

37b) welche Frau glaubst du t' daß t den Mann liebt

37c) wie meende Jan dat de doktor bezocht
wen/wer glaubt Hans daß der/den Doktor besucht

37d) *wie meende Jan bezocht de doktor
wen/wer glaubt Hans besucht der/den Doktor

In Satz 37a) liegt Objektextraktion vor, die Spur ist also vom Verb und damit lexikalisch regiert. In Satz 37b) dagegen wurde das Subjekt des Nebensatzes extrahiert; die Rektion der Spur in der Subjektposition muß also durch die Zwischenspur in CPspec oder durch den Komplementierer in C^0 geleistet werden. Das finite Verb in C^0 bzw. die Konjunktion kann im Holländischen und im Bayerischen nach rechts regieren[51]. Bayer (1984) hat darauf hingewiesen, daß in bayerischen Dialekten die Komplementierer sichtbare AGR-Merkmale haben können (*wiest, obst, wennst*), so daß die Rektion der Subjektposition durch die Konjunktion geleistet wird, womit das ECP erfüllt ist.

---

50 Im "Barrieren"-Ansatz (Chomsky 1986b) ist die Subjektextraktion nach der V2-Bewegung durch L-Markierung der IP möglich (cf. auch 2.3).

51 Cf. Koster (1986).

2.2.6 Bindungstheorie

Die Bindungstheorie regelt die Verteilung und Interpretation von Pronomen und Anaphern. Unter A-Bindung wird Koindizierung und C-Kommando eines Elementes ß durch ein Element α in einer Argumentposition verstanden.

38a) *John$_i$ thinks that Mary loves himself$_i$

38b) John thinks that Mary$_i$ loves herself$_i$

39a) *John thinks that Mary$_i$ loves her$_i$

39b) Mary$_i$ thinks that John loves her$_i$

40a) *he$_i$ believes that John$_i$ is intelligent

40b) John$_i$ believes that he$_i$ is intelligent

In Satz 38a) führt die Bindung der Anapher *himself* mit der NP *John* zur Ungrammatikalität, während die Bindung der Anapher in Satz 38b) korrekt ist, was darauf hindeutet, daß die Bindung innerhalb einer bestimmten Domäne stattfinden muß. Dies wird in der Bedingung für anaphorische Elemente, dem Bindungsprinzip A ausgedrückt. Die Sätze 39) zeigen, daß ein Pronomen innerhalb einer bestimmten Domäne nicht gebunden sein darf, was Bindungsprinzip B ausdrückt. Die Sätze 40) zeigen, daß referentielle Ausdrücke überhaupt nicht gebunden sein dürfen; dies ist in Bindungsprinzip C formuliert.

> BINDUNGSPRINZIP A:
> Eine Anapher muß in ihrer Rektionskategorie gebunden sein.
>
> BINDUNGSPRINZIP B:
> Ein Pronomen ist frei in seiner Rektionskategorie.
>
> BINDUNGSPRINZIP C:
> Referentielle Ausdrücke sind frei.

Chomsky (1981) zeigt, daß sich lexikalisch realisierte und phonetisch leere Kategorien bezüglich der Bindungsanforderungen gleich verhalten: Lexikalisch sichtbare und phonetisch leere Kategorien lassen sich über die Merkmale [+/-]-anaphorisch und [+/-]-pronominal definieren:

Anaphern / NP-Spuren:	[+anaphorisch,	-pronominal]
Variablen / wh-Spuren:	[-anaphorisch,	-pronominal]
PRO:	[+anaphorisch,	+pronominal]
pro:	[-anaphorisch,	+pronominal][52]

Das Subjekt ist entscheidend für die Bestimmung des relevanten Bereiches, in dem Bindung stattfinden kann, wie die folgenden Sätze illustrieren:

41a) Mary lost John's$_i$ picture of himself$_i$

41b) *John$_i$ lost Mary's picture of himself$_i$

Die Ungrammatikalität des Satzes 41b) weist darauf hin, daß bei der Bindung der Anapher *himself* das nächsthöhere Subjekt (Spezifikatorposition von NP und IP) relevant ist. In Satz 41a) wird *himself* durch *John* in der Spezifikatorposition der NP und damit in der nächsthöheren Subjektposition gebunden, in 41b) dagegen erscheint die NP *Mary* in dieser Position, eine Koindizierung ist nicht möglich, und *John* scheint als Binder nicht mehr in der relevanten Domäne zur Verfügung zu stehen. Die Verteilung von Pronomen verhält sich komplementär:

42a) *Mary lost John's$_i$ picture of him$_i$

42b) John$_i$ lost Mary's picture of him$_i$

Die Anapher muß demnach von dem nächsthöheren Subjekt gebunden sein, das Pronomen muß in dieser Domäne frei sein. Die für die Bindung relevante Domäne bezeichnet Chomsky (1986b) als *Complete Functional Complex*:

---

52 Huang (1989) definiert PRO und *pro* als Instanzen einer Kategorie über das Merkmal [+pronominal] und stellt diese beiden leeren Elemente den lexikalischen Pronomen gegenüber.

COMPLETE FUNCTIONAL COMPLEX

> "A governing category is a "complete functional complex" (CFC) in the sense that all grammatical functions compatible with its head are realized in it - the complements necessarily, by the projection principle and the subject, which is optional unless required to license a predicate, by definition." (Chomsky 1986b:169)

Der bindungsrelevante Bereich hängt ab von der Position desjenigen Elementes, das die Anapher bzw. das Pronomen regiert, i.e. dem Regens:

43a) they expected each other to win

43b) they would prefer for each other to win

43c) *they expected that each other would win

44a) *they expected them to win

44b) *they would prefer for them to win

44c) they expected that they would win

Die Ungrammatikalität von 43c) und die Grammatikalität von 44c) liegt nun offensichtlich darin begründet, daß sich die Anapher bzw. das Pronomen und das regierende Infl in demselben Satz befinden, nämlich im finiten eingebetteten Satz, während in den Sätzen 43a) und 43b) und 44a) und 44b) das regierende Element außerhalb der eingebetteten IP steht: das ECM-Verb im Matrixsatz bzw. der *for*-Komplementierer in CPspec. Dies führt dazu, daß der Bezug von Anaphern und Pronomen in der Subjektposition auf den nächsthöheren CFC nur in infiniten Sätzen vorgenommen wird. Für die Festlegung des bindungsrelevanten Bereiches ist demnach die Position des Regenten relevant: α ist dann Rektionskategorie für ß, wenn α der kleinste CFC ist, der α, ß und das Regens von ß enthält.

2.2.7 Kontrolltheorie

Die Kontrolltheorie bezieht sich auf die Identifikation des leeren Elementes PRO, das in infinitivischen Komplementsätzen als Subjekt erscheint.

45a) Bill promised PRO to go

45b) Bill persuaded John PRO to go

Chomsky klassifiziert das Element PRO als pronominale Anapher und leitet seine Distribution aus der Bindungstheorie[53] ab: Als pronominales Element muß PRO in der Rektionskategorie frei sein, als anaphorisches Element muß es in der Rektionskategorie gebunden sein. Da dieses bindungstheoretisch ein Paradox darstellt, postuliert Chomsky (1981) das PRO-Theorem, nach dem PRO nicht regiert sein darf. Dies beschränkt das Vorkommen von PRO universal auf die Subjektposition (IPspec) infiniter Sätze, da in infiniten Sätzen Infl nicht den Status eines Regenten hat. In finiten Sätzen weist Infl der Subjektposition Kasus zu, was anzeigt, daß diese Position regiert ist. In dieser Position - ebenso wie in der Objektposition - kann PRO nicht erscheinen.

46a) *John saw PRO

46b) *John promised Bill that PRO would go

46c) he_i promised PRO_i to go

46d) he persuaded $Bill_i$ PRO_i to go

Das leere pronominale Element PRO in den Sätzen 46c) und 46d) wird kontrolliert vom Verb des Matrixsatzes: *promise* übt Subjekt-, *persuade* Objekt-

53 Manzini (1983) klassifiziert PRO als reine Anapher und versucht, die Kontrolltheorie unter die Bindungstheorie zu subsumieren, gibt ihr also keinen eigenen Status. Bouchard (1984) leitet die Verteilung des Elementes PRO aus der Kasustheorie und seine Identifikation aus den Bindungsprinzipien A und B ab, da nach seiner Auffassung PRO entweder ein Pronomen oder eine Anapher sein kann, nicht aber beides.

kontrolle aus, was eine Identifizierung von PRO mit dem Subjekt bzw. Objekt des Matrixverbs ausgedrückt wird. Ob Subjekt- oder Objektkontrolle ausgeübt wird, ist abhängig vom spezifischen Verb, das den infiniten Satz einbettet. Im lexikalischen Eintrag eines Kontrollverbs ist also spezifiziert, ob dieses Verb Subjekt- oder Objektkontrolle ausübt. Im Gegensatz zu Verben mit obligatorischer Kontrolle[54] üben die Verben *say, ask, wonder, know* arbiträre Kontrolle aus[55], wobei das Subjekt des eingebetteten Infinitivsatzes nicht mit einer grammatischen Funktion des einbettenden Satzes identisch ist, sondern ein unspezifiziertes Subjekt darstellt, das im kontextuellen Zusammenhang interpretiert werden muß.

2.2.8 Theorie der Grenzknoten

Die Theorie der Grenzknoten *(bounding theory)* mit dem zentralen Prinzip SUBJAZENZ stellt einc Lokalitätsbeschränkung für Bewegungen dar: Eine Bewegung darf maximal einen Grenzknoten überschreiten. Dies begründet, daß aus bestimmten Domänen oder "Inseln"[56] nicht extrahiert werden kann, so aus komplexen NPs wie in Satz 47a), aus wh-Sätzen oder aus Relativsätzen wie in 47b), da hier mehr als ein Grenzknoten überschritten wird.

47a) *who$_i$ did a sister of t$_i$ get married in Mexico

47b) *which pills$_i$ did they sue the doctor who prescribed t$_i$

Für das Englische wird angenommen, daß NP und IP Grenzknoten darstellen. Rizzi (1982) zeigte, daß im Italienischen Sätze, in denen ein NP-Knoten und

---

54 "A null pronominal within a complement clause is controlled in its control domain only if the matrix verb is (+O(bligatory) C(ontrol))." (Huang 1989:201)

55 *it is unclear what PRO$_{arb}$ to do*

56 Cf. Ross (1967).

ein IP-Knoten überschritten wird, grammatisch sind, wie Satz 48a) zeigt. Ungrammatisch sind dagegen Sätze, in denen eine CP und eine NP überquert werden wie in 48b).

48a) il solo incarico$_i$ che ($_{IP}$ non sapevi ($_{CP}$ a chi ($_{IP}$ avrebbero affidato t$_i$))) e poi finito proprio a te

48b) *tuo fratello ($_{CP}$ a cui$_i$ ($_{IP}$ temo ($_{NP}$ la possibilità ($_{CP}$ t$_i$' che ($_{IP}$ abbiano raccontato tutto t$_i$))))) era...

Rizzi (1982) leitet daraus ab, daß die Wahl der Grenzknoten sprachspezifisch unterschiedlich ausfallen kann, also der Parametrisierung unterliegt: Im Englischen sind NP und IP Grenzknoten, im Italienischen NP und CP.

In einer jüngeren Entwicklung der Rektions- und Bindungstheorie, dem Barrieren-Ansatz (Chomsky 1986b), ist das Prinzip der Subjazenz unter das generelle Konzept der Barriere subsumiert worden.

2.3 Das Konzept der "Barriere"

Die Ausführungen zum Prinzip der leeren Kategorien einerseits und zum Prinzip der Subjazenz andererseits haben gezeigt, daß für die Anwendung dieser Prinzipien jeweils eine spezifische Anwendungsdomäne formuliert werden muß: So bezieht sich Subjazenz auf Prozesse der Kettenbildung, die bei Bewegungs- und Bindungsprozessen entstehen. Das Prinzip der Subjazenz bezieht sich auf mehrere Elemente einer Kette, bzw. restringiert die Zahl der zwischen zwei koindizierten Elementen einer Kette liegenden Elemente. Subjazenz betrifft somit Variablen und Anaphern. Das ECP dagegen bezieht sich lokal auf die leeren Kategorien (Spuren), die bei Bewegungsprozessen zurückbleiben, und ihr strenges Regens. Beide Prinzipien sagen jedoch aus, daß sich die Rektionsbeziehung wie auch die Relation *move* α nicht über bestimmte syntaktische Grenzen hinweg erstrecken kann.

Auch innerhalb der Kasustheorie wird definiert, in welcher Domäne einer NP Kasus zugewiesen werden kann, bzw. welche Knoten von einer kasuszuweisenden Kategorie kasusregiert werden können: Maximale Projektionen sind Grenzen für Kasuszuweisung und blockieren die Rektionsbeziehung, i.e. der Prozeß der Kasuszuweisung und die Relation der strengen Rektion ist niemals phrasenübergreifend. Auf dieser Grundlage wurde der traditionelle Rektionsbegriff definiert, wonach ein Knoten α einen Knoten ß regiert, wenn keine maximale Projektion zwischen α und ß steht.

In einer streng modularen Grammatiktheorie, in der die Grammatik in Subtheorien aufgespalten ist, sollten die Begriffe einen möglichst modulunspezifischen Geltungsbereich besitzen: Bei der Formulierung der Eigenschaften unterschiedlicher Module sollten dieselben Konzepte (wie X-bar-Schema, maximale Projektion, C-Kommando, Rektion) benutzt werden, denn je spezifischer und damit isolierter ein Modul beschaffen ist, desto weniger Phänomene kann es erfassen. Soll die Grammatik explanativ adäquat sein, muß ihrer Modularisierung als integratives Element eine enge begriffliche Verzahnung gegenübergestellt werden. Dies kann beispielsweise dadurch erreicht werden, daß die "scheinbar" spezifischen Geltungsbereiche der Prinzipien aus allgemein gültigen Eigenschaften abzuleiten versucht werden. Im "Barrieren"-Ansatz (Chomsky 1986b) wird daher versucht, eine gemeinsame Grundlage für Rektions- und Bewegungsprozesse zu suchen, und zwar in der Weise, daß eine einheitliche Anwendungsdomäne für die Prinzipien Kasuszuweisung, Subjazenz und ECP definiert wird. Definiert werden soll jene "Barriere", die sowohl Kasuszuweisungs-, Rektions- und Bewegungsprozesse beschränkt und die zugleich eine Basis für die Definition von Rektion und Subjazenz darstellt: Die "Barriere" übernimmt in der Theorie über *move* α die Rolle des Grenzknotens und in der Theorie der Rektion die Rolle der maximalen Projektion.

In den vorangehenden Kapiteln ist im Zusammenhang mit dem ECP und dem Prinzip der Subjazenz folgendes deutlich geworden:

- Subjektspuren unterliegen dem ECP. Da sie nicht in einer Position stehen, die vom Verb lexikalisch regiert wird, müssen sie antezedensregiert sein, d.h. sie dürfen von ihrem lokalen Antezedens nicht durch eine Barriere getrennt sein. Damit erfüllen sie das Subjazenzprinzip automatisch.

- Objektspuren werden vom Verb lexikalisch regiert, sie erfüllen damit das ECP trivialerweise. Objektspuren unterliegen der Subjazenzbedingung, wonach höchstens eine Barriere überschritten werden darf.

Aufgrund der unterschiedlichen Positionen unterliegen die Subjekt- und Objektspuren anderen Bedingungen: Subjektextraktionen unterliegen im besonderen dem ECP, Objektspuren unterliegen dagegen im besonderen der Subjazenz, da die jeweils andere Bedingung automatisch erfüllt ist. Bezüglich der "Beweglichkeit" von Subjekten und Objekten führt dies dazu, daß Objekte lang bewegt werden können, Subjekte dagegen sind bewegungsträge und können nur "kurz" bewegt werden. Die Ungrammatikalitäten, die bei Extraktion des Subjekts und des Objekts entstehen, sind aus diesem Grunde unterschiedlicher Art: Bei Subjektextraktion kommt es zu ECP-Verletzungen, bei Objektextraktion zu Subjazenzverletzungen.

Ein weiterer Unterschied, der bei Subjekten und Objekten beobachtet werden kann, bezieht sich auf ihre Transparenz oder Durchlässigkeit für Bewegung:

49a) who did you see pictures of t

49b) *who did pictures of t annoy Peter

So kann aus Objekten leicht herausbewegt werden (Satz 49a), Subjekte dagegen erweisen sich als opak oder undurchlässig für Extraktion (Satz 49b). Bezüglich dieser Eigenschaften lassen sich auch die Adjunkte charakterisieren, die nicht so beweglich sind wie Objekte: Das Objekt kann aus einem eingebetteten Satz aus der Komplementposition des Verbs über eine bewegte wh-Adjunkt-Phrase extrahiert werden, ein Adjunkt kann dagegen nicht aus einem eingebetteten Satz über ein extrahiertes Komplement hinwegbewegt werden, wie das Satzpaar 50) demonstriert.

50a) what$_i$ don't you know (how (PRO to fix t$_i$))

50b) *how$_i$ don't you know (what (PRO to fix t$_i$))

Auch bezüglich der Durchlässigkeit für Bewegung verhalten sich die Adjunkte wie Subjekte, d.h. sie sind ebenfalls opak.

51a) who$_i$ did you speak ($_{PP}$ to t$_i$)

51b) *who$_i$ did you speak ($_{PP}$ after t$_i$)

Die Extraktion aus der Objekt-PP in Satz 51a) ist grammatisch, die Extraktion aus der Adjunkt-PP in Satz 51b) dagegen führt zur Ungrammatikalität.

Zusammenfassend können die Eigenschaften von Subjekten, Objekten und Adjunkten wie folgt dargestellt werden[57].

Objekte	Subjekte	Adjunkte
mobil	träge	träge
transparent	opak	opak

Die Entwicklung der Barrierentheorie, deren Ziel es ist, die oben genannten Eigenschaften aus einem gemeinsamen Konzept abzuleiten, hatte ihren Ausgangspunkt in der Beobachtung, daß das Prinzip der Subjazenz, das besagt, daß Bewegung nicht mehr als einen Grenzknoten überschreiten darf, sich schon auf deskriptiver Ebene als nicht adäquat erweist. Eine Formulierung von Subjazenz, die eine fixe Anzahl von überquerbaren Knoten angibt, ist nicht in der Lage, die Grammatikalität oder Ungrammatikalität der folgenden Sätze zu erklären.

52a) *what$_i$ does ($_{IP}$ John wonder ($_{CP}$ who$_j$ ($_{IP}$ t$_j$ bought t$_i$)))

52b) what$_i$ does ($_{IP}$ John expect ($_{IP}$ Bill to buy t$_i$))

---

57 Sternefeld (1991:12)

Die Ungrammatikalität von Satz 52a) ergibt sich aus dem traditionell formulierten Prinzip der Subjazenz, da mehr als ein Grenzknoten überschritten wird. Andererseits sollte auch Satz 52b) aufgrund von Subjazenz ungrammatisch sein, da zwei IP-Knoten überschritten werden. Da Satz 52b) jedoch grammatisch ist, ist offensichtlich der Grenzknotenstatus einer IP aufgehoben worden. Ebenso ist Subjazenz nicht in der Lage, den folgenden Kontrast zu erfassen:

53a) who$_i$ did ($_{IP}$ you see ($_{NP}$ a picture of t$_i$))

53b) *who$_i$ did ($_{IP}$ ($_{NP}$ a picture of t$_i$) annoy Bill)

Satz 53b) wird aufgrund von Subjazenz korrekt als ungrammatisch ausgewiesen, da IP und NP überquert werden. Allerdings sollte aus demselben Grunde auch Satz 53a) ungrammatisch sein.

Diese Beobachtungen machen deutlich, daß IP und NP nicht grundsätzlich Grenzknoten sind, sondern nur in spezifischen Konstellationen. Betrachtet man die Sätze 52), so ist erkennbar, daß offensichtlich Θ-Markierung den Grenzknotenstatus einer Kategorie aufzuheben vermag. In Satz 52a) wird die IP durch das ECM-Verb direkt thetamarkiert, die IP ist in diesem Fall keine Barriere. Die Sätze 53) zeigen, daß Θ-Markierung allein nicht ausreicht, vielmehr scheint zusätzlich zur Θ-Markierung die Schwesterrelation zwischen *see* und der NP relevant zu sein. IP und NP sind also nicht grundsätzlich Grenzknoten, vielmehr wird der Grenzknotenstatus einer Phrase unter L-Markierung aufgehoben, wobei L-Markierung wie folgt definiert ist:

L-MARKIERUNG

α L-markiert ß gdw.
a) α und ß Schwestern sind,
b) α eine lexikalische Kategorie ist und
c) α ß eine Θ-Rolle zuweist.

Bezüglich des ECP wird L-Markierung[58] relevant für die Extraktion aus CP und PP, die in der Theorie der Grenzknoten für das Englische nicht als solche spezifiziert sind. Es zeigt sich aber auch hier, daß ein Element nur dann aus einer CP bzw. PP extrahiert werden kann, wenn diese L-markiert ist:

54a) who$_i$ did you speak ($_{PP}$ to t_i)

54b) *who$_i$ did you speak ($_{PP}$ after t_i)

So ist in Satz 54a) die PP ein Komplement des Verbs und wird somit vom Verb L-markiert. Dies hebt den blockierenden Status der PP auf, die Extraktion ist möglich. In Satz 54b) handelt es sich dagegen um ein Adjunkt, das nicht L-markiert wird. Extraktion aus der Adjunkt-PP ist daher nicht möglich.

Der Begriff des Grenzknotens, wie er in der Formulierung des Subjazenzprinzips verwendet wird, ist also nicht absolut zu definieren, sondern nur relativ für eine spezifische Konstruktion. Eine maximale Phrase ist nur dann eine blockierende Kategorie, wenn sie nicht L-markiert ist.

BLOCKIERENDE KATEGORIE (BC)

α ist eine BC für ß, gdw.
a) α eine maximale Projektion ist,
b) α ß dominiert,
c) α nicht L-markiert ist.

Nach dieser Definition ist grundsätzlich jede maximale Projektion eine blockierende Kategorie, sofern sie nicht L-markiert ist. Diese Annahme impliziert, daß eine einfache Objektextraktion ungrammatisch sein müßte, da eine maximale Projektion, die VP, überschritten wird.

---

58 Als spezifische Form von Rektion wird daher auch Θ-Rektion definiert. Eine XP ist Θ-regiert genau dann, wenn sie Schwesterknoten einer Kategorie ist, welche XP Θ-markiert. Mit dem Begriff der Θ-Rektion kann L-Markierung wie folgt definiert werden, wobei L-Markierung wiederum ein Spezialfall von Θ-Rektion ist:
α L-markiert ß genau dann, wenn α eine lexikalische Kategorie ist, die ß Θ-regiert.

55a) what$_i$ (does (John (see t$_i$)))

55b) what$_i$ (does (John (t' (see t$_i$)))

Die VP ist Komplement von Infl und wird von Infl Θ-markiert. Da Infl jedoch keine lexikalische Kategorie ist, wird die VP nicht L-markiert und ist damit eine BC. Die Grammatikalität des Satzes deutet jedoch darauf hin, daß die Phrase in einer Adjunktionsposition zwischenlandet, womit jeweils nur eine blockierende Kategorie zwischen der Phrase und der Zwischenspur bzw. der Zwischenspur und der Ausgangsspur liegt. Ein Problem ergibt sich jedoch in folgendem Satz:

56) *what do (you t''(wonder (how (John (t'(bought t))))))

In diesem Satz wandert die extrahierte Phrase zuerst in die Adjunktionsposition der VP des eingebetteten Satzes, dann in die des Matrixsatzes. Zwischen t'' und t' liegen somit zwei BCs: IP und CP, die jedoch von *wonder* L-markiert wird und damit keine BC sein dürfte. So sind die bewegte wh-Phrase und die Zwischenspur bzw. die Zwischenspur und die Ausgangsspur jeweils nur durch eine BC getrennt, Satz 56) sollte damit grammatisch sein. Trotzdem verhält sich die CP wie eine BC, was darauf hindeutet, daß die IP ihre blockierenden Eigenschaften auf die CP überträgt. Eine maximale Projektion kann also Extraktion blockieren, wenn sie nicht L-markiert ist, oder wenn sie eine weitere blockierende Kategorie direkt dominiert.

BARRIERE

Eine maximale Projektion Σ ist eine Barriere für α gdw.
a) Σ eine BC für α ist oder
b) Σ ß unmittelbar dominiert und ß eine BC für α ist.

Die Ungrammatikalität von Satz 56) ergibt sich daher korrekt aufgrund der Subjazenzverletzung, da zwei Barrieren (CP und IP) überschritten werden müssen.

Die Formulierung des Barrierenbegriffs ermöglicht so eine einheitliche Definition der Domäne für Kasuszuweisungs-, Rektions- und Bewegungsprozesse. So kann generell formuliert werden, daß Rektion - auch Kasus- und Antezedensrektion - keine Barriere und Bewegung maximal eine Barriere überschreiten darf. Welche Phrase in einer syntaktischen Konfiguration zu einer Barriere wird, hängt von spezifischen Faktoren wie L-Markierung oder dem BC-BC-Verhältnis ab, was den Barrierenbegriff zu einem relativen Begriff macht. In dieser Eigenschaft stellt der Barrierenbegriff das integrative Moment dar, das für eine Interaktion der grammatischen Module notwendig ist, und erfüllt damit die Zielsetzungen einer modularen Grammatiktheorie.

3. Spracherwerb

Motiviert wurde der Paradigmenwechsel von einer derivationellen zu einer repräsentationellen Grammatiktheorie auch durch Lernbarkeitserwägungen, die neben dem Kriterium der Verarbeitbarkeit einen weiteren entscheidenden Maßstab für die Beurteilung unterschiedlicher, gleichermaßen beschreibungsadäquater Grammatiken darstellen: Deskriptiv adäquate Grammatiken, die einzelsprachliche und konstruktionsspezifische Regeln wie etwa die *dative movement*-Transformation enthalten, sind nur unter negativer Evidenz erlernbar[59], die dem spracherwerbenden Kind jedoch nicht zur Verfügung steht. Deskriptiv adäquat ist auch die Annahme von zwei Subkategorisierungseinträgen, die zu zwei unterschiedlichen Phrasenstrukturen (V NP PP; V NP NP) projizieren. Die beiden Subkategorisierungsrahmen sind allein mit positiver Evidenz erlernbar. Mental repräsentiert sein kann daher nur die Phrasenstruktur-Grammatik, nicht dagegen die transformationelle Alternative, die ohne negative Evidenz nicht erlernbar wäre.

Eine der Grundannahmen der Generativen Grammatik ist, daß die Sprachfähigkeit des Menschen einen Teil seiner biologischen Ausstattung darstellt. Das Kognitionssystem des Menschen ist modular aufgebaut[60], wobei auch das Sprachvermögen ein eigenständiges Modul mit eigenen Gesetzmäßigkeiten darstellt. Dieses Sprachmodul gliedert sich wiederum in eine phonologische, syntaktische und semantische Komponente, wobei eine einzelne Komponente wieder aus miteinander agierenden Modulen besteht. So nimmt man innerhalb der Syntax z.B. die X-bar-Theorie, die Rektionstheorie, die Kasustheorie, die Theta-Theorie, die Bindungs- und Kontrolltheorie als eigenständige Module an. Die syntaktische Komplexität und das beobachtbare Sprachverhalten ergeben sich aus der Interaktion der einzelnen Subsysteme sowohl untereinander als auch mit anderen, nicht sprachspezifischen Modulen der Kognition.

---

59 Cf. Fodor (1975), Baker (1979).

60 Cf. Fanselow & Felix (1987a:Kap.5).

Chomsky (1959) zeigte, daß natürliche Sprachen über Eigenschaften verfügen, die ein Kind nur dann unter den üblichen Bedingungen erwerben kann, wenn bestimmte, diesen Eigenschaften zugrundeliegenden Prinzipien nicht erlernt werden müssen, sondern bereits in der Struktur des Kognitionssystems verankert sind. Das Kind ist also mit bestimmten Prinzipien, die die Universalgrammatik konstituieren, ausgestattet, die es ihm ermöglicht, die jeweilige Sprache seiner Sprachgemeinschaft zu erwerben. Diese Annahme wird als Nativismushypothese bezeichnet. Die Nativismushypothese wird vor allem dadurch unterstützt, daß das Kind auch solche Strukturen erwirbt, die in seinem Input nur selten vorkommen. So erwerben Kinder die vollständige Negationsform (*will not, are not, is not*) vor den kontrahierten Formen (*won't, aren't, isn't*), obwohl der sprachliche Input fast ausschließlich kontrahierte Formen enthält[61]. Die Struktur und die Frequenz des Inputs beeinflußt den Verlauf des Spracherwerbs also nur indirekt.

Die angeborenen Prinzipien müssen nun einerseits restriktiv sein, um den Hypothesenraum des Kindes einzuschränken, also die Anzahl der möglichen Grammatiken zu reduzieren, so daß es auch bei unterdeterminiertem Input aufgrund positiver Evidenz die korrekte Grammatik erwirbt, andererseits müssen sie variabel sein, um den sprachspezifischen Eigenschaften zu genügen, d.h. sie müssen mit allen einzelsprachlichen Grammatiken kompatibel sein[62]. Dies weist darauf hin, daß die Prinzipien der Universalgrammatik Variablen enthalten, die in Abhängigkeit von den einzelnen Sprachen unterschiedliche Werte annehmen können.

---

61 Cf. Bellugi (1967).

62 "The central challenge for modern linguistic theory is to develop a model of Universal Grammar that is, on the one hand, general enough to capture the universal features of natural language, and on the other, flexible enough to account for the variation among languages that is in fact observed." (Jaeggli & Safir 1989:1).

3.2 Parametrisierung

Diesen Anforderungen nach Variabilität einerseits und Restriktivität andererseits wird ein Prinzipien- und Parametermodell der Grammatik gerecht: Die Prinzipien der Universalgrammatik enthalten Parameter, die während des Spracherwerbs auf unterschiedliche Werte festgesetzt werden müssen. Dieser Prozeß wird als Parametrisierung bezeichnet[63]. Im vorangehenden wurde bereits auf den Parameter der Kasuszuweisungsrichtung hingewiesen, auf den die unterschiedliche Wortstellung der Sprachen bzw. die Kopfposition innerhalb von Phrasen zurückgeführt werden kann. Chomsky (1981) führte auch das Phänomen der *pro drop*-Sprachen auf einen Parameter zurück. In *pro drop*-Sprachen wie dem Italienischen oder Spanischen kann die Subjektposition eines Satzes phonetisch/lexikalisch leer bleiben:

1a) Giovanni canta
Hans singt
1b) canta
er/sie/es singt
1c) Hans singt
1d) *singt

Die Eigenschaft, das Subjekt phonetisch unbesetzt zu lassen, korreliert mit einer Reihe von anderen Eigenschaften, die im Deutschen oder Englischen ebenfalls nicht vorkommen. So kann in *pro drop*-Sprachen das Subjekt nach dem Verb erscheinen, und *that-trace*-Effekte kommen nicht vor. Alle diese Eigenschaften scheinen also im *pro drop*-Parameter zusammengefaßt zu sein.

---

65 Der Begriff des Parameters wurde von Rizzi (1982) im Zusammenhang mit dem Subjazenzprinzip eingeführt. Rizzi bezog Parametrisierung in diesem Fall auf die Auswahl der Grenzknoten in den einzelnen Sprachen. Die Annahme dieses Parameters ist durch die Entwicklung der Barrieren-Theorie obsolet geworden.

Eine Sprache ist nur dann eine *pro drop*-Sprache, wenn sie eine reiche Morphologie besitzt, was die Identifikation des Subjekts gewährleistet[64].

Für den Spracherwerb hat diese Bündelung von Eigenschaften zur Folge, daß nicht jede einzelne Regularität abgeleitet werden muß, sondern durch die Fixierung des Parameters eine Reihe von grammatischen Regularitäten erworben ist. Der Spracherwerb vollzieht sich demnach als das Fixieren von Parametern und nicht mehr als ein Regelinduktionsmechanismus. Uneinigkeit besteht jedoch darüber, wieviele Parameter es gibt, wie die einzelnen Parameter verknüpft sind, und welche Phänomenbereiche ein Parameter genau abdeckt. Außerdem stellt sich die Frage, an welche Elemente der Sprache die Parameter geknüpft sind. Borer (1984) und Wexler & Manzini (1987) sind der Auffassung, daß die Parameter an Elemente des Lexikons geknüpft sind, wie es die *lexical parametrization hypothesis* (LPH) ausdrückt:

LEXICAL PARAMETRIZATION HYPOTHESIS (LPH)

"Values of a parameter are associated not with particular grammars but with particular lexical items."
(Wexler & Manzini 1987:424)

Nach der *lexical parametrization hypothesis* hat jegliche parametrische Variation ihren Ursprung in den Eigenschaften lexikalischer Einheiten[65], was den Erwerb parametrisierter Werte auf den Erwerb des Lexikons reduziert; alle Idiosynkrasien werden dem Teil der Sprachfähigkeit zugeordnet, der ohnehin gelernt werden muß.

Wenn die Parametrisierungen an Elemente des Lexikons geknüpft sind, schließt sich die Frage an, welche Elemente des Lexikons Parameter enthalten. Syntaktische Variationen sind im wesentlichen an funktionalen Elementen zu

---

64 Cf. Jaeggli & Safir (1989).

65 Die Bezeichnung 'lexikalische Einheiten' umfaßt hier sowohl die Elemente der offenen als auch die der geschlossenen Klasse.

beobachten[66], so daß anzunehmen ist, daß die Parameter an die funktionalen Elemente geknüpft sind.

> "Properties of the lexicon too are sharply constrained, by UG or other systems of the mind/brain. If it is true that substantive elements (verbs, nouns etc.) are drawn from an invariant universal vocabulary, then only functional elements will be parameterized." (Chomsky (1989b:2)

Da die lexikalischen Kategorien universal durch die Merkmale [+/-N], [+/-V] spezifiziert sind, kann für diese Kategorien keine Parametrisierung angenommen werden. Die funktionalen Kategorien dagegen können Parameter enthalten, da sie durch Merkmale konstituiert werden, von denen einige universal, andere aber sprachspezifisch selegiert werden. Aufgrund bestimmter Schwächen des Parametermodells wie etwa der Notwendigkeit, einen Parameter kategorienspezifisch zu formulieren, wird in neueren Arbeiten die Annahme einzelner Parameter allerdings bezweifelt. Vielmehr wird versucht, die Parameter auf andere unabhängige Eigenschaften der Sprache, z.B. komplexe Eigenschaften der Kategorie INFL, zurückzuführen, so daß der Parameter als spezifische Konstellation grammatischer Merkmale in funktionalen Kategorien aufgefaßt werden kann[67]. Bezüglich des Spracherwerbs bedeutet dies, daß der Ausgangszustand unterspezifizierte funktionale Kategorien enthält[68], für die im Laufe des Spracherwerbs die Merkmale der Zielsprache selegiert und spezifiziert werden. Der Spracherwerb stellt demnach den Erwerb der lexikalischen Einheiten und ihre kategoriale Analyse dar, wobei Erwerb der funktionalen Kategorien die für die zu erwerbende Sprache korrekten Merkmalsselektionen bedeutet. Parameter sind also an funktionale Kategorien geknüpft und syntaktische Variationen in den parametrisierten Merkmalskonfigurationen funktionaler Köpfe begründet.

---

66 *pro drop*-Parameter (Infl), V2-Parameter (Comp-Infl), wh-Bewegung (Comp)

67 Cf. Bondre (1990), Müller (1991).

68 Cf. Müller (1991).

Wenn also die Parameter an die funktionalen Elemente, also Elemente des Lexikons geknüpft sind, dann ergibt sich für die Universalgrammatik und den Spracherwerb folgendes:

> "There is only one human language, apart from the lexicon, and language acquisition is in essence a matter of determining lexical idiosyncrasies." (Chomsky 1989b:2)

3.3 Sequenzen im Spracherwerb: Kontinuität oder Maturation?

Im Rahmen der *Prinzipien- und Parametertheorie* wird auch der Modus der Entwicklung innerhalb des Spracherwerbs diskutiert: Während Vertreter der Kontinuitätsthese[69] davon ausgehen, daß die Prinzipien der UG von Anfang an zugänglich sind, so daß in allen Stadien des Spracherwerbs UG-kompatible Strukturen produziert werden, sind die Vertreter der Maturationsthese[70] der Auffassung, daß bestimmte Aspekte der UG im Laufe der kognitiven Entwicklung heranreifen, was vorhersagt, daß in der Spracherwerbsphase auch nicht UG-konforme Produktionen erfolgen, da dieser Aspekt der UG noch nicht herangereift ist. Reift dann im Laufe des Entwicklungsprozesses ein weiterer Aspekt der UG heran, modifiziert das Kind seine Grammatik, so daß Verstöße gegen den herangereiften Aspekt nicht mehr vorkommen. Beide Ansätze weisen Defizite auf: So hat die Kontinuitätsthese Schwierigkeiten bei der Erklärung von Umbrüchen oder stufenweisen Entwicklungen im Spracherwerbsprozeß, wohingegen die Vertreter der Maturationsthese noch keinen

---

69 Innerhalb der Kontinuitätsthese wird nochmals unterschieden zwischen der Hypothese des lexikalischen Lernens und der Theorie der geordneten Parameter. Cf. Hyams (1987) oder Clahsen (1988).

70 Borer & Wexler (1987), Felix (1984, 1987). Hier wiederum ist zu unterscheiden bezüglich des Objektes der Maturation: Felix (1987) sieht einzelne syntaktische Module der Reifung unterlegen, während Borer & Wexler (1987) den Reifungsprozeß auf einzelne Prinzipien beziehen.

klaren Entwicklungsplan vorgelegt haben, der zeigt, bis zu welchem Zeitpunkt systematisch Verstöße gegen ein spezifisches Prinzip/Modul zu beobachten sind, die nach diesem Zeitpunkt nicht mehr vorkommen. Aufgrund dieser Defizite gehen etwa Guilfoyle & Noonan (1988) oder Müller (1991) von einer Synthese aus, die annimmt, daß sowohl Aspekte der Kontinuität als auch der Maturation - die auch für andere kognitive wie auch nicht-kognitive Fähigkeiten belegt sind - am Spracherwerb beteiligt sind[71].

Ein anderer Ansatz bezieht den Reifungsprozeß auf die Prozessierungsfähigkeiten wie Gedächtnis- und Strukturierungskapazität des spracherwerbenden Kindes[72]. Dieser Ansatz ist also bezüglich der Frage nach dem Vorhandensein der Kompetenz eher den Vertretern der Kontinuitätshypothese zuzurechnen: Die Kompetenzgrammatik ist von Anfang an in Form eines universalen Strukturskelettes vorhanden. Das Kind ist also ausgestattet mit einer CP-IP-VP-Struktur. Diese Annahme wird unterstützt durch die Erkenntnisse über funktionale Kategorien, deren eindeutigen Kopf-Komplementbeziehungen Teil der Universalgrammatik sind[73]. Da das Kind jedoch Prozessierungsbeschränkungen unterliegt, kann es sein grammatisches Wissen noch nicht vollständig oder erfolgreich anwenden.

---

71 Guilfoyle & Noonan (1988) nehmen an, daß UG-Prinzipien von Anfang an zugänglich sind, funktionale Kategorien dagegen heranreifen.

72 Cf. Bloom (1991), Mazuka & Lust (1990), Valian (1991).

73 Cf. Travis (1984), Felix (1990).

4. Das menschliche Sprachverarbeitungssystem

4.1 Die Grammatik als Verarbeitungssystem

Als während der sechziger und frühen siebziger Jahre innerhalb der generativen Grammatiktheorie von einer derivationellen Grammatik mit Phrasenstrukturregeln und Transformationen ausgegangen wurde, wurde das menschliche Sprachverarbeitungssystem als ein exaktes Spiegelbild der Grammatik betrachtet: Jeder durch eine Regel angegebene grammatische Prozeß entspricht genau einem Parsingschritt.

> "It is a natural first guess that the sentence recognizer is simply the grammar >run backward<."
> (Fodor, Bever & Garrett 1974:313)

Diese Auffassung von der Arbeitsweise des menschlichen Sprachverarbeitungsmechanismus postuliert eine Identität von Grammatik und Verarbeitungsmechanismus. Es wurde angenommen, daß die Leistung des Sprachverarbeitungssystems vor allem darin besteht, Phrasenstrukturregeln rückwärts zu durchlaufen und Transformationen "rückgängig" zu machen, um so die "Tiefenstruktur" des Satzes zu rekonstruieren. Diese Annahme formulierte Fodor (1979) in der allen anderen Verarbeitungsstrategien übergeordneten *superstrategy*:

> "How does a listener or reader parse a sentence that has been syntactically transformed? Superstrategy is offered as a general answer to this very general question. It asserts that the human parsing device processes a word sequence that is heard or read as if it were a terminal string of a wellformed deep structure." (Fodor 1979:249)

Diese Annahme schien zunächst[74] plausibel, betrachtet man den Aufbau der transformationellen Standardtheorie und den Status von Transformationen in der frühen Transformationsgrammatik (Chomsky 1965): Die Ableitung einer syntaktischen Struktur geschah auf der Basis von Phrasenstrukturregeln, die die Tiefenstruktur erzeugen. Diese wurde dann durch konstruktionsspezifische Transformationsregeln in die Oberflächenstruktur überführt. Da die Tiefenstruktur alle für die semantische Interpretation relevanten Informationen enthielt, stellte sie allein den Input für die semantische Komponente dar. Die Aufgabe des Sprachverarbeitungssystems wurde darin gesehen, die Tiefenstruktur zu rekonstruieren, und der Parser wurde verstanden als die Anweisung, die Derivation eines Satzes rückwärts zu durchlaufen[75]. Eine Konsequenz dieser Annahmen war die *derivational theory of complexity* (DTC)[76], die bezüglich der Verarbeitungskomplexität behauptete, daß jeder syntaktischen Derivation ein realer Verarbeitungsschritt entspräche, die Anforderung an den Verarbeitungsmechanismus also proportional zu der Anzahl der notwendigen syntaktischen Ableitungsschritte wachse:

> "The psychological plausibility of a transformational model of the language user would be strengthened, of course, if it could be shown that our performance on tasks requiring an appreciation of the structure of transformed sentences is some function of the nature, number, and complexity of the transformations involved."
> (Miller & Chomsky 1963:481)

---

74 Bei näherer Betrachtung erwies sich die Argumentation jedoch als zirkulär: Wenn ein Satz nur interpretiert werden kann, wenn die D-Struktur konstruiert ist, und jede S-Struktur eine Ableitung aus der D-Struktur ist, dann stellt sich die Frage, wie das Konstrukt erstellt werden kann, worauf die Regeln rückwärts angewendet werden.

75 Diese Annahme wäre aus implementationellen Gründen gar nicht realisierbar gewesen, worauf Fodor (1990:86) hinweist: "It was absurd to suppose that perceivers reconstructed Standard Theory derivations for sentences. Reconstructing "forward" derivations by analysis by synthesis was hopelessly unwieldy; reconstructing "backward" derivations was hampered by the irreversibility of many transformational rules and the lack of rules for well-formed surface structures prior to computing their deep structures."

76 Foss & Hakes (1978:125)

Nach der DTC verursacht beispielsweise ein Passivsatz wie in Satz 1a) und 1b) oder ein negierter Satz wie in 1c) und 1d) einen größeren Verarbeitungsaufwand als der korrespondierende Aktivsatz, da seine Generierung eine größere Anzahl von Regeln durchlaufen muß, nämlich zusätzlich die Passivtransformation bzw. die Negationstransformation.

1a) the boy was kissed by the girl

1b) the flowers were watered by the girl

1c) the girl didn't kiss the boy

1d) the girl didn't water the flowers

Diese Erwartungen wurden jedoch durch psycholinguistische Experimente[77] enttäuscht, da die Vorhersagen der DTC nicht belegt werden konnten. Im Gegensatz zu den Voraussagen der DTC fand Slobin (1966) auf der Basis von Passivsätzen, daß die Verarbeitungszeit stark von der Wahl des Subjekts und Objekts beeinflußt wird: In Satz 1a) handelt es sich um ein reversibles Passiv, i.e. die Handlung wäre auch plausibel, wenn Subjekt und Objekt vertauscht sind. Satz 1b) stellt ein nicht-reversibles Passiv dar, d.h. die Handlung des Blumengießens kann sinnvollerweise nur durch ein belebtes Subjekt ausgeführt werden. Slobin (1966) stellte fest, daß es in einem reversiblen Passivsatz Unterschiede in der Verarbeitungszeit im Vergleich mit dem korrespondierenden Aktivsatz gibt, nicht jedoch bei der Verarbeitung nicht-reversibler Passivstrukturen, für die jedoch dieselbe syntaktische Operation durchzuführen ist.

Damit war also der Versuch fehlgeschlagen, die "Wirksamkeit" der in der Grammatik angenommenen Ableitungsschritte für die Verarbeitung und auf diesem Wege die kognitive Validität der grammatischen Transformationen nachzuweisen. Es hatte sich gezeigt, daß Grammatik und Verarbeitungsmechanismus nicht in einer 1:1-Beziehung stehen.

---

77 Fodor & Bever (1965), Slobin (1966), Stewart & Gough (1967)

Zwar hatten die psycholinguistischen Experimente Evidenz für die psychologische Realität syntaktischer Struktur[78] gebracht, nicht jedoch für die syntaktischen Transformationsprozesse. Das Fazit der ersten an der TG orientierten Phase der Psycholinguistik, die von einer Identität von Grammatik und Verarbeitungsmechanismus ausgegangen war und angenommen hatte, daß bei der Sprachverarbeitung neben der Kompetenz lediglich nichtsprachspezifische Faktoren wie Gedächtniskapazität, Aufmerksamkeit oder Motivation eine Rolle spielen, fiel dementsprechend negativ aus[79]. Vielmehr folgte man jetzt der Sichtweise von Fodor, Bever & Garrett (1974), nach der die Beziehung zwischen dem Verarbeitungsmechanismus und der Grammatik als indirekt[80] aufzufassen sei und über spezielle "heuristische" Verarbeitungsstrategien geregelt ist. Die ursprünglich angenommene Affinität zwischen Grammatik und tatsächlichen Verarbeitungsschritten löste sich mehr und mehr auf, und das menschliche Sprachverarbeitungssystem wurde zu einem eigenständigen Objekt der psycholinguistischen Forschung:

---

78 Slobin (1971) konnte in sogenannten CLICK-Experimenten zeigen, daß es Versuchspersonen gelingt, in einem Satz ein Geräusch immer dann genau zu lokalisieren, wenn es an Hauptkonstituentengrenzen auftritt. Ist dies nicht der Fall, findet eine Verschiebung des Geräusches in Richtung der Konstituentengrenzen statt:
[[that he was happy][was evident [from the way [he smiled]]]]
Hieraus folgerte man einen besonderen Status jener syntaktischen Ebene, auf der die Konstituentenanalyse stattfindet. Aufgrund dieser Beobachtungen wurde anfänglich angenommen, daß Sätze *off line* verarbeitet werden, also erst bestimmte Grenzen abgewartet werden, bevor die Verarbeitung einsetzt - eine Annahme, die sich als falsch erwiesen hat, wie die weiteren Ausführungen zeigen werden.

79 Dieses Scheitern der Verarbeitungsannahmen an der Empirie führte zu einem zeitweiligen Bruch zwischen Linguistik und Psycholinguistik: Die Linguistik wählte als ihren Forschungsgegenstand die sprachliche Kompetenz, in der Psycholinguistik entstanden Ansätze, die allein auf die Performanz abzielten. In beiden Disziplinen wurde der Zusammenhang zwischen Kompetenz und Performanz weitgehend ignoriert.

80 Die Begründung dieser Annahme erfolgt ausführlich in den folgenden Kapiteln.

> "The present view is that the sentence-recognition system has a complex structure of its own, and that behavior in sentence-recognition tasks is not, in general, explicable as the consequences of interactions between grammatical knowledge and unsystematic variables. The discovery that psycholinguistics has a subject matter - a body of phenomena which are systematic but not explicable within the constructs manipulated by formal linguists - is, perhaps, the most important result of the last decade of psycholinguistic research." (Fodor, Bever & Garrett 1974:369)

Diese Erkenntnis begründete eine konzeptuelle Unterscheidung von grammatischer Wissensbasis (Kompetenz) einerseits und Verarbeitungsmechanismus (Performanz) andererseits. Dabei gilt es zu bedenken, daß von den Eigenschaften der einen Komponente nicht ohne weiteres auf die Eigenschaften der anderen geschlossen werden kann.

> "It is important to distinguish between the function and the properties of the perceptual model PM and the competence model G that it incorporates." (Chomsky 1972:117)

Die Grammatik beschreibt das Wissen, das ein kompetenter Sprecher einer Sprache hat, sie schreibt jedoch keinen bestimmten Algorithmus vor, demzufolge dieses Wissen zur Anwendung kommt. Demnach bestimmt die Grammatik, welche Sätze als Sätze der zu beschreibenden Sprache betrachtet werden sollen, und sie gibt eine spezifische Strukturbeschreibung[81] - als Resultat des Parsingprozesses - für diese Sätze vor.

Miller & Chomsky (1963) postulieren für das Zusammenspiel von grammatischer Wissensbasis und Sprachverarbeitungssystem lediglich, daß der Parser die Aufgabe hat "*to understand sentences in the manner of G(rammar)*",

---

81 Eine grundlegende Annahme der Generativen Grammatik und auch der vorliegenden Arbeit ist die Identifizierung von Strukturaufbau und Sprachverstehen: Einen Satz verstehen und interpretieren heißt, über den Inputelementen eine syntaktische Struktur zu konstruieren. Vertreter der Künstlichen Intelligenz (Shank 1972) oder auch der experimentellen Psycholinguistik betrachten dagegen den Aufbau einer syntaktischen Struktur als nicht notwendig für das Verstehen eines Satzes.

i.e. der Parser hat dem zu verarbeitenden Satz eine Struktur zuzuweisen, die mit den Kategorien und Prinzipien der grammatischen Wissensbasis übereinstimmt.

Zu dieser Zeit begann man damit, sich vor allem mit der Verarbeitung syntaktisch mehrdeutiger Strukturen zu beschäftigen[82]. Hakes (1971) untersuchte etwa folgende Satzpaare:

2a) the manager *suspended* the **b**ookkeeper when he discovered that $ 5000 was missing

2b) the manager *suspected* the **b**ookkeeper when he discovered that $ 5000 was missing

Bei *phoneme monitoring*-Experimenten[83] zeigte sich, daß die Testpersonen in Satz 2a) schneller in der Lage waren, das Zielphonem **b** zu identifizieren als in Satz 2b). Die Verzögerungen in Satz 2b) wurden darauf zurückgeführt, daß in diesem Satz das Verb als Komplement entweder eine NP oder einen Nebensatz, der mit einer NP beginnt, erlaubt, während in Satz 2a) das Verb nur eine einzige Hypothese über die Interpretation der postverbalen NP erlaubt. Die Interpretation des Satzes hängt offensichtlich mit der Komplexität des Verbes zusammen. Dies wurde als *verb complexity hypothesis* bezeichnet[84]. Chronometrische Untersuchungen dieser Art boten ein neues Erkenntnisfeld über das menschliche Sprachverarbeitungssystem. Gleichzeitig waren diese Ergebnisse erste Evidenz für eine *on line*-Arbeitsweise des Sprachverarbeitungsmechanismus: Jedes Wort des Satzes löst sofort bestimmte Hypothesen aus, die direkten Einfluß auf die weitere Verarbeitung des Satzes ausüben.

Die Effekte bei der Verarbeitung mehrdeutiger Strukturen wurden jetzt darauf zurückgeführt, daß der Verarbeitungsmechanismus nicht direkt durch

---

82 Die folgenden Sätze sind Hakes (1971) entnommen.

83 Bei *monitoring*-Experimenten muß eine Versuchsperson das erste Auftreten eines vorgegebenen Wortes oder Phonems in einem Satz durch Tastendruck anzeigen.

84 Cf. Shapiro, Zurif & Grimshaw (1987).

die Grammatik gesteuert wird, sondern eine eigene interne Struktur hat. In Situationen, in denen die Grammatik mehrere Analysen zur Verfügung stellt, entscheidet der Parser nach eigenen Prinzipien. Die beobachteten Präferenzen bei der Verarbeitung von strukturellen Mehrdeutigkeiten wurden darauf zurückgeführt, daß der Sprachverarbeitungsmechanismus eine komplexe interne Struktur habe. Es wurde angenommen, daß die Grammatik und der Verarbeitungsmechanismus im wesentlichen unabhängig voneinander arbeiten, wobei der Parser durch seine spezifische Architektur und durch inhärente heuristische Strategien gesteuert wird.

Weitere Evidenz für die Annahme, daß Grammatik und Verarbeitungsmechanismus nicht identisch sind, stellt vor allem die Verarbeitung ungrammatischer Sätze, die Verarbeitung von Zentraleinbettungen und "Gartenpfadsätzen" und die Verarbeitung strukturell mehrdeutiger Sätze dar.

4.2 *Die Nicht-Identität von Grammatik und Verarbeitungsmechanismus*

4.2.1 Die Verarbeitung ungrammatischer Sätze

Ein Motiv für den Paradigmenwechsel von einer regelbasierten zu einer repräsentationellen Grammatiktheorie war die Verarbeitung ungrammatischer Sätze: Eine rein regelbasierte Grammatik spezifiziert genau die Menge der in der Sprache wohlgeformten Sätze, was impliziert, daß jede Form von Ungrammatikalität dazu führte, daß es für den betreffenden Satz überhaupt keine Derivation gibt. Ein Sprachverarbeitungssystem, das die menschliche Sprachfähigkeit modelliert, sollte dagegen ungrammatischen Sätzen zumindest Teilstrukturen zuordnen, Verstöße gegen einzelne Prinzipien feststellen und Grade von Ungrammatikalität beurteilen können, da das menschliche Sprachverarbeitungssystem genau diese Fähigkeiten besitzt.

Freedman (1982) versuchte nachzuweisen, daß der menschliche Parser für einen gegebenen Satz zunächst mit Hilfe von strukturerzeugenden Regeln eine Phrasenstruktur errechnet, die dann in einem zweiten Schritt auf der Basis von UG-Prinzipien auf ihre Wohlgeformtheit hin überprüft wird. Freedman legte Versuchspersonen verschiedene ungrammatische Strukturen vor, von denen einige Kongruenz- oder Phrasenstrukturverstöße aufwiesen, wie Satz 3a) und 3b), andere hingegen Wohlgeformtheitsprinzipien wie etwa das ECP oder Subjazenz verletzten, wie Satz 3c) und 3d).

3a) *Mary were writing a letter to her husband

3b) *his wife politely the guest introduced

3c) *who did the police believe the claim that John shot

3d) *who did the duchess sell Turner's portrait of

Es wurden also Sätze präsentiert, die gegen Prinzipien verstoßen, die entweder die D-Struktur oder Beschränkungen für syntaktische Operationen, die auf der D-Struktur operieren, verletzen[85]. Obwohl alle Sätze ungrammatisch sind, so sind sie doch interpretierbar. In *sentence matching tasks*[86] zeigte sich, daß die Zeiten, die die Versuchspersonen benötigten, um zu erkennen, daß zwei Sätze identisch sind, länger sind, wenn es sich um Basisverletzungen handelt. Satzpaare dagegen, von denen ein Satz eine *constraint violation* enthält, werden ebenso schnell als identisch erkannt wie grammatische Satzpaare auch. Freedman zog daraus den Schluß, daß für Sätze, die *constraint violations* enthalten, zumindest korrekte D-Strukturen konstruiert werden. Daß die *matching*-Zeiten für ungrammatische Sätze, die *constraint violations* enthalten, keine signifi-

---

85 Freedman (1982) bezeichnet die erste Gruppe als Basisverletzungen, die andere Gruppe als *constraint violations*.

86 In *sentence matching tasks* wird der Versuchsperson ein Satz auf dem Bildschirm präsentiert und zwei Sekunden später ein weiterer Satz, der entweder mit dem ersten Satz identisch ist oder von diesem abweicht. Der zweite Satz kann dann unterschiedliche grammatische Verstöße enthalten. Die Aufgabe der Versuchsperson besteht darin, die Satzpaare zu vergleichen und per Tastendruck anzuzeigen, ob es sich um identische oder verschiedene Sätze handelt.

kanten Unterschiede zu *matching*-Zeiten von grammatischen Sätzen zeigten, kann daran liegen, daß die Methode für diesen Unterschied nicht sensitiv ist. Wichtig ist aber, daß die *matching*-Aufgaben "korrekt" gelöst wurden, daß also identische Satzpaare als identisch und voneinander abweichende Satzpaare als nicht identisch erkannt wurden. Diese Fähigkeit des Perzipienten, das *matching* korrekt durchzuführen, zeigt, daß auch für ungrammatische Sätze eine Struktur aufgebaut wird, die Sätze sind also potentiell generierbar[87]. Freedmans Ergebnisse stellen darüber hinaus Evidenz für eine modulare Grammatiktheorie dar, da der Mensch offensichtlich zu unterschiedlichen Zeitpunkten auf unterschiedliche Aspekte grammatischen Wissens zurückgreift[88]. So ist zumindest zu unterscheiden zwischen einer strukturbildenden Komponente und einer Ebene, auf der die Wohlgeformtheitsbedingungen überprüft werden[89].

Die Verarbeitung ungrammatischer oder unvollständiger Sätze zeigt, daß der Mensch offensichtlich auch hier eine - eventuell fragmentarische - syntaktische Struktur aufbaut, die in ihnen vorkommenden Prinzipienverstöße registriert und Grade der Ungrammatikalität differenziert. Dieses Phänomen, daß auch über ungrammatischem Input eine syntaktische Struktur aufgebaut wird, ist gleichzeitig Evidenz für eine prinzipienbasierte Grammatik, da über eine Regelgrammatik ungrammatische Strukturen nicht erzeugt werden können:

---

87 Freedman & Forster (1985:125) sprechen hier von *overgenerated sentences*, i.e. bei der Verarbeitung von ungrammatischen Strukturen liegt eine Form von Übergenerierung vor.

88 In einem Grammatikmodell, in dem die Beschränkungen in die Phrasenstrukturregeln "eingebaut" sind wie etwa in der Generalisierten Phrasenstrukturgrammatik (Gazdar 1981), können die Ergebnisse von Freedman (1982) nicht erklärt werden, da eine solche Grammatik nur wohlgeformte Strukturen generieren kann.

89 Fong (1991) setzt die Heterogenität der grammatischen Prinzipien der Rektions- und Bindungstheorie, die einerseits generierenden Charakter, andererseits filternden Charakter haben, in seinem Sprachverarbeitungsmodell um: *generators* (etwa X-bar-Prinzip oder *project* α) bauen eine syntaktische Struktur auf, während Indizierungprinzipien, Kasusfilter, Theta-Kriterium etc. als Wohlgeformtheits*filter* auf der generierten Struktur operieren.

Eine Regelgrammatik erzeugt *per definitionem* genau die grammatischen Sätze einer Sprache.

Einen ähnlichen Ausgangspunkt für die Begründung einer spezifischen modularen Architektur des Sprachverarbeitungssystems nimmt Frazier (1990b) in ihrem Phrasenstrukturparser: So betrachtet Frazier die Kasustheorie als einen Teil des strukturaufbauenden Moduls, da die Kasusinformation in *Mary saw he* ... den Verarbeitungsmechanismus davon abhält, *he* als direktes Objekt von *saw* zu interpretieren. Die Bindungsprinzipien sind nach Frazier dagegen nicht am Strukturaufbau beteiligt, da in *Mary saw a picture of themselves bothered the old men*[90] der Verstoß gegen das Bindungsprinzip A den Parser offensichtlich nicht davon abhält, die Phrase *pictures of themselves* zunächst als direktes Objekt von *saw* zu integrieren. Die Verarbeitung ungrammatischer Strukturen ist also ein wichtiges diagnostisches Mittel, um Einsichten in die Architektur und die Arbeitsweise des menschlichen Sprachverarbeitungssystems zu erhalten.

4.2.2 Zentraleinbettungen und "Gartenpfadsätze"

Auch die Verarbeitung von Sätzen mit mehr als zwei Zentraleinbettungen weist darauf hin, daß Grammatik und Verarbeitungsmechanismus eigenständige Instanzen sind. "Gartenpfadsätze" und Sätze mit Zentraleinbettungen sind syntaktisch wohlgeformt, stellen für das Verarbeitungssystem jedoch extreme bis unüberwindbare Schwierigkeiten dar.

4) Klaus hat Peter der Lehrerin die Hefte einsammeln helfen lassen (zweite Einbettungsebene)

5) Ingrid hat Lotte die Bewohner dem Blinden das Essen kochen helfen lehren gehört (dritte Einbettungsebene)

---

90 Frazier (1990b:430)

Über die Anzahl solcher Einbettungen enthält die Grammatik keinerlei Beschränkungen[91]. Innerhalb eines Phrasenstrukturmodels kann die Regel (VP -> V CP) rekursiv aufgerufen werden, sofern die entsprechenden Verben vorliegen. In einer X-bar-Grammatik können mehrere Verben, die jeweils wieder einen Satz als Komplement subkategorisieren, über eine Zentraleinbettung konstruiert werden. Das Korrelat dieser Struktur, das ebenso viele Propositionen, aber keine Zentraleinbettungen enthält, macht keinerlei Verständnisprobleme:

6) Ingrid hat gehört, wie Lotte die Bewohner lehrt, dem Blinden zu helfen, das Essen zu kochen

Das Problem bei der Verarbeitung von mehr als zwei Zentraleinbettungen scheint also in einer Kapazitätsbeschränkung begründet zu sein, da bei solchen Zentraleinbettungen keine Proposition abgeschlossen werden kann und der gesamte Satz im Kurzzeitgedächtnis "behalten" werden muß, bis die zu den Argumenten gehörigen Verben verarbeitet und Argument-Prädikat-Strukturen abgeschlossen werden können. Dies haben Untersuchungen mit holländischen Sätzen bestätigt[92]: Im Holländischen sind die Abhängigkeiten nicht geschachtelt wie im Deutschen, sondern gekreuzt:

7) de mannen hebben Hans de paarden leren voeren
die Männer haben Hans die Pferde füttern gelehrt

8) Jeanine heeft de mannen Hans de paarden helpen leren voeren
Johanna hat den Männern Hans die Pferde füttern lehren geholfen

Die gekreuzten Abhängigkeiten zwischen Verben und Argumenten im Holländischen haben den Effekt, daß Argument-Prädikat-Strukturen früher abgeschlossen werden können als im Deutschen, denn die Verben erscheinen in der-

---

91 Cf. Miller & Chomsky (1963).

92 Cf. Bach, Brown & Marslen-Wilson (1987).

selben Abfolge wie die Argumente: 1 2 3-1'2'3'; im Deutschen dagegen in der Folge 1 2 3-3'2'1', d.h. die innere Proposition kann zwar gebildet werden, aber das zuerst verarbeitete Argument muß bis zum Ende der Verbkette behalten werden, um in eine Argument-Prädikat-Struktur eintreten zu können, was dann erst die Einbettung der inneren Propositionen ermöglicht. In Experimenten haben Bach, Brown & Marslen-Wilson (1987) gezeigt, daß in beiden Sprachen der Übergang von Einbettungsebene 2 zu 3 einen gravierenden Anstieg der Verarbeitungskomplexität bedeutet. Allerdings zeigten die Experimente auch, daß niederländische Sprecher in Sätzen mit der Einbettungsebene 3 signifikant weniger Probleme haben als deutsche Sprecher: Im Holländischen sind bei Einbettungstiefe 3 signifikant mehr Versuchspersonen in der Lage, eine korrekte Interpretation zu erstellen. Es scheint demnach unter Verarbeitungsgesichtspunkten ein Vorteil zu sein, die Matrixstruktur so früh wie möglich aufbauen zu können[93].

Eine weitere Gruppe von Sätzen bereitet gravierende Verarbeitungsschwierigkeiten, nämlich solche, bei denen in eine vermeintlich komplette Satzstruktur noch weiteres Material integriert werden muß.

9) the horse *raced* past the barn fell down

das Pferd, das hinter der Scheune gejagt wurde, stürzte

10) while she was mending *the sock* fell down her lap

während sie stopfte, fiel der Strumpf von ihrem Schoß

11) weil grausame Lehrer *die* Schüler quälen ein Disziplinarverfahren bekommen

---

93 Miller (1956) zeigte, daß unterschiedliche Gedächtnisleistungen für strukturierten / unstrukturierten Input zu beobachten sind: im Kurzzeitgedächtnis (KZG) behält der Mensch 7 (+/- 2) strukturierte Einheiten. Unstrukturierte Einheiten stellen eine höhere Anforderung an das KZG dar. Frazier & Rayner (1988) nimmt daher als übergeordnetes universales Verarbeitungsprinzip den *maximal chunk constraint* an, wonach der Verarbeitungsmechanismus bestrebt ist, möglichst viele Inputeinheiten in eine Struktur einzubinden.

Die Sätze 9) bis 11) sind grammatische Strukturen, die temporäre Mehrdeutigkeiten enthalten. Bei der Verarbeitung dieser Sätze wählt man bei dem mehrdeutigen Wort (kursiv) offensichtlich die falsche Option: So parst man Satz 9) wie einen einfachen Hauptsatz mit einfachem Subjekt und *raced* als Vollverb. Bei dem Wort *fell* stellt sich dann jedoch heraus, daß dies nicht richtig war, sondern daß es sich um eine komplexe NP mit reduziertem Relativsatz handelt und *fell* das Verb zu dieser komplexen NP ist. Der Hörer bewertet den Satz dann entweder als ungrammatisch, oder er geht zurück an die Stelle, an der er sich "verirrt" hat, und versucht eine andere Interpretation, was jedoch nicht immer möglich ist[94]. Bei diesen Sätzen spricht man daher auch von *garden path*-Sätzen. In Satz 10) wird das Verb *mending* transitiv gelesen und die darauffolgende NP *the sock* als Komplement des Verbs, was sich jedoch wiederum als falsch herausstellt: *mending* ist hier intransitiv verwendet, und *the sock* ist Subjekt des nachgestellten Matrixsatzes. In Satz 11) wird *die Schüler* fälschlicherweise zu einer determinierten NP zusammengefaßt und als Objekt in eine Subjekt-Objekt-Verb-Struktur integriert. In diesem Satz liegt jedoch eine komplexe NP mit Relativsatzkonstruktion vor: *die* ist ein Relativpronomen mit Bezug auf *Lehrer* und Subjekt des Relativsatzes, die NP *Schüler* ist artikellos und Objekt des Relativsatzes.

Die Verarbeitung von Gartenpfadstrukturen macht wiederum deutlich, daß es Effekte bei der Sprachverarbeitung gibt, die nicht allein durch die Grammatik erklärt werden können. Vielmehr zeigen Gartenpfadeffekte, daß es Faktoren für eine selektive Anwendung des grammatischen Wissens im Sprachverstehensprozeß gibt: Bei der Verarbeitung bestimmter Strukturen kommt offensichtlich nur ein spezifischer Ausschnitt der grammatischen Wissensbasis zur Anwendung[95]. Diesen Ausschnitt zu bestimmen und zu begründen ist Gegenstand der Sprachverarbeitungsforschung.

---

94 Cf. Pritchett (1988) zur unterschiedlichen Intensität von Gartenpfadeffekten.

95 Gartenpfadstrukturen kommen im realen Sprachgebrauch selten vor bzw. bereiten aufgrund intonatorischer oder prosodischer Informationen nicht so gravierende Verarbeitungsprobleme wie die in der Literatur verbreiteten konstruierten Beispiele.

4.2.3 Bevorzugte Lesarten bei strukturellen Mehrdeutigkeiten

Das Phänomen, daß identischen Wortsequenzen mehr als eine Struktur zugeordnet werden kann, ist eine wesentliche Eigenschaft natürlicher Sprachen im Unterschied zu künstlich konstruierten Sprachen, die sowohl eine eindeutige Syntax als auch eine eindeutige Semantik besitzen. Ambiguitäten treten in natürlichen Sprachen auf allen Ebenen auf: Auf der lexikalischen Ebene treten Homonyme auf, d.h. Wortformen mit verschiedenen Bedeutungen (z.B. *das Schloß*), oder eine Wortform kann mehreren Kategorien zugeordnet werden (z.B. *fliegen, mauern*). Auf der Ebene der Logischen Form treten sogenannte Skopusambiguitäten auf:

12) alle Kinder lieben eine Katze

Satz 12) hat zwei Lesarten: Entweder gibt es nur eine einzige Katze, die von allen Kindern geliebt wird, oder es gibt genauso viele Katzen, wie es Kinder gibt. Die beiden Lesarten entstehen durch unterschiedliche Relationen der all- und existenzquantifizierten Phrasen zueinander. In der Lesart, nach der es nur eine Katze gibt, steht die allquantifizierte Phrase im Skopus der existenzquantifizierten Phrase; in der anderen Lesart hat die allquantifizierte Phrase Skopus über die existenzquantifizierte Phrase. Innerhalb der Grammatiktheorie motivierte dies die Ebene der Logischen Form und die sogenannten LF-Bewegungen: Für die Lesart, in der die existenzquantifizierte Phrase Skopus über die allquantifizierte Phrase hat, die NP *eine Katze* also die NP *alle Kinder* c-kommandiert, bewegt sich diese Phrase auf der Ebene der LF in die satzinitiale Position, in der sie Skopus über die anderen Phrasen des Satzes und damit auch über die allquantifizierte Phrase hat. Im Gegensatz zu Skopusmehrdeutigkeiten haben die folgenden Ambiguitäten ihren Ursprung in der S-Struktur:

13) weil das Kind *mit der Puppe* spielt

In Satz 13) kann die PP *mit der Puppe* entweder das Objekt des transitiven Verbs *spielen* sein, oder aber das Verb ist intransitiv verwendet, in diesem Fall wäre die PP ein Attribut der Phrase *das Kind*.

Ein Wort oder eine Phrase kann also in unterschiedlichen grammatischen Funktionen im Satz erscheinen, was in einer konfigurationellen Grammatiktheorie dadurch repräsentiert wird, daß die Phrase in unterschiedliche Positionen innerhalb der syntaktischen Struktur integriert wird. Bezogen auf den Beispielsatz in 13) wäre die PP also entweder Argument des Verbs oder Adjunkt der NP. Man spricht daher von Anbindungsambiguitäten (*attachment ambiguities*). Dieser Typ von Ambiguität kann sich durch weiteres Satzmaterial nach dem mehrdeutigen Element auflösen, man spricht dabei von temporären Ambiguitäten, wie sie in den folgenden Sätzen vorliegen:

14a) weil Peter die Nachricht *an Maria* schickte

14b) weil Peter die Nachricht *an Maria* vergaß

15a) weil der Mann *der Frau* krank ist

15b) weil der Mann *der Frau* Blumen schenkt

16a) meine Freundin, *die meine Tanten* besucht haben

16b) meine Freundin, *die meine Tanten* besucht hat

In den Sätzen 14) wird die Mehrdeutigkeit der Präpositionalphrase *an Maria* entweder als Komplement der NP wie in Satz 14a) oder als Komplement des Verbes wie in 14b) durch den Subkategorisierungsrahmen bzw. die thematische Struktur des nachfolgenden Verbes aufgelöst, ebenso wie die Ambiguität der NP *der Frau* in den Sätzen 15) durch das Prädikat aufgelöst wird. In den Sätzen 16) kann die NP *meine Tanten* als Subjekt wie in Satz 16a) oder als Objekt wie in 16b) des Relativsatzes interpretiert werden. Diese Mehrdeutigkeit wird durch die Singular- bzw. Pluralmarkierung des Auxiliars am Ende des Satzes disambiguiert.

Daneben gibt es jedoch auch Sätze, in denen nachfolgendes Material keine Disambiguierung ermöglicht; in diesem Fall spricht man von *permanenter* Ambiguität:

17) meine Freundin, die meine Tante besucht hat

18) ich sah den Jungen mit dem Fernrohr

19) welches Kind hat Peter überredet, sich zu waschen

Bei diesen permanenten Ambiguitäten läßt die Grammatik zwei oder mehrere Interpretationen zu: So kann in Satz 17) entweder die Freundin die Tante besuchen oder die Tante die Freundin. Satz 18) kann entweder so verstanden werden, daß das Fernrohr Instrument des Sehens ist oder Attribut des Jungen. Satz 19) ist mehrdeutig in der Hinsicht, daß entweder ein Kind den Peter oder aber der Peter ein Kind überredet, was dann jeweils eine andere Referenz des Reflexivums *sich* zur Folge hat. In Satz 17) kann das Relativpronomen *die* entweder das Subjekt oder Objekt des Relativsatzes sein. In Satz 18) kann die PP *mit dem Fernrohr* entweder als instrumentelles Komplement an die VP oder als modifizierende PP an die NP angebunden werden. Auch in Satz 19) ergeben sich die beiden Lesarten aufgrund der synkretistischen Morphologie zwischen Nominativ und Akkusativ, so daß nicht erkennbar ist, ob die NP *welches Kind* aus der Subjekt- oder aus der Objektposition herausbewegt wurde, was zur Folge hat, daß die NP *Peter* entweder als Subjekt oder als Objekt interpretiert wird.

Auffallend ist nun, daß es bei Sätzen, die eine permanente Ambiguität enthalten, signifikante Präferenzen für eine bestimmte Lesart gibt; man spricht hier vom Phänomen der bevorzugten Lesart (*preferred reading*). So versteht die Mehrzahl der Sprecher in Satz 17) *die Freundin* als Subjekt des Relativsatzes, und in Satz 18) wird die PP *mit dem Fernrohr* bevorzugt als Instrument des Sehens verstanden.

Die experimentelle Sprachwahrnehmungsforschung hat die Aufgabe, solche Präferenzen sichtbar zu machen, zu systematisieren und zu erklären. In

Sätzen mit temporären Ambiguitäten beobachtet man, daß es zu Verzögerungen kommt, die darauf hindeuten, daß eine syntaktische Strukturierung gewählt wurde, die sich aufgrund eines nachfolgenden disambiguierenden Elementes als falsch erweist, so daß der Satz reanalysiert[96] werden muß, was sich in längeren Verarbeitungszeiten für die disambiguierenden Elemente manifestiert.

Die Verarbeitung strukturell mehrdeutiger Sätze, bei denen die Grammatik mehrere Analysen zuläßt, der Parser jedoch nur eine dieser Optionen erkennt oder zumindest deutlich bevorzugt, deutet darauf hin, daß es dem Verarbeitungsmechanismus inhärente, von der Grammatik unabhängige Entscheidungsprozesse[97] gibt.

Die Verarbeitung mehrdeutiger Strukturen findet im Bereich der visuellen Wahrnehmung ein Pendant[98] in der Wahrnehmung von reversiblen Figuren, wie beispielsweise des Necker-Würfels: Bei der Wahrnehmung sogenannter "Kippfiguren" wird deutlich, daß nicht nur der externe Stimulus die Interpretation bedingt, vielmehr ändert sich die Ausrichtung der Figur für die wahrnehmende Person, ohne daß sich der physische Reiz verändert. Für den Stimulus des Necker-Würfels gibt es zwei Repräsentationen für die beiden möglichen Interpretationen. Welche der beiden Ausrichtungen des Würfels wahrgenommen wird, hängt von Faktoren wie Nähe, Kontur, Geschlossenheit oder Ähnlichkeit ab[99], die die Wahrnehmung des Stimulus steuern, denn auch hier kann beobachtet werden, daß eine der beiden Ausrichtungen des Würfels häufiger, schneller oder leichter erkannt wird.

---

96 Restrukturierungsprozesse werden auch als *backtracking* bezeichnet.

97 Ob sich diese aus der spezifischen Architektur des Verarbeitungsmechanismus (Marcus 1980, Berwick & Weinberg 1984) oder durch andere Faktoren ergeben, ist Gegenstand der folgenden Kapitel.

98 Hockett (1954) hat bereits darauf aufmerksam gemacht, daß die Motivation für die Annahme interner Strukturrepräsentationen sowohl für die visuelle als auch für die sprachliche Wahrnehmung gilt.

99 Die Zusammenstellung dieser Faktoren geht auf die gestalttheoretischen Ansätze der Psychologie am Anfang des 20. Jh. zurück (cf. Wertheimer 1923).

Vor allem die Verarbeitung temporär und permanent mehrdeutiger Konstruktionen, denen gegenüber die Kompetenzgrammatik "scheinbar" neutral ist, bietet eine Möglichkeit, um nähere Einsichten in die Architektur und die Entscheidungsstrategien des Verarbeitungsmechanismus und vor allem in den Zusammenhang zwischen grammatischer Wissensbasis und Sprachverarbeitungssystem zu erhalten. Die alternativen Strukturen müssen ungefähr dieselbe Komplexität und Einfachheit[100], Vorkommenshäufigkeit, präsuppositionale Dichte[101] etc. haben, um als reversible Strukturen Einsichten in Wahrnehmungsprozesse zu bieten.

4.3 Die Architektur des Sprachverarbeitungssystems

4.3.1 Die Rolle der Syntax

Verschiedene Autoren haben die Auffassung vertreten, daß bei der Verarbeitung eines Satzes überhaupt keine syntaktische Struktur aufgebaut wird und syntaktische Faktoren somit bei der Auflösung von Mehrdeutigkeiten keine Rolle spielen, sondern daß sich der Verarbeitungsmechanismus bei seinen Entscheidungen ausschließlich an semantischen bzw. kontextuellen Informationen orientiert[102]. Hierfür spricht zunächst die Beobachtung, daß in realen Kommunikationssituationen Mehrdeutigkeiten selten auftreten, weil der Kontext die eine oder andere Lesart festzulegen scheint. Während etwa der Satz *flying planes can be dangerous* strukturell mehrdeutig ist, so kann diese Ambiguität durch Kontexte wie in 20a) oder 20b) aufgelöst werden:

---

100 Dieser Gedanke der Äquivalenz ist z.B. auch in den symmetrischen Bildern des Malers Maurits Escher exemplifiziert (cf. Teuber 1974).

101 Cf. Crain & Steedman (1985).

102 Cf. Clark & Clark (1977).

20a) if you walk near the runway, flying planes...

20b) if you are not a well-trained pilot, flying planes...

Wenngleich semantische, kontextuelle wie auch intonatorische Faktoren eine wichtige Rolle bei der Auflösung von Ambiguitäten spielen, so scheint der menschliche Parser jedoch auch rein syntaktische Informationen im Verstehensprozeß zu verarbeiten, da strukturelle Mehrdeutigkeiten auch ohne außergrammatische Disambiguierungshinweise aufgelöst werden, wobei der Parser offenbar nach bestimmten internen Prinzipien Entscheidungen trifft, wie die folgenden Ausführungen zeigen werden.

4.3.2 Autonomie oder Interaktion in der Sprachverarbeitung?

Da die deklarative Wissensbasis performanzneutral, d.h. von Verarbeitungsfaktoren unbeeinflußt ist, muß spezifiziert werden, durch welche Mechanismen oder Strategien Verarbeitungseffekte begründet sind. Grundsätzlich geht es dabei also um die Frage, welche Komponenten und Informationen am Sprachverarbeitungsprozeß beteiligt sind, und die Frage, ob die einzelnen an der Sprachverarbeitung teilnehmenden Komponenten und Verarbeitungsebenen autonom[103] oder interaktiv[104] arbeiten.

Fodor (1983) postuliert in seiner von theoretischen Überlegungen ausgehenden Arbeit über die "Modularität des Geistes" die Autonomie der einzelnen Verarbeitungsebenen. Fodor betrachtet den menschlichen Geist als informationsverarbeitendes wissensbasiertes System, wobei er zwischen zwei Typen von Fähigkeiten unterscheidet: Fodor sieht den menschlichen Geist als ein Konglomerat von domänenunspezifischen globalen Fähigkeiten wie Urteils- und Entscheidungsvermögen, Vorstellungs- und Erinnerungsvermögen, Fähigkeiten für logische Schlußfolgerungen etc. einerseits und einem System viel-

103 Ferreira & Clifton (1986), Fodor (1983), Forster (1979), Frazier & Fodor (1978)

104 Crain & Steedman (1985), Altmann (1988)

zähliger domänenspezifischer Fähigkeiten, die differenziert in spezifischen kognitiven Domänen wie Sehen oder Sprechen angewendet werden, andererseits. Fodor sieht die Interaktionsmöglichkeiten zwischen den einzelnen Modulen weitgehend beschränkt, da einzelne Subsysteme nur spezifische Informationen verarbeiten können. Dies bezeichnet er als eine modulare Architektur.

An der Sprachverarbeitung sieht er im wesentlichen drei Systeme beteiligt: periphere und intermediäre Systeme, die er als Inputsystem zusammenfaßt, und das zentrale System. Periphere Systeme sind zuständig für die Aufnahme und die Umwandlung physikalischer Informationen in Nervenimpulse. Aufgrund ihrer relativ beschränkten Funktion sind sie eindeutig domänenspezifisch und modular. Intermediäre Systeme sind zuständig für die Vermittlung zwischen peripheren Systemen und dem zentralen System. Sie erarbeiten aus den Informationen, die sie vom peripheren System erhalten, eine mentale Repräsentation, die Input für das zentrale System ist und von diesem weiter verarbeitet wird. Diese Systeme arbeiten weitgehend modular. Zu ihnen zählt Fodor das Sprachverarbeitungssystem sowie alle anderen differenzierbaren domänenspezifischen kognitiven Prozesse wie visuelle Perzeption, Verarbeitung nicht-sprachlicher Laute oder räumliche Berechnungen. Ein intermediäres System verarbeitet ausschließlich Informationen einer kognitiven Domäne, gegen den Einfluß von Informationen anderer Domänen ist es resistent (*informationally encapsulated*).

Die zentralen Systeme empfangen Informationen aus den intermediären Systemen und integrieren das damit neu erworbene Wissen in bereits vorhandenes Wissen und beteiligen es an Verifikationen, Falsifikationen oder Korrekturen. Die zentralen Systeme können logischerweise nicht domänenspezifisch und modular sein.

Für das Inputsystem, das für die Sprachverarbeitung zuständig ist, übernimmt Fodor (1983) die sprachtheoretische Einteilung der Grammatik in klar voneinander abgrenzbare Repräsentationsebenen: Phonetik - Phonologie - Morphologie - Lexikon - Syntax - Semantik. Diese linguistischen Repräsentationsebenen finden eine direkte Entsprechung in der Einteilung des Systems in verschiedene Verarbeitungsebenen, wobei die Ebenen hierarchisch geordnet sind und während des Verarbeitungsprozesses schrittweise oder seriell durchlaufen werden. Jede Ebene ist autonom: sie kann nicht aus einer anderen Ebene abgeleitet bzw. auf sie zurückgeführt werden. Die einzelnen Repräsentationsebenen bearbeiten jeweils ebenenspezifische Einheiten mit ebenenspezifischen Prozessen, i.e. jede Ebene hat ihr eigenes spezifisches Vokabular für Einheiten und Operationen. Eine Weitergabe von Informationen an eine höhere Verarbeitungsebene vor Abschluß der Verarbeitung auf dieser Ebene findet nicht statt, eine Verarbeitung auf einer höheren Ebene kann erst beginnen, wenn die Verarbeitung auf der unteren Ebenen abgeschlossen ist.

Durch die Annahme von autonom, monofunktional und unidirektional arbeitenden Prozessen unter informationeller Abkapselung sieht Fodor eine schnelle, automatische Verarbeitung gewährleistet[105].

Gegen Fodors Modell haben vor allem Marslen-Wilson et al. (1975, 1978, 1980) Einwände vorgebracht. Mit einer Vielzahl von Experimenten konnten sie zeigen, daß sich die Annahme der hierarchischen Organisation der Verarbeitungsebenen sowie der seriellen Arbeitsweise des Sprachwahrnehmungssystems, wie Fodor (1983) sie postuliert, nicht aufrecht erhalten läßt. Sie stützen ihre These vor allem mit der Beobachtung des sogenannten Restaurationseffektes: Bei *shadowing*-Experimenten[106] wurden den Testpersonen Wörter und Sätze präsentiert, bei denen ein Laut übertönt oder defizitär ist. Es zeigte sich, daß die Versuchspersonen das Wort korrekt nachsprechen und sich des Fehlers vielfach überhaupt nicht bewußt sind: Die Versuchspersonen können den Fehler häufig weder identifizieren noch lokalisieren. Je später der defizitäre oder übertönte Laut im Wort auftritt, um so geringer werden die Leistungen der Versuchsperson, den Fehler zu identifizieren und zu lokalisieren.

---

105 Diesem Ansatz folgen - in modifizierter Weise - serielle *first analysis*-Modelle, in dem die Verarbeitung nicht-syntaktischer Informationen der Syntaxverarbeitung zeitlich nachgeschaltet ist (Frazier 1987a, 1987b, Mitchell 1987).

106 Bei *shadowing*-Experimenten müssen Versuchspersonen Wörter oder Sätze, die ihnen visuell oder auditiv dargeboten werden, nachsprechen. Dabei folgen die Versuchspersonen der Präsentation in einem zeitlichen Abstand von durchschnittlich ca. 400 msec.

Je mehr Input verarbeitet ist, um so sicherer und ungestörter ist der Zugriff auf das lexikalische Element. Das Wort wird also erkannt, bevor der sensorische Input vollständig analysiert wurde.

Die Tatsache, daß ein verfälschtes oder ausgelassenes Merkmal ersetzt oder korrigiert wird, zeigt, daß kognitive Prozesse einer unteren Ebene sehr wohl durch Informationen höherer Ebenen gesteuert werden können. Primär findet eine *bottom-up*-Verarbeitung, i.e. die datenbasierte Auswertung der sensorischen Informationen statt, lexikalisches Wissen kann aber *top down* wirksam werden und den Wahrnehmungsvorgang steuern.

Shadowing-Experimente haben auch gezeigt, daß die Versuchspersonen schon nach Anhören der ersten Silbe (nach ca. 400 msec) mit dem Nachsprechen einsetzen. Daß es sich dabei nicht um ein unanalysiertes Nachsprechen handelt, machen einerseits die Restaurationseffekte deutlich, andererseits aber auch die Fehler, die dabei gemacht werden. Ein vorgegebener Satz wie 21a) wird nachgesprochen als 21b):

21a) he heard <u>at</u> the Brigade <u>that</u> the Austrians...

21b) he heard <u>that</u> the Brigade <u>had</u> the Austrians...

Beim Nachsprechen werden also Wörter durch andere ersetzt, die jedoch syntaktisch und semantisch mit den anderen Wörtern des Satzes kompatibel sind. Um solche "Fehler" machen zu können, muß man die semantischen und syntaktischen Eigenschaften des vorangehenden Materials erarbeitet haben. Dies macht deutlich, daß der Satz von Anfang an nicht nur lautlich, sondern auch syntaktisch und semantisch analysiert wird.

Vertreter der *immediacy hypothesis*[107] gehen daher von einer sofortigen Nutzung sämtlicher zur Verfügung stehender Informationen aus. Crain & Steedman (1985) zeigten, daß auch pragmatisches Wissen einen Einfluß auf die Satzverarbeitung hat, insbesondere auf die Intensität von Gartenpfadeffek-

---

107 Cf. Crain & Steedman (1985) oder Just & Carpenter (1987).

ten[108]. "Pragmatisches Wissen" meint hier einerseits ein Wissen über Plausibilität oder Unplausibilität von Propositionen, andererseits aber auch die Präsuppositionen, die etwa durch die Verwendung des bestimmten bzw. des unbestimmten Artikels oder in Relativsatzkonstruktionen ausgelöst werden und mit denen sich der Hörer ein mentales Modell als Kontext des Satzes konstruiert. So präsupponiert der Satz *the horse which was raced past the barn* unter der restriktiven Lesart des definiten Artikels, daß es 1. eine Menge von Individuen gibt, die durch das Kopfnomen identifiziert werden (*horses*) und die im Modell des Hörers repräsentiert sind, daß 2. der Relativsatz sich auf ein Individuum dieser Menge bezieht, und daß 3. der gesamte Ausdruck ein bestimmtes Individuum der Menge identifiziert. Die nicht-restriktive Lesart des bestimmten Artikels enthält dagegen nicht die zweite Präsupposition (irgendein oder jedes Pferd, auf das das Prädikat zutrifft), und die Verwendung des unbestimmten Artikels in *a horse which was raced past the barn* dagegen enthält keine der drei Präsuppositionen.

In einem *grammaticality judgement*-Experiment[109] wurden den Versuchspersonen Paare von Gartenpfadsätzen präsentiert, in denen Plausibilität und referentielle Faktoren variieren. Der Vergleich kann dann Aufschluß über den Einfluß von Semantik und Pragmatik geben:

---

108 Der Ausgangspunkt für die Experimente von Crain & Steedman (1985) war ihre Kritik an der Prämisse anderer Experimente, daß Sätze, die in Isolation dargeboten werden, einen neutralen Kontext hätten. Sie vertreten vielmehr die Auffassung, daß jeder Satz zumindest im Kontext eines mentalen Modells stattfindet, das der Hörer aufgrund pragmatischen Wissens konstruiert.

109 In Grammatikalitätsurteil-Experimenten wird ein Satz sehr schnell (*rapid visuell presentation*) wortweise auf dem Bildschirm präsentiert, wobei die Wörter in einem zeitlichen Abstand von 300 msec erscheinen. Nach und nach erscheint der gesamte Satz auf dem Bildschirm (kumulative Präsentation). Nach weiteren 300 msec verschwindet der Satz wieder, und die Versuchsperson muß innerhalb von 2 Sekunden per Tastendruck anzeigen, ob der Satz grammatisch war oder nicht.

22a) the teacher taught by the Berlitz method passed the exam

22b) the children taught by the Berlitz method passed the exam

22c) teachers taught by the Berlitz method passed the exam

22d) children taught by the Berlitz method passed the exam

In den Satzpaaren 22a-b) und 22c-d) variiert die Plausibilität, Satzpaar 22a-c) und 22b-d) variiert die referentiellen und präsuppositionellen Bedingungen. Es zeigte sich, daß die Sätze 22b) und 22d), also die plausiblen Sätze mit definiter und indefiniter Nominalphrase, signifikant häufiger als grammatisch bewertet werden als die Sätze 22a) und 22c). Dies zeigt, daß semantische Plausibilität und pragmatisches Wissen einen Einfluß auf die Satzverarbeitung hat[110]. Darüber hinaus zeigte aber der Vergleich der Sätze 22c) und 22d) mit den Sätzen 22a) und 22b) auch, daß die Sätze mit unbestimmter NP signifikant häufiger als grammatisch bewertet werden als die Sätze mit definiter NP. Dieses Ergebnis zeigt, daß die Relativsatzanalyse der ambigen Struktur bei einer indefiniten Phrase schneller zugänglich ist als bei einer definiten NP. Crain & Steedman (1985) ziehen daraus den Schluß, daß nach einem "Sparsamkeitsprinzip" die Analyse gewählt wird, die weniger Präsuppositionen enthält, da diese einfacher in das mentale Modell integriert werden kann:

> PRINCIPLE OF PARSIMONY
>
> "If there is a reading that carries fewer unsatisfied but consistent presuppositions or entailments than any other, then, other criteria of plausibility being equal, that reading will be adopted as most plausible by the hearer, and the presuppositions in question will be incorporated in his or her model." (Crain & Steedman 1985:333)

Die Daten von Crain & Steedman (1985) sprechen gegen die Annahme eines Sprachverarbeitungssystems, in dem die einzelnen autonomen Verarbeitungs-

---

110 Darauf hatte bereits Bever (1970) hingewiesen mit Sätzen wie *the articles read in the paper stank*, in denen der Gartenpfadeffekt deutlich schwächer ausfällt als in *the author played the tape was surprised*.

ebenen seriell durchlaufen werden. Nur ein System, das eine Interaktion zwischen verschiedenen sprachlichen Wissenskomponenten und Verarbeitungsebenen und eine Parallelität von lexikalischen, strukturellen und interpretativen Verarbeitungsschritten erlaubt, kann die Schnelligkeit, Effizienz und Flexibilität der Verstehensprozesse erklären.

In einem solchen interaktiven System wird jede Input-Einheit sofort auf ihre lautlichen, syntaktischen und semantischen Eigenschaften hin untersucht. Diese Informationen stehen beim Eintreffen der folgenden Einheit dann schon für die Verarbeitung zur Verfügung. Das aus der Analyse vorhergehender Elemente resultierende Wissen erlaubt eine Eingrenzung der Interpretationsmöglichkeiten für den nachfolgenden Input und erhöht damit die Geschwindigkeit und Effizienz der notwendigen Auswahlentscheidungen.

Durch Akkumulation und Selektion von Informationen im Laufe der Verarbeitung baut sich eine Erwartungshaltung auf, die weiteres Material schneller erkennen und verarbeiten läßt. So ist also Autonomie und Interaktion gleichermaßen von Bedeutung: Autonomie insofern, als die einzelnen Ebenen nicht auf Informationen höherer Ebenen angewiesen sind, denn wenn am Anfang des Satzes noch keine weiteren Informationen vorhanden sind, wird das Material allein aufgrund lautlicher Informationen verarbeitet; Interaktion insofern, als Informationen aus höheren Ebenen - sofern vorhanden - genutzt werden können, wie die Verarbeitung von verzerrtem oder defektem Material gezeigt hatte.

Der Begriff der Interaktion muß jedoch weiter differenziert werden in bezug auf den Status oder die Hierarchie der einzelnen Verarbeitungsebenen: "Schwache" Interaktion[111] meint, daß die Syntax alternative Analysevorschläge macht, aus denen die Semantik oder Pragmatik auswählt. Die Syntax hat damit Priorität gegenüber der Semantik und Pragmatik. Diese Modelle werden als *syntax first* bezeichnet. "Starke" Interaktion dagegen meint, daß aufgrund der semantischen und pragmatischen Komponente nur eine syntaktische Analyse

---

111 Die Bezeichnung "schwache" vs. "starke" Interaktion geht auf Berwick & Weinberg (1983) zurück.

vorgeschlagen wird, indem Einfluß auf die Reihenfolge der alternativen syntaktischen Operationen genommen wird. Semantik und Pragmatik können also die Syntax steuern.

Garden path-Effekte geben wichtige Hinweise darauf, daß der menschliche Sprachverarbeitungsmechanismus ein schwach interaktives System ist: Bei lokalen Mehrdeutigkeiten entscheidet sich der Parser für *eine* Analyse. Stellt sich später im Satz heraus, daß diese Analyse falsch war, versucht der Perzipient eine erneute Interpretation für den Satz zu erstellen, es findet also ein sogenanntes *backtracking* statt: Der Parser revidiert eine bereits getroffene Entscheidung und analysiert den Satz von neuem. Ein solches *backtracking* könnte nun darin bestehen, daß der Parser an den Anfang des Satzes zurückkehrt und eine vollständig neue Analyse beginnt, oder daß er systematisch Element für Element zurückgeht und an allen Positionen überprüft, ob es weitere Strukturoptionen gibt. Eine weitere Möglichkeit besteht darin, daß der Parser "weiß", an welcher Position sich die relevante Ambiguität befindet, an der er sich falsch entschieden hat und dadurch in die "Sackgasse" geraten ist, so daß er gezielt an diese Position zurückkehren kann.

Mit Hilfe von Augenbewegungsmessungen[112] konnte nachgewiesen werden, daß der menschliche Parser entsprechend der dritten Möglichkeit verfährt.

23a) the detective saw ^ the man with the gun in his hand tremble

23b) the defendant ^ examined by the lawyer turned out to be unreliable

23c) the evidence ^ examined by the lawyer turned out to be unreliable

Es konnte gezeigt werden, daß der Perzipient in Satz 23a), sobald er feststellt, daß er sich "verparst" hat, gezielt an die Position zwischen *saw* und *the man* zurückspringt und überprüft, ob es hier eine weitere Option, i.e. eine andere Interpretation für die nachfolgende NP gibt. Auch in Satz 23b) wird gezielt an die Position zwischen *defendant* und *examined* zurückgegangen. Wichtig ist

---

112 Cf. Rayner, Carlson & Frazier (1983), Ferreira & Clifton (1986).

aber die Beobachtung in Satz 23c): Obwohl die Phrase *the evidence* unter Plausibilitätsaspekten nicht als Agens des Verbs *examine* konstruiert werden kann, so ist doch auch in diesem Satz eine zeitliche Verzögerung bei der Verarbeitung des Verbs festzustellen, was darauf hindeutet, daß auch hier eine kurzzeitige Interpretation der Phrase *the evidence* als AGENS des Verbs versucht wurde. Diese Beobachtungen deuten darauf hin, daß der menschliche Sprachverarbeitungsmechanismus registriert, wenn mehrere Strukturalternativen möglich sind, denn sonst könnte er bei notwendigem *backtracking* nicht gezielt an die Position des Satzes zurückkehren, an der eine Fehlentscheidung getroffen wurde. Dies bietet also eine Antwort auf die Frage nach schwacher oder starker Interaktion: Die Syntax schlägt zunächst unabhängig von semantischen oder pragmatischen Faktoren alternative Strukturmöglichkeiten vor, von denen jedoch nur eine ausgewählt und weiterverarbeitet wird, bzw. aus denen durch die Semantik oder Pragmatik die plausibelste ausgewählt wird. Dies entspricht genau der Bedeutung von "schwacher" Interaktivität.

Wenn nun der menschliche Parser lokale Mehrdeutigkeiten erkennen und auflösen kann, so stellt sich die Frage, aufgrund welcher Prinzipien er sich für eine Möglichkeit entscheidet. Was ist dafür verantwortlich, daß bestimmte Mehrdeutigkeiten keine Probleme bereiten oder gar nicht wahrgenommen werden, andere dagegen zu einem Zusammenbruch des Verarbeitungsprozesses führen, wie es bei schweren Gartenpfadeffekten der Fall ist?

4.3.3 Der Einfluß lexikalischer Informationen

Viele der bereits besprochenen Beispiele struktureller Mehrdeutigkeiten sind darin begründet, daß Verben entweder transitiv oder intransitiv verwendet werden können, daß sie also in unterschiedlichen syntaktischen Kontexten erscheinen können:

24) weil das Kind mit der Puppe spielte

25) while she was mending the sock fell from her lap

Der Gartenpfadeffekt in Satz 25) oder die bevorzugte Lesart in Satz 24) entsteht dadurch, daß das Sprachverarbeitungssystem jeweils die transitive Struktur konstruiert und den nachfolgenden Input entsprechend dieser Option interpretiert. Frazier (1989) interpretiert dies in der Weise, daß der Sprachverarbeitungsmechanismus die Informationen im Subkategorisierungsrahmen grundsätzlich nicht berücksichtigt, sondern stets eine post- bzw. präverbale NP als Objekt des Verbs interpretiert. Evidenz für die Annahme, daß der Parser die Subkategorisierungsinformationen des Verbs ignoriert, sieht Frazier auch in der Verarbeitung der folgenden Sätze, für die Mitchell (1987) einen leichten Gartenpfadeffekt festgestellt hatte.

26a) after the audience had departed the actors sat down for a well-earned drink

26b) after the child sneezed the doctor made a prescription[113]

Mitchell (1987) führt den Gartenpfadeffekt in Satz 26a) darauf zurück, daß die Versuchspersonen die Nominalphrase *the actors* als Objekt des Matrixverbes interpretieren, was jedoch falsch ist, da *depart* intransitiv verwendet ist. Frazier zieht hieraus den Schluß, daß Subkategorisierungsinformationen für den *initial parse* grundsätzlich nicht relevant sind[114].

Frazier, Clifton & Randall (1983) und Frazier (1987b)[115] gehen daher davon aus, daß die erste syntaktische Analyse eines Satzes allein aufgrund kategorieller (N, V, A, P) und allgemeiner syntaktischer Informationen geschieht, die in Phrasenstrukturregeln enkodiert sind. Nach Frazier differenziert

---

113 Diese Sätze sind Mitchell (1987:606) entnommen.

114 Diese Schlußfolgerung ist jedoch nicht korrekt, wenn man bedenkt, daß das Verb *to depart* sehr wohl für ein Objekt subkategorisiert ist, wenn auch nicht für ein belebtes (*the actors departed the stage)*. Der Verarbeitungsmechanismus scheint die Integration der NP als Objekt des Matrixverbes genau aufgrund dieser subkategoriellen Information vorzunehmen.

115 Ebenso wie Mitchell (1986) und Ferreira & Clifton (1986).

der Verarbeitungsmechanismus zwischen kategorieller und subkategorieller Information, die Informationen über den syntaktischen Kontext geben: Kategorielle Informationen steuern den Parser beim Aufbau der syntaktischen Struktur, während subkategorielle Information erst später berücksichtigt wird. Diese Annahme formuliert Frazier (1987b) als *lexical filter hypothesis*:

> LEXICAL FILTER HYPOTHESIS
>
> "Item-specific lexical information is used to *reject or confirm* whatever analysis has been constructed on the basis of purely structural information." (Frazier 1987b:523)

Allgemeine syntaktische Informationen und kategorielle Informationen sind nun gerade die Informationen, die in traditionellen Phrasenstrukturregeln enkodiert sind, was Frazier veranlaßt anzunehmen, daß das menschliche Sprachverarbeitungssystem die syntaktische Struktur auf der Grundlage von Phrasenstrukturregeln aufbaut. Phrasenstrukturregeln enthalten Informationen, die relevant für alle Sätze der Sprache sind: Das Vorkommen einer Phrase innerhalb eines Satzes muß durch eine existierende Phrasenstrukturregel lizensiert sein[116]. Innerhalb der Rektions- und Bindungstheorie haben die Phrasenstrukturregeln keine Bedeutung mehr, vielmehr wurde die Aufgabe der Phrasenstrukturregeln vom X-bar-Prinzip übernommen. Frazier ist der Meinung, daß Prinzipien zwar für die Beschreibung linguistischer Generalisierungen geeigneter sind, räumt den Phrasenstrukturregeln für die Sprachverarbeitung - als Prozeduralisierung der Prinzipien - jedoch wieder eine zentrale Rolle ein. Verarbeitungsmodelle, die die syntaktische Struktur aufgrund von allgemeinen syntaktischen und hauptkategoriellen Informationen aufbauen, werden auch als *phrase structure driven* bezeichnet.

Gegen Fraziers Annahme, daß itemspezifische Subkategorisierungsinformationen für den ersten Strukturaufbau nicht genutzt werden, sprechen jedoch

---

116 Lebeaux (1990b:330) bezeichnet dies als homogene Lizensierung des "Aspekte"-Modells gegenüber der heterogenen Lizensierung der Rektions- und Bindungstheorie, die unterschiedliche Lizensierungsrelationen enthält.

die Ergebnisse von Clifton, Frazier & Connine (1984), die die Verarbeitung von Satzpaaren mit bevorzugt transitiven Verben (z.B. *read*) und bevorzugt intransitiven Verben (z.B. *sing*) untersuchten. Diese Verben wurden jeweils transitiv und intransitiv verwendet:

27a) the babysitter read the story to the sick child

27b) the babysitter sang the story to the sick child

27c) the babysitter read to the sick child

27d) the babysitter sang to the sick child

Die Resultate ihrer Experimente zeigten, daß Sätze, in denen die bevorzugte Komplementstruktur des Verbs und der tatsächliche Satz kongruieren, wesentlich schneller verarbeitet werden als solche, in denen Verbbevorzugung und Satzstruktur nicht übereinstimmen.

Die Verarbeitung von "inkongruenten" Sätze stellt also eine größere Schwierigkeit für den Verarbeitungsmechanismus dar. Diese Ergebnisse sind Evidenz dafür, daß in der Tat verbspezifische Informationen den Strukturaufbau steuern.

Auch Abney (1989) und Ford (1989) argumentieren dafür, daß subkategorielle Informationen eines spezifischen Items am Aufbau der syntaktischen Struktur von Anfang an beteiligt sind. Sie vertreten hinsichtlich des syntaktischen Strukturaufbaus die *lexical proposal hypothesis.*

> LEXICAL PROPOSAL HYPOTHESIS
>
> "Item-specific lexical information (e.g. about the probable complement of a head) is used to *determine* the first syntactic analysis assigned to a phrase."
> (zitiert nach Frazier 1987b:523)

Diese Sprachverarbeitungsmodelle sind also lexikalisch basiert: Informationen darüber, in welchen syntaktischen Kontexten ein Element vorkommen kann und welcher Subkategorisierungsrahmen bei einem Verb mit mehreren Subkategorisierungsrahmen als der primäre[117] zu betrachten ist, steuern den Aufbau der syntaktischen Struktur. Diese Modelle werden als *frame driven*[118] bezeichnet.

28a) the tourist objected to the guide that they couldn't hear

28b) the tourist signaled to the guide that they couldn't hear

In Satz 28a) wird die Lesart mit Relativsatz präferiert, in Satz 28b) dagegen die Lesart mit Komplementsatz. Ford (1989) führt diese Präferenzen auf die unterschiedliche Komplementhierarchie der beiden Verben zurück: Das Verb *object* präferiert ein NP-Komplement, während beim Verb *signal* ein CP-Komplement Priorität hat.

Um eine Antwort auf die Frage zu finden, ob der Aufbau der syntaktischen Struktur durch Phrasenstrukturregeln oder durch den *frame* eines spezifischen lexikalischen Elementes gesteuert wird, untersuchten Clifton, Speer & Abney (1991) Sätze mit temporär mehrdeutigen Präpositionalphrasen, in denen eine Disambiguierung durch Plausibilitätsfaktoren stattfindet. Es wurden Satzquadrupel untersucht, in denen eine Präpositionalphrase einerseits als Argument eines Verbes wie in Satz 29a) oder als Adjunkt des Verbes wie in 29b) und andererseits als Argument oder Adjunkt eines Nomens wie in 29c) und 29d) zu integrieren ist:

29a) the saleswoman tried to interest the man in the wallet during the storewide sale at Steigers

29b) the man expressed his interest in a hurry during the storewide sale at Steigers

---

117 Die Hierarchisierung wird häufig als Funktion der Frequenz durchgeführt.

118 Die unterschiedlichen Ansätze stellen *frames* dar als
- Θ-Raster / Subkategorisierungsrahmen (GB) oder
- Funktionale Strukturen (LFG)

29c) the man expressed his interest in a wallet during the storewide sale at Steigers

29d) the salesman tried to interest the man in his fifties during the storewide sale at Steigers

Vorausgesetzt, daß nicht-syntaktische Informationen bei den primären Strukturentscheidungen nicht berücksichtigt werden, und daß "falsche" Entscheidungen zu Restrukturierungen führen, die sich in längeren Lesezeiten niederschlagen, machen phrasenstruktur- und *frame*-gesteuerte Modelle unterschiedliche Vorhersagen[119]:

	frame driven		*phrase structure driven*	
	Reanalyse	Zeit	Reanalyse	Zeit
V-Arg:	nein	schnell	nein	schnell
V-Adj:	ja	langsam	nein	schnell
N-Arg:	nein	schnell	ja	langsam
N-Adj:	ja	langsam	ja	langsam

Es zeigte sich, daß die ambige Phrase schneller gelesen wird, wenn es sich um eine Verbanbindung handelt, d.h. die Vorhersage des PSR-basierten Modells bestätigte sich. In den Gesamtlesezeiten der Sätze wurde aber sichtbar, daß die auf die ambige PP folgende Phrase schneller verarbeitet wird, wenn die PP ein Argument ist, d.h. hier wurden die Vorhersagen des *frame driven*-Modells bestätigt. Generell wurde festgestellt, daß eine Phrase schneller an ein Verb angebunden wird als an ein Nomen, und daß ein Argument schneller integriert wird als eine modifizierende Phrase.

Zwei Faktoren scheinen also die Anbindung ambiger Phrasen zu beeinflussen: Zum einen die Informationen über die Kategorie desjenigen Elementes, an die eine Phrase angebunden wird, wobei die Anbindung an ein Verb vorgezogen wird. Dieses sind also Informationen, die in Phrasenstrukturregeln

---

119 Clifton, Speer & Abney (1991:256)

kodiert sind. Zum anderen haben verbspezifische Informationen über den Argumentrahmen einen Einfluß auf die Verarbeitung: Eine Anbindung als Argument wird präferiert gegenüber einer Anbindung als Nicht-Argument. Die Untersuchungen von Clifton, Speer & Abney (1991) zeigen deutlich, daß einerseits phrasenstrukturelle (*item*unabhängige) und andererseits thematische (*item*abhängige) Faktoren relevant sind.

> "In each case, the frame-driven parser initially builds a structural analysis by appealing to the possible or preferred frames associated with lexical items, constrained by decision strategies or by general principles of grammar." (Clifton, Speer & Abney 1991:260)

Diese Ergebnisse legen ein Verarbeitungsmodell nahe, in dem sowohl phrasenstruktur- als auch *frame*-bezogene Faktoren berücksichtigt werden.

Bezüglich des Status der Informationen im lexikalischen Eintrag wird etwa von Ford (1989) angenommen, daß es sich dabei um syntaktisch-strukturelle Informationen handelt, i.e. ihr Einfluß kann auch in einem autonomen Modell vertreten werden. Carlson & Tanenhaus (1988) dagegen betrachten lexikalische Informationen - und besonders die Annahme, daß diese hierarchisiert sind - als von der Syntax unabhängig und daher nur in einem interaktiven Modell vertretbar.

4.4 Sprachverarbeitungsstrategien

Das Scheitern der Versuche, auf der Basis einer Transformationsgrammatik zu psychologisch relevanten Verarbeitungsvorhersagen zu kommen, wurde fälschlicherweise so interpretiert, daß es grundsätzlich nicht möglich sei, sprachliche Verarbeitungsprinzipien auf einer linguistisch spezifizierten Grammatiktheorie basieren zu lassen. Innerhalb der Psycholinguistik entstanden daraufhin vor allem auf die Performanz ausgerichtete Ansätze, die nicht auf syntaktisches Wissen zurückgriffen[120]. Bever (1970) stellte eine Reihe von heuristischen Wahrnehmungsstrategien zusammen, auf die die Verarbeitungseffekte zurückgeführt wurden.

30) the horse raced past the barn fell down

Der Gartenpfadeffekt in Satz 30) entsteht dadurch, daß die Verbform *raced* zuerst als Verb des Matrixsatzes interpretiert wird; die für diesen Satz korrekte Bedeutung als Partizip des reduzierten Relativsatzes wird nicht erkannt. Bever führt dies darauf zurück, daß der Sprachverarbeitungsmechanismus der *canonical sentoid strategy* folgt:

> CANONICAL SENTOID STRATEGY
>
> "Whenever one encounters a surface sequence NP V (NP), assume that these items are, respectively, subject, verb, and object of a deep sentoid."
> (zitiert nach Fodor, Bever & Garrett 1974:345)

Wahrnehmungsstrategien dieser Art, die sich häufig auf singuläre Beobachtungen bezogen, hatten eher beschreibenden denn erklärenden Charakter und waren weder aus linguistischer noch aus psychologischer Sicht adäquat. Kimball (1973) versuchte als einer der ersten, die Vielzahl von heuristischen Strategien auf wenige Prinzipien zurückzuführen, die auf eine grammatische Wissensbasis zurückgreifen. Mit Kimball (1973) endete somit die Phase der strikten Trennung von Kompetenz und Performanz.

---

120 Cf. Bever (1970), Clark & Clark (1977).

4.4.1 *Closure*

Kimball (1973) kommt zu der Auffassung, daß der Sprachverarbeitungsmechanismus im Falle einer strukturellen Ambiguität bestimmten Anbindungsstrategien folgt, die auf grammatische Konstituenten Bezug nehmen. Als grundlegende Strategien hat Kimball (1973) *early closure* und *right association* vorgeschlagen.

Early closure besagt, daß der Parser die Analyse einer phrasalen Kategorie so früh wie möglich abzuschließen versucht. Dieses Prinzip erklärt etwa die bevorzugte Lesart eines Satzes wie 31), bei dem *old* in der Regel allein auf *men* bezogen wird, obwohl auch ein Bezug auf *gardeners* strukturell möglich ist:

31) old men who have small pensions and gardeners with 30 years of service

Right association hingegen besagt, daß der Parser stets versucht, neues Material in diejenige phrasale Kategorie zu integrieren, die er gerade bearbeitet. Dieses Prinzip erklärt, daß die Lesart 32a) mit *yesterday* als Konstituente des Komplementsatzes bevorzugt wird - gegenüber der Struktur 32b), in der das Temporaladverb Teil des Hauptsatzes ist und somit "höher" in die Satzstruktur eingebunden werden muß:

32a) Joe claimed [that he had visited L.A. yesterday]

32b) Joe claimed [that he had visited L.A.] yesterday

Frazier (1979) formuliert dagegen den Effekt von *right association* als *late closure*-Prinzip, wonach neues Material stets in die Konstituente integriert wird, die der Parser momentan bearbeitet[121].

Ferreira & Henderson (1991) untersuchten die Korrektur von misanalysierten Gartenpfadstrukturen, in denen eine NP ambig ist bezüglich ihrer Interpretation als Objekt des Matrixsatzes oder als Subjekt des Komplementsatzes wie im folgenden Satz.

33) while she was mending *the sock* fell from her lap

Sätze dieser Art sind temporär mehrdeutig, nachfolgendes Satzmaterial kann entweder eine *late closure*- (34a) oder *early closure*-Struktur (34b) erzwingen:

34a) because Bill drinks wine beer is never kept in the house (*late closure*)

34b) because Bill drinks wine is never kept in the house (*early closure*)

Die Ursache des Gartenpfadeffekts in Satz 34b) wird in einem *syntax-first*-Verarbeitungsmodell auf die *late closure*-Arbeitsweise des Parsers[122] oder auf eine subkategorielle Präferenz für die transitive Verwendung des Verbes *drink* und in einem interaktiven Ansatz[123] auf eine pragmatische Präferenz für die Interpretation der dem Verb folgenden NP *wine* als Objekt des Verbs *drink* zurückgeführt.

---

121 Daß diese Prinzipien widersprüchlich erscheinen, liegt zum Teil an der fehlenden begrifflichen Differenzierung zwischen beobachtetem Effekt und einer Strategie im Sinne einer Anweisung.

122 Frazier (1978, 1987b); Frazier & Rayner (1982), Ferreira & Clifton (1986); Clifton & Ferreira (1989); Ferreira & Henderson (1991); Mitchell (1987, 1989); Rayner, Carlson & Frazier (1983)

123 Altmann (1989); Holmes (1987); Pritchett (1988); Stowe (1989); Carlson & Tanenhaus (1988); Taraban & McClelland (1988)

Um nähere Einsichten in das *closure*-Verhalten und die Reanalyseprozesse des Parsers zu gewinnen, variierten Ferreira & Henderson (a) die Distanz zwischen Kopf und anzubindender Phrase, (b) die Komplexität bzw. Länge der ambigen Phrase und damit (c) die Distanz vom Kopf der ambigen Phrase zum disambiguierenden Wort.

Die folgenden Beispielsätze sind entweder *early closure*- (35) oder *late closure*-Sätze (36):

35a) after the Martians invaded THE TOWN was evacuated

35b) after the Martians invaded THE TOWN THAT THE CITY BORDERED was evacuated

35c) after the Martians invaded THE TOWN THE CITY BORDERED was evacuated

36a) after the Martians invaded THE TOWN the people were evacuated

36b) after the Martians invaded THE TOWN THAT THE CITY BORDERED the people were evacuated

36c) after the Martians invaded THE TOWN THE CITY BORDERED the people were evacuated

Bei der Verarbeitung der NP *the town* nach dem Verb des vorangestellten Nebensatzes ergibt sich die *closure*-Ambiguität. Die Bedingungen in den Sätzen unterscheiden sich im Hinblick auf das der NP *the town* nachfolgende Material: Folgt dieser NP ein Verb wie in den Sätzen 35a) und 36a), muß die verarbeitete NP als Subjekt des nachfolgenden Matrixsatzes interpretiert werden. Folgt ein Relativpronomen wie in den Sätzen 35b) und 36b), ist angezeigt, daß es sich um eine komplexe NP, die einen Relativsatz enthält, handelt, und die CP *the city bordered* in die vorhergehende NP integriert werden muß. In Satz 35b) ist diese komplexe NP Subjekt des nachgestellten Matrixsatzes, in Satz 36b) folgt eine weitere NP (*the people*), so daß die komplexe NP Objekt des vorangestellten Nebensatzes ist. In den Sätzen 35c) und 36c) wird das

Relativpronomen ausgelassen, wodurch an dieser Position eine weitere Mehrdeutigkeit entsteht: Handelt es sich um eine komplexe NP (*the town the city bordered*), oder liegen zwei unabhängige NPs vor, von denen die eine (*the town*) das Objekt des vorangestellten Nebensatzes und die andere (*the city*) das Subjekt des nachgestellten Matrixsatzes ist?

Die folgenden Daten beziehen sich auf die Grammatikalitätsurteile, die die Versuchspersonen über die Sätze 35) und 36) abgegeben haben.

Phrase	EC	LC
kurz (35a, 36a)	69	82
lang, nicht ambig (35b, 36b)	18	64
lang ambig (35c, 36c)	30	25

Es zeigt sich anhand der Lesezeiten und der Grammatikalitätsurteile, daß insgesamt die Reanalyse bei langen ambigen Phrasen am schwierigsten ist. Wie eine weitere Experimentreihe zeigt, liegt die Schwierigkeit dabei nicht an der größeren syntaktischen Komplexität, sondern an der größeren Distanz zwischen dem Kopf der ambigen Phrase und dem disambiguierenden Element: Wenn die Phrase etwa durch ein vorangehendes Adjektiv verlängert wird, wodurch die Distanz zwischen dem Kopf der ambigen Phrase und dem disambiguierenden Element gleich bleibt, zeigt sich kein Unterschied. Wird dagegen die Phrase durch eine dem Kopf nachfolgende Präpositionalphrase oder einen postnominalen Relativsatz verlängert, zeigen sich größere Schwierigkeiten bei der Reanalyse. Aus diesen Ergebnissen schließen Ferreira & Henderson, daß die Verarbeitungseffekte nicht primär auf eine Strategie des (frühen oder späten) Abschließens von Phrasen zurückzuführen ist, sondern daß vielmehr die Verfügbarkeit von Köpfen und damit die Zuweisung von thematischen Rollen relevant ist. Sind die Θ-Rollen des maximalen Θ-Rasters "abgelegt", neigt der Verarbeitungsmechanismus dazu, die Phrase abzuschließen. Am schnellsten sind daher die Sätze zu verarbeiten, in denen für jede Θ-Rolle des maximalen Θ-Rasters eine lexikalische Phrase vorliegt. Aus den Ergebnissen ihrer Experimente folgern Ferreira & Henderson, daß die Zuweisung der thematischen Rollen zum Zeitpunkt der Verarbeitung des Kopfes stattfindet.

Ferreira & Henderson erklären die Ergebnisse innerhalb eines Sprachverarbeitungsmodells, das aus zwei Prozessoren besteht: einem Prozessor, der für den Aufbau der Phrasenstruktur zuständig ist, und einem thematischen Prozessor. Ferreira & Henderson nehmen an, daß alle Θ-Raster eines Verbs aktiviert werden, also ein sogenannter multipler Zugriff stattfindet[124], und daß der thematische Prozessor die lexikalischen Informationen für die Zuweisung thematischer Rollen nutzt, wobei die frequenteren Θ-Raster einen höheren Aktivierungsgrad haben. Die thematischen Rollen werden dann zugewiesen, wenn der Kopf einer Phrase verarbeitet wurde, und diese Zuweisung wird solange aufrecht erhalten, bis das disambiguierende Wort erscheint. In den Gartenpfadsätzen, in denen eine große Distanz zwischen dem Kopf der ambigen Phrase und dem disambiguierenden Wort vorliegt, erhöht sich die Schwierigkeit der Restrukturierung, da die Möglichkeit, auf die zwar aktivierte, jedoch nicht zugewiesene Θ-Rolle eines anderen Θ-Rasters dieses Verbs zuzugreifen, geringer wird.

Für diese Form der Theta-Rollenzuweisung, wonach die thematischen Rollen als gesamter *frame* zugewiesen werden, argumentiert auch Frazier (1990b) aufgrund der Verarbeitung komplexer Nominalphrasen wie *the city's destruction*. Innerhalb dieser NP ist die dem Kopfnomen vorangehende Genitiv-NP ambig, die AGENS (*the destruction by the city*) oder THEMA (*the destruction of the city*) des substantivierten Verbes sein kann.

37a) the city's destruction

37b) the army's destruction

37c) the army's destruction of the city

37d) the city's destruction of the army

---

124 Cf. Shapiro, Zurif & Grimshaw (1987, 1989); Stowe (1989), Carlson & Tanenhaus (1988).

Ein einzelnes Argument in einer Nominalisierung wie in 37a) oder 37b) wird bevorzugt als *theme*, also als Objekt des zugrundeliegenden Verbs interpretiert[125]. Wenn dagegen zwei Argumente vorhanden sind wie in 37c) und 37d), wird dagegen das erste Argument als Agens, das zweite als Thema interpretiert. Daraus schließt Frazier (1990b), daß Θ-Rollen in komplexen NPs nicht inkrementell an einzelne NPs zugewiesen werden, sondern daß Θ-Zuweisung die Auswahl eines komplexen Θ-Rasters, also *frame selection* ist. Denn wenn im Fall einer strukturellen Ambiguität Θ-Zuweisung sofort und inkrementell erfolgt, sollte aufgrund der bevorzugten Interpretation in 37a) und 37b) zuerst eine *theme*-Interpretation stattfinden, und - sofern ein zweites Argument erscheint - eine Uminterpretation stattfinden. Frazier überprüft diese Vorhersage an folgenden Sätzen:

38a) the city's excavation of its historic buildings was praised by the newspaper (ambiges AGENS)

38b) the city's excavation by the archaelogists was praised by the newspaper (ambiges THEMA)

38c) the archaeologist's excavation of the old foundation was praised by the newspaper (eindeutiges AGENS)

38d) the dinosaur's excavation by the paleontologists was praised by the newspaper (eindeutiges THEMA)

Wenn die Θ-Zuweisung stattfindet, bevor die Anzahl der Argumente des Kopfnomens feststellbar ist, dann sollten die Sätze am schnellsten verarbeitet werden, in denen sich die *theme*-Interpretation als richtig erweist, Satz 38b) sollte also schneller zu verarbeiten sein als Satz 38a). Diese Vorhersage bestätigte sich im Experiment jedoch nicht: Generell werden eindeutige Strukturen

125 Dies entspricht der morphologischen Generalisierung zur Argumentvererbung, wonach bei der Nominalisierung eines transitiven Verbs die thematische Rolle des internen Argumentes an das Theta-Raster des Nomens vererbt wird (cf. Williams 1981).

schneller verarbeitet als ambige, d.h. die Sätze 38a) und 38b) benötigen längere Verarbeitungszeiten als die Sätze 38c) und 38d). Wichtig ist aber die Beobachtung, daß keine Korrelation mit der thematischen Rolle hergestellt werden kann, also zwischen ambiger AGENS-Struktur und ambiger THEMA-Struktur. Da zwischen den Sätzen 38a) und 38b) kein signifikanter Unterschied festgestellt wird, folgert Frazier, daß die Theta-Markierung grundsätzlich erst nach der Verarbeitung des Kopfnomens stattfindet und daß der vollständige Θ-Rahmen über *frame selection* zugewiesen wird.

Einen Einwand gegen die Interpretation von Frazier erhebt Fodor (1990): Nach Frazier müßte 39b) schwerer sein als 39c), wenn nach dem Substantiv die Präsentation der Phrase unterbrochen wird. Wenn in der Tat die Θ-Rollen-Zuweisung direkt geschieht, dann müßte in 39b) ein Gartenpfadeffekt auftreten, da nach Frazier die NP *the city* als THEMA interpretiert wäre.

39a) the city's excavation

39b) the city's excavation of its historic buildings

39c) the city's excavation by the archeologists

Fodors Experimente zeigen jedoch, daß Satz 39b) leichter zu verarbeiten ist als Satz 39c). Fodor bezieht sich deshalb auf Bevers *canonical sentoid strategy*: Das externe Argument wird bevorzugt als AGENS interpretiert werden, was exakt vorhersagt, daß 39b) leicht zu verarbeiten ist und in 39c) eine Verzögerung eintritt, weil die AGENS-Hypothese für *the city* revidiert werden muß. Entsprechend der *immediacy hypothesis*[126] erfolgt Θ-Zuweisung also nicht als *frame selection* aufgrund und nach der Verarbeitung des Kopfnomens, vielmehr werden die Elemente des Inputs sofort interpretiert und aufgrund der zu besetzenden Position mit einer thematischen Rolle versehen. Es bestätigt sich damit wieder die *on line*-Arbeitsweise des menschlichen Sprachverarbeitungsmechanismus.

---

126 Cf. Just & Carpenter (1980).

Die Ergebnisse der im vorangehenden dargestellten Experimente haben gezeigt, daß Verarbeitungseffekte nicht auf globale Strategien wie etwa *early* oder *late closure* zurückgeführt werden können. Vielmehr wurde sichtbar, daß Verarbeitungseffekte ihren Ursprung in syntaktischen - hier thematischen - Konstellationen innerhalb des konkreten Satzes haben, die zu erfassen eine heuristische Strategie nicht in der Lage wäre.

Die Frage, wann genau die Zuweisung der thematischen Rollen stattfindet, ist am Englischen schwer zu überprüfen, da aufgrund der Kopfposition Theta-Informationen immer früh zur Verfügung stehen. Das Deutsche bietet aufgrund der Verbzweit- und Verbendstellung die Möglichkeit, die Verfügbarkeit thematischer Informationen deutlicher zu variieren. Eines der Experimente, die im zweiten empirischen Teil der Arbeit dargestellt werden, geht daher der Frage nach, zu welchem Zeitpunkt die Θ-Rollen-Zuweisung stattfindet.

4.4.2 *Minimal Attachment*

Eine der prominentesten Verarbeitungsstrategien formulierte Frazier (1979) aufgrund der bevorzugten Lesart in mehrdeutigen Sätzen wie 40):

40) I saw the boy with the telescope

40i) I (saw (the boy) (with the telescope))

40ii) I saw ((the boy) (with the telescope))

Die strukturelle Ambiguität dieses Satzes liegt darin begründet, daß die Präpositionalphrase *with the telescope* entweder als Instrument des Sehens oder als Attribut der Nominalphrase *the boy* interpretiert werden kann. In der Lesart 40i) trägt die PP als ein Argument des Verbs die thematische Rolle INSTRUMENT; in der Lesart 40ii) ist die PP als Modifikator des Nomens ein Adjunkt. Frazier (1979) legt folgende syntaktische Analyse zugrunde:

40i) 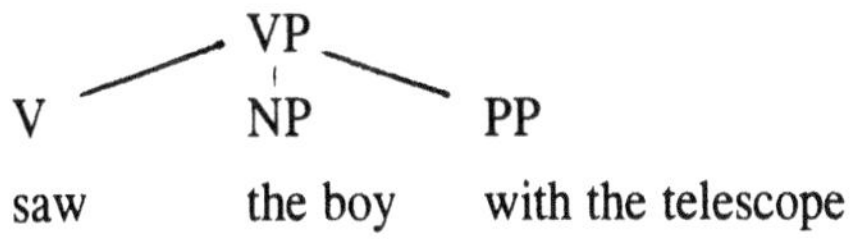

40ii) 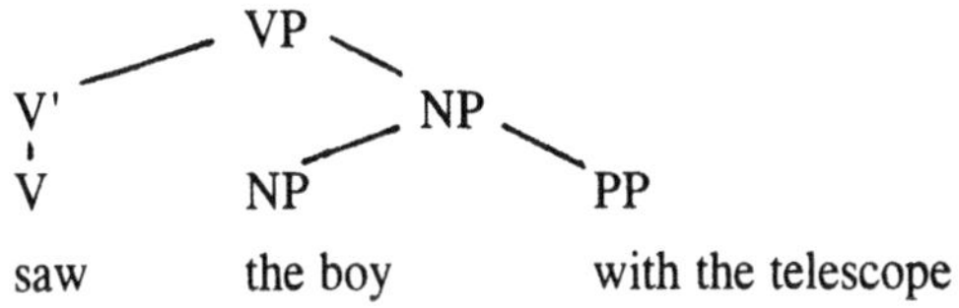

Die Beobachtung, daß Sätze wie *I saw the boy with a telescope* bevorzugt so interpretiert werden, daß die ambige Präpositionalphrase *with the telescope* als Instrument des Sehens verstanden wird, versucht Frazier durch das *minimal-attachment*-Prinzip zu erfassen, nach dem der Parser beim Strukturaufbau versucht, mit möglichst wenig verzweigenden Knoten auszukommen:

> MINIMAL ATTACHMENT
>
> "Postulate the fewest nodes consistent with the grammar."
> (Frazier & Rayner 1988:263)

Auch Gartenpfadeffekte führt Frazier auf die Wirksamkeit von *minimal attachment* zurück.

41) the horse raced past the barn fell down

In Satz 41) ist die Struktur, in der *raced* als Matrixverb integriert wird, weniger komplex als die - bezüglich des Gesamtsatzes korrekte - Phrasenstruktur, in der mit *raced* ein reduzierter Relativsatz aufgebaut wird.

41i) 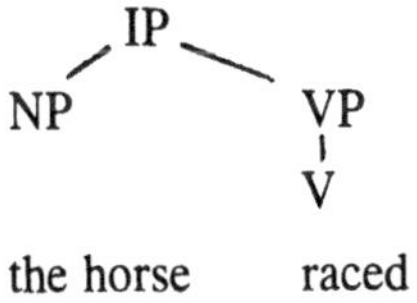

41ii)

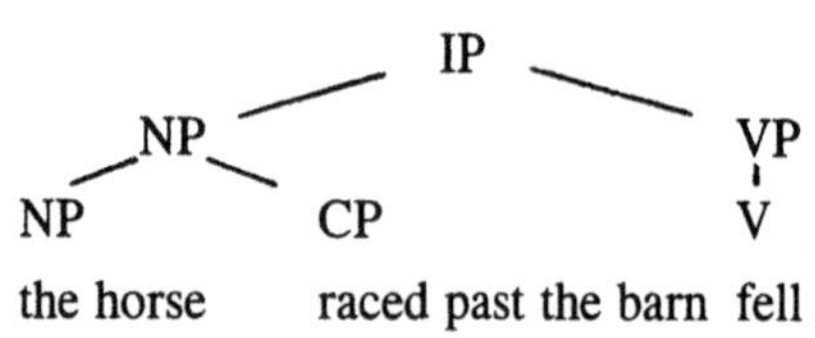

Ein Problem besteht darin, daß Frazier vielfach von Strukturen ausgeht, die mit dem heutigen Stand der Grammatiktheorie nicht mehr verträglich sind: Während Frazier (1987b) von einer binären Strukturverzweigung bei der Anbindung einer modifizierenden PP an eine NP im Sinne einer Chomsky-Adjunktion ausgeht (40ii), nimmt sie eine ternäre Verzweigung, also eine direkte Anbindung einer instrumentalen PP in eine VP an (40i), was dazu führt, daß eine PP-Anbindung an das Verb immer weniger Verzweigungsknoten aufweist als die Anbindung an eine NP.

Aufgrund neuerer psycholinguistischer Experimente und weiterer Entwicklungen innerhalb der Grammatiktheorie bezüglich der Phrasenstruktur muß diese syntaktische Analyse und damit auch die darauf basierende Verarbeitungsstrategie *minimal attachment* in Frage gestellt werden.

Auch Abney (1989) weist darauf hin, daß unter Fraziers phrasenstruktureller Analyse und der Annahme von *minimal attachment* niemals eine Präferenz für NP-Anbindung gegenüber der VP-Anbindung einer PP vorhergesagt wird. Vielmehr müßte es nach Frazier auch in dem folgenden Satz, in dem die PP *in the Volvo* entweder als Argument von *interest* oder als Adjunkt zum Verb *thought* interpretiert werden kann, zu einer Anbindung der PP an das Verb kommen.

42a) I thought about his interest in the Volvo

In Satz 42a) wird jedoch deutlich die Lesart präferiert, nach der *in the Volvo* als Komplement des vorangehenden Nomens interpretiert wird, was daran liegt, daß das Nomen *interest* die PP thematisch markieren kann.

Eine weitere deskriptive Inadäquatheit von *minimal attachment* zeigt sich in dem folgenden Satz 42b): Hier kann die PP an eine der beiden NPs angebunden werden, so daß bezüglich der Anzahl der Knoten kein Unterschied besteht. *Minimal attachment* führt also keine Entscheidung herbei.

42b) the destruction of the city with a 20M-ton warhead

Da *minimal attachment* hier aufgrund identischer Knotenzahl nicht zum Einsatz kommen kann, würde nach Frazier *late closure* die PP an die untere NP *the city* anbinden. Dies entspricht jedoch nicht den Verarbeitungsbeobachtungen, vielmehr wird hier die PP wiederum als instrumentales Argument des nominalisierten Verbes *destroy* interpretiert, i.e. an die "obere" NP angebunden. Es wird also kein *low attachment* durchgeführt, sondern vielmehr ein *high attachment*. Für das Modell von Frazier hätte dies folgende Konsequenz: Das Verarbeitungssystem müßte beide Strategien enthalten, die konstruktionsspezifisch zum Einsatz kommen. Die Spezifizierung der Strategie würde demnach eine Definition des Anwendungsbereiches erfordern. Die Annahme konstruktionsspezifischer Verarbeitungsstrategien ist bei der Erforschung des universalen Sprachverarbeitungsmechanismus aber erst dann angezeigt, wenn alle anderen Einflußfaktoren ausgeschlossen werden konnten.

Eine strikte Anwendung von *minimal attachment* würde auch für den folgenden Satz 43) eine Anbindung der PP an das Verb vorhersagen, wodurch eine unplausible Lesart entsteht[127].

43) John ate the food for Fido

---

[127] Frazier (1990b) geht daher davon aus, daß ein thematischer Prozessor parallel zum Strukturmodul arbeitet, der bei alternativen Strukturen aufgrund pragmatischer Faktoren zwischen den Alternativen entscheidet.

a) the florist sent the flowers was surprised

b) the performer sent the flower was surprised

Abney (1989) läßt daher die Anbindungsstrategien auf den thematischen Konstellationen in einem Satz basieren: Prinzip (P1) besagt, daß Anbindung in eine Θ-markierte Position absolute Priorität hat, (P2) bevorzugt die Anbindung an Verben als "kanonische" Θ-Zuweiser gegenüber der Anbindung an Nomen[128] (*I sang to the cat in the kitchen*). Erst wenn diese beiden Prinzipien nicht angewendet werden können, bewirkt eine weitere Strategie (P3) *low attachment*. Mit dieser Hierarchie werden also auch die Fälle erfaßt, bei denen kein Unterschied bezüglich der Anzahl der Knoten vorliegt.

Frazier (1990a) modifiziert zwar ihre Annahmen zur Phrasenstruktur und ihre Position bezüglich der Relevanz thematischer Informationen[129], behält *minimal attachment* jedoch weiterhin bei, da ihrer Meinung nach ein unrestringiertes *low attachment* entsprechend P3 die falschen Vorhersagen machen würde.

44) Jill knew at 7:30 Bill would arrive

44i)

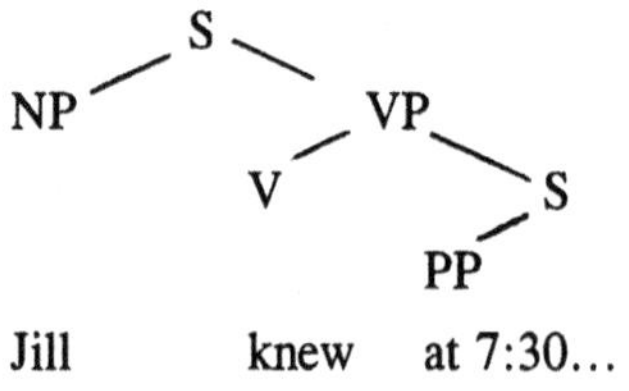

---

128 Abney (1989:133)

129 "The advantage of arguments (Θ-attachments) over non-Θ-attachments does not have to be stipulated, nor does the order of this principle with respect to other preference principles. It follows automatically from the interplay of syntactic and thematic analysis. *Minimal attachment* will favor attachments that are appropriate for arguments and thus thematic analysis will confirm the first analysis only if the phrase does plausibly instantiate an argument listed in the thematic frame. Only Θ-attachments will be confirmed by the thematic frame selection because only arguments are specified in thematic frames." (Frazier 1990a:307)

44ii)

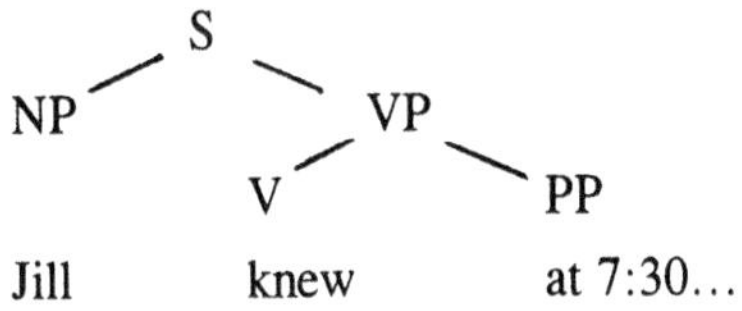

In Satz 44) würde eine unrestringierte Anwendung von *low attachment* zu der Strukturierung 44i) führen[130], da diese Einbettungsposition "tiefer" ist als die Integrationsposition im Matrixsatz 44ii)[131]. Es stellt sich hier jedoch die Frage, was den Aufbau des eingebetteten Satzes auslösen sollte, so daß eine "tiefere" Integrationsposition zur Verfügung steht. Bezüglich verarbeiteter *modifier*-Phrasen zeigt sich hier, daß eine Satzeinbettung eine Sichtgrenze für die Wirksamkeit von Anbindungsstrategien ist[132]. Dies gilt ebenso für die folgenden Sätze:

45) John figured that Susan wanted to take the dog out

46) Tom said Bill died yesterday

Demnach "sieht" der Parser nur Einfügepositionen innerhalb des Satzes, in dem er sich befindet. Die Postulierung eines neuen Satzknotens bedarf expliziter Indikatoren[133].

Abneys Lizensierungsparser ist sowohl phrasenstrukturgetrieben als auch *frame driven*: Die Verarbeitungsprinzipien P2 und P3 haben mit denen von Kimball (1973) und Frazier (1978) gemeinsam, daß sie auf die Phrasenstruktur

---

130 Frazier (1990a:307)

131 Abneys Prinzipien machen auch für diesen Satz die richtigen Vorhersagen, da P2 die Anbindung der PP an das Verb vornehmen würde.

132 Kolb & Thiersch (1990:32) bezeichnen Adjunktphrasen als *clause bound*: "Adjuncts are interpreted in the domain of C^{max}."

133 Etwa im Sinne von Kimballs Prinzip der Auswertung syntaktischer Indikatoren: "Principle of New Nodes: The construction of a new node is signalled by the occurrence of a grammatical function word." (Kimball 1973:31).

und auf kategoriale Angaben bezogen sind. Das Verarbeitungsprinzip P1 dagegen bezieht sich auf die thematische Situation in einem konkreten Satz, also auf den *frame* eines lexikalischen Elementes, berücksichtigt also itemspezifische Informationen. Die Hierarchisierung der Prinzipien macht deutlich, daß die *frame driven*-Komponente Priorität hat. Fraziers Modell (1990a) verhält sich komplementär: die Phrasenstrukturkomponente hat Priorität, der thematische Prozessor kann bei Alternativen die plausibelste auswählen.

> "In the context of a modular theory of processing a separate thematic processor is responsible for choosing the most plausible thematic frame for heads of phrases (...). Given this modular structure, the preference for argument assignments falls out as a consequence of thematic confirmation/nonconfirmation of a syntactic assignment (for VP attached arguments) and as a consequence of thematic frame selection (for ambiguous NP attached arguments)." (Frazier 1990a:317)

In Fraziers phrasenstrukturbasiertem Parser erzwingt die Wirksamkeit von *minimal attachment* letztlich auch eine Integration in Argumentpositionen. Abney dagegen ist der Meinung, daß der Parser einer Strategie der "Theta-Integration" folgt; auch dies resultiert - verglichen mit alternativen Strukturierungen - in einer Struktur mit weniger Knoten. Abney nimmt also auch explizite Verarbeitungsstrategien an; im Unterschied zu Fraziers Modell ergeben sich Abneys Strategien jedoch aus grammatikinternen Faktoren, so daß die zusätzliche Annahme einer "Abzähl-Strategie" wie *minimal attachment* überflüssig wird.

Weitere Evidenz gegen *minimal attachment* legen auch Konieczny et al. (1991) vor, die *minimal attachment* aufgrund der Untersuchung deutscher Sätze mit ambigen Präpositionalphrasen, in denen das lexikalische Verb in unterschiedlichen Positionen steht, kritisieren.

47a) Manfred fesselte den Mann mit der schwarzen Krawatte

47b) Manfred hat den Mann mit der schwarzen Krawatte gefesselt

Konieczny et al. (1991) konnten beobachten, daß die Versuchspersonen in Satz 47b) die PP signifikant häufiger als Attribut des Mannes interpretieren als in Satz 47a), in dem eine Präferenz für die instrumentale Lesart festzustellen war. Zwar entscheiden sich am Satzende auch in Satz 47b) die Mehrheit der Versuchspersonen für die instrumentelle Lesart, an der Position der ambigen Präposition wird jedoch temporär eine Anbindung an das Nomen vorgenommen. Konieczny et al. (1991) bezeichnen dieses Prinzip als 'Prinzip der Kopfanbindung':

PRINZIP DER KOPFANBINDUNG

"Binde eine Konstituente - wenn möglich - an eine Phrase,
deren lexikalischer Kopf bereits eingelesen wurde."
(Konieczny et al. 1991:67)

Allerdings widerspricht das Kopfanbindungsprinzip dem von Bader (1990) beobachteten Effekt bei Dativ-/Genitivambiguität in deutschen Verbendsätzen:

48a) ... daß der Doktorand <u>der Professorin</u> zusätzlichen Urlaub abgetrotzt hat

48b) ... daß der Doktorand <u>der Professorin</u> zusätzlichen Urlaub gefordert hat

Bader (1990) zeigt, daß die bevorzugte Interpretation der ambigen Phrase die Dativ-Lesart ist, was sich an einer verzögerten Verarbeitung von Satz 48b) zeigt. Es wird also eine Interpretation als verbales Komplement vorgenommen, obwohl eine Anbindung an die Subjektphrase möglich wäre. Die Ergebnisse von Bader (1990) unterstützen also die These, daß bei der Verarbeitung kopffinaler Sprachen nicht auf das Verb gewartet wird, sondern daß ein Satz sofort interpretiert wird[134].

Generell stellt sich wieder die Frage, ob bei der Verarbeitung struktureller Mehrdeutigkeiten Strategien wie *minimal attachment* oder *late closure* oder *low attachment*[135] tatsächlich zum Einsatz kommen, oder ob bevorzugte Lesarten auf andere Eigenschaften der Grammatik reduziert werden können, so daß die Annahme heuristischer Verarbeitungsstrategien überflüssig wird. In diesem Sinne charakterisiert Pritchett (1991) ein prinzipienbasiertes Verarbeitungsmodell wie folgt:

> "A strongly principle-based model of parsing seeks to employ principles of the competence grammar directly in language processing." (Pritchett 1991b:251)

4.4.3 *Most Recent Filler Strategy*

Weitere wichtige Verarbeitungsstrategien wurden aufgrund der Verarbeitung von Sätzen formuliert, in denen Phrasen bewegt wurden, das Problem für den Verarbeitungsmechanismus also vor allem darin besteht, die Spur der bewegten Phrase zu finden, die im Input nicht sichtbar ist. Während auf das Phänomen der Postulierung von Spuren im folgenden ausführlich eingegangen wird, soll an dieser Stelle eine Strategie, die im Zusammenhang mit der Verarbeitung von Kontrollstrukturen formuliert wurde, beschrieben werden.

---

134 Carlson & Tanenhaus (1988:287) vertreten die Auffassung, daß in kopffinalen Sprachen eine Satzstruktur entsprechend einem *default*-Theta-Raster (S-O-V) aufgebaut wird:
"If indeed thematic roles are the means by which arguments are integrated into a proposition ... it is reasonable to speculate that preverbal arguments can be assigned tentative thematic roles, creating a mild set of expectations about which thematic roles the verb, when encountered, will actually assign."

135 Cf. Kimball (1973).

49a) who_i did John persuade t_i PRO_i to go

49b) who_i did $John_j$ promise t_i PRO_j to go

Die Matrixverben in den Sätzen 49a) und 49b) unterscheiden sich bezüglich ihrer Kontrolleigenschaften: *persuade* ist ein obligatorisch transitives Verb, das Objektkontrolle ausübt, i.e. das leere pronominale Element PRO im eingebetteten Satz wird thematisch kontrolliert durch das Objekt des Matrixsatzes. Das Verb *promise* dagegen ist ein Subjektkontrollverb, i.e. das leere Subjekt des eingebetteten Satzes ist identisch mit dem Subjekt des Matrixsatzes; *promise* kann transitiv oder intransitiv verwendet werden:

50) $John_i$ promised PRO_i to go

Neben Verben, die eindeutig für Subjekt- bzw. Objektkontrolle spezifiziert sind, gibt es Verben, die sowohl Subjekt- als auch Objektkontrolle ausüben können:

51a) who_i did the little $girl_j$ beg PRO_j to sing for t_i

51b) who_i did the little girl beg t_i PRO_i to sing

Frazier, Clifton & Randall (1983) und Clifton & Frazier (1986) untersuchten in einer *got it*-Studie[136] Sätze mit ambigen Kontrollverben:

52a) everyone liked the $woman_i$ who_i the little $child_j$ begged PRO_j to sing those stupid songs for t_i

52b) everyone liked the $woman_i$ who_i the child begged t_i PRO_i to sing those stupid songs

---

136 Die Versuchspersonen lesen einen Satz und sind aufgefordert, sobald sie ihn verstanden haben, eine *got it*-Taste zu betätigen. Wieweit der Satz korrekt verstanden worden ist, wird dann über eine Frage zum Satzinhalt überprüft. Eine große Anzahl von *missed it*-Antworten und langsame *got it*-Antworten deuten auf Verarbeitungsschwierigkeiten hin.

Die Sätze 52a) und 52b) sind temporär mehrdeutig: An der postverbalen Position kann entweder die Spur der wh-Phrase integriert werden (Satz 52b), wodurch *beg* transitiv konstruiert wird und PRO objektkontrolliert wird, oder aber *beg* wird intransitiv konstruiert wie in Satz 52a), so daß direkt nach dem Verb das leere Subjekt PRO der eingebetteten Proposition steht, das vom Subjekt des Matrixsatzes kontrolliert wird. Im weiteren Verlauf von Satz 52a) ergibt sich eine Disambiguierung durch das Auftauchen einer Präposition, die obligatorisch ein Komplement benötigt. Lücken dieser Art werden als *doubtless gap* bezeichnet; eine potentielle Lücke, wie die postverbale Position von *beg*, das transitiv oder intransitiv verwendet werden kann, ist eine *doubtful gap*. Hat die Versuchsperson bis zur Verarbeitung der PP in Satz 52a) eine transitive Struktur konstruiert, so daß die Spur der wh-Phrase schon gesetzt ist, muß diese Struktur revidiert werden, da andernfalls kein Komplement für die Präposition *for* zur Verfügung steht, also eine Theta-Verletzung vorliegen würde[137]. Hat die Versuchsperson andererseits eine intransitive Struktur konstruiert und postverbal ein subjektkontrolliertes PRO integriert, dann stellt sich am Satzende heraus, daß keine Spur für die verarbeitete wh-Phrase gesetzt worden ist, was wiederum eine Restrukturierung erzwingen würde. Frazier, Clifton & Randall (1983) stellten fest, daß Satz 52a) schneller verarbeitet wird oder leichter zu verstehen ist als Satz 52b). Daraus schließen sie, daß in Satz 52b) eine Restrukturierung stattfindet. Frazier, Clifton & Randall nehmen daher an, daß das menschliche Sprachverarbeitungssystem im Falle einer Ambiguität bevorzugt die Struktur 52a) aufbaut: Es wird keine Spur postuliert, und das leere Element PRO wird mit dem nächstliegenden lexikalischen Element koindiziert, also vom Subjekt kontrolliert. Frazier, Clifton & Randall bezeichnen dies als *most recent filler strategy*[138]. Aus diesem Grund kommt es in Satz 52b) zu einem Gartenpfadeffekt, wenn festgestellt wird, daß die Spur der extrahier-

---

137 Frazier, Clifton & Randall (1983) betrachten die Interpretation von PRO isoliert, ohne den Zusammenhang mit der Verarbeitung bzw. der Postulierung der Spur der extrahierten wh-Phrase zu betrachten.

138 Die Bezeichnungen *distant / recent* beziehen sich also jeweils auf einen lexikalischen Füller.

ten wh-Phrase keine Position findet, was eine Restrukturierung auslöst. Die Versuchspersonen konstruieren also folgende Struktur, bei der am Satzende eine Verarbeitungsschwierigkeit auftritt:

53) everyone liked the $woman_i$ who_i the $child_j$ begged PRO_j to sing those songs

Frazier, Clifton & Randall untersuchten auch Sätze mit eindeutigen Kontrollverben:

54a) everyone liked the $woman_i$ who_i the $child_j$ tried PRO_j to sing for t_i

54b) everyone liked the $woman_i$ who_i the child forced t_i PRO_i to sing

In Satzpaar 54) beobachteten Frazier, Clifton & Randall, daß auch hier Satz 54a) schneller verarbeitet wird als Satz 54b), obwohl die Kontrollinformationen der Verben eindeutig sind. Frazier, Clifton & Randall interpretieren diesen Unterschied ebenso wie den Unterschied zwischen den Sätzen mit ambigen Kontrollverben, nämlich so, daß auch hier in Satz 54b) ein Gartenpfadeffekt mit anschließender Restrukturierung vorliegt. Frazier, Clifton & Randall betrachten dies als Bestätigung der *lexical filter hypothesis*, wonach beim Aufbau der syntaktischen Struktur verbspezifische Informationen, hier die Kontrolleigenschaften der Verben, ignoriert werden und das Element PRO nach der *most recent filler strategy* interpretiert wird.

> MOST RECENT FILLER STRATEGY
>
> "During language comprehension a detected gap is initially and quickly taken to be co-indexed with the most recent potential filler." (Frazier, Clifton & Randall 1983:196)

Es wurden außerdem Sätze mit dem Verb *want* untersucht, ein Verb, das sowohl ECM- als auch Kontrollverb sein kann.

55a) who_i did the police want t_i to go to town

55b) who_i did the $police_j$ want PRO_j to go to town with t_i

In 55a) ist *who* der Leerstelle hinter *want* zuzuordnen (ECM-Konstruktion), in 55b) hingegen ist diese Position auf *the police* zu beziehen, da das Subjekt des eingebetteten Satzes durch die leere Kategorie PRO besetzt ist (Kontrollstruktur). Gemäß der *most recent filler strategy* wählt der menschliche Parser in nicht-eindeutigen Fällen bei seiner Lückenentscheidung wiederum das nächstmögliche Antezedens. Dies heißt im Fall der Beispielsätze 55), daß die Spur nicht gesetzt wird und die Subjektposition des eingebetteten Satzes mit dem Subjekt des Matrixsatzes koindiziert wird, was sich in Satz 55a) als falsch erweist. Wenn der Parser nun zu jedem Zeitpunkt sämtliche grammatischen Informationen ausnutzen würde, so dürften in Strukturen wie 55) keine *most recent filler*-Phänomene auftreten, da es sich hier um strukturell unterschiedliche Lücken handelt, deren Zuordnung zu den entsprechenden Antezedenten eindeutig ist. Nun konnten Frazier, Clifton & Randall jedoch zeigen, daß auch in 55) *most recent filler*-Effekte auftreten: Satz 55a) ist schwerer zu parsen als Satz 55b), da in 55a) die *most recent filler*-Lösung für die Lücke nach *want* revidiert werden muß. Dies bedeutet jedoch, daß der Parser bei seiner Lückenzuweisung offenbar nicht *alle* grammatischen Informationen bzw. Prinzipien berücksichtigt[139]. Frazier, Clifton & Randall nehmen daher an, daß der menschliche Parser in verschiedenen Stadien arbeitet. Zunächst werden *ad hoc* und *on line* Antezedens-Lücken-Beziehungen konstruiert, die dann in einem zweiten Schritt auf ihre Kompatibilität mit der Grammatik überprüft werden.

Diese Überlegungen stehen wiederum im Zusammenhang mit der grundsätzlichen Frage nach der Modularität des Parsers: Welche Informationen steuern den initialen Strukturaufbau und welche Prinzipien werden erst später überprüft? Konkret für die Verarbeitung von Kontrollstrukturen stellt sich die

---

139 Der hier beobachtete Effekt ist lexikalisch zu begründen: *want* wird bevorzugt als Kontrollverb verwendet. Nach der Frequenzstudie von Connine *et al.* (1984) kommt das Verb *want* als Kontrollverb wesentlich häufiger vor als in der ECM-Verwendung.

Frage: Werden beim ersten Verarbeitungsdurchgang Informationen über die spezifischen Kontrolleigenschaften eines Verbs für den initialen Strukturaufbau berücksichtigt oder nicht?

Die Experimente von Frazier, Clifton & Randall wurden einerseits bezüglich der Methode kritisiert[140], da sie nicht die *on line*-Verarbeitung dokumentieren, sondern sich auf *whole sentence comprehension times* stützen. Diese dokumentieren zwar, daß ein Verarbeitungsproblem vorliegt, geben aber keine Auskunft darüber, welcher Art dieses Problem ist. Fodor (1988:96) kritisiert daher die Interpretation von Frazier, Clifton & Randall, indem sie deutlich macht, daß die von ihnen gezogenen Schlußfolgerungen, wonach Verbkontrollinformationen ignoriert werden, nicht zwingend sind. Die folgenden Sätze repräsentieren die möglichen Strukturierungen, die der Parser aufbauen könnte:

56a) this is the woman$_i$ who$_i$ the child$_j$ forced PRO$_j$ to sing the songs

56b) this is the woman$_i$ who$_i$ the child$_j$ forced t$_j$ PRO$_j$ to sing the songs

56c) this is the woman$_i$ who$_i$ the child$_j$ forced t$_i$ PRO$_j$ to sing

In den Strukturen 56a) und 56b) würde der Parser nicht die Kontrollinformationen ignorieren, sondern vielmehr die Subkategorisierungsinformationen, i.e. die Transitivität von *force* in Satz 56a) oder die Kasus- und Thetabedingungen in Satz 56b). Nur in der Strukturierung 56c) werden tatsächlich die Kontrollinformationen ignoriert.

Boland, Tanenhaus & Garnsey (1990) setzten daher *on-line*-Methoden wie *evoked potential studies*[141] ein, um tiefere Einsichten in die Verarbeitung

---

140 Cf. Fodor (1988).

141 *Evoked potential studies* sind elektroenzephalographische Untersuchungen, die sich von einem EEG in der Weise unterscheiden, daß sie nicht - wie das EEG - kontinuierlich die gesamte Hirnaktivität messen. Während sich die komplexen EEG-Wellen während verschiedener Arten von sensorischer Stimulation kaum verändern, können evozierte Potentiale ereigniskorreliert gemessen werden: Um Veränderungen, die auf einen

von Kontrollstrukturen zu erlangen. In den untersuchten Sätzen wurden "plausible" und "unplausible" NPs als Füller oder Kontrolleure für das leere Subjektelement eingesetzt, außerdem wurde die Distanz zwischen Füller und zu kontrollierendem Element dadurch variiert, daß Fragesätze (*distant filler*) mit Aussagesätzen (*recent filler*) miteinander verglichen wurden[142]. Um die Validität der *most recent filler strategy* zu überprüfen, sollte im besonderen der Frage nachgegangen werden, wann Kontrollinformationen genutzt werden. Da dies am Zeitpunkt des Auftretens von Plausibilitätseffekten erkennbar ist, stellt sich die Frage, ob Plausibilitätseffekte in *recent filler*-Sätzen schneller auftreten als in *distant filler*-Sätzen.

Die *most recent filler strategy* sagt vorher, daß Plausibilitätseffekte in Deklarativsätzen früh und in Fragesätzen spät festgestellt werden sollten. Die Resultate widersprachen jedoch den Vorhersagen: Eine korrekte Objektkontrolle von PRO tritt bei Fragesätzen im Vergleich zu Deklarativsätzen nicht verzögert auf.

57a) the cowboy signalled the outlaw PRO to surrender his weapons

57b) the cowboy signalled the horse PRO to surrender his weapons

57c) which outlaw did the cowboy signal t PRO to surrender his weapons

57d) which horse did the cowboy signal t PRO to surrender his weapons

---

bestimmten Reiz hin erfolgen, sichtbar zu machen, läßt man einen Computer die Wellen, die bei wiederholten Darbietungen desselben Reizes aufgezeichnet wurden, mitteln. Jede zufällige, vom Reiz unabhängige elektrische Aktivität wird dadurch nivelliert, während die Aktivität, die in einem festen zeitlichen Verhältnis zum Reiz auftritt, als evoziertes Potential (EP) herausgehoben wird. Das EP ist eine Folge von Schwankungen um die Grundlinie, die vom Ende des Reizes ca. 500 msec andauert. Manipuliert man beispielsweise die Plausibilität der Phrasen (*embedded anomaly*), kann ein EP registriert werden.

142 Boland, Tanenhaus & Garnsey (1990) betrachten ebenso wie Frazier, Clifton & Randall (1983) lediglich lexikalische Elemente als *filler*.

Entsprechend der *most recent filler strategy* müßte eine anfängliche Mißinterpretation für PRO in den Sätzen 57c) und 57d) eintreten, da *cowboy* in beiden Sätzen der nächstliegende lexikalische Füller ist. Es zeigte sich anhand der EPs für die Sätze 57b) und 57d), daß die Versuchspersonen sofort pragmatische Inkongruenzen feststellen. Dies deutet darauf hin, daß sie die Kontrollinformationen, hier Objektkontrolle, korrekt für den Strukturaufbau genutzt haben und *horse* als Kontrolleur für PRO interpretieren. Plausibilitätseffekte wurden in Deklarativsätzen und Fragesätzen zum selben Zeitpunkt festgestellt, was darauf hindeutet, daß die Kontrollinformationen schon früh berücksichtigt und für den Strukturaufbau ausgewertet werden.

Wenn Kontrollinformationen früh zur Verfügung stehen und für den Strukturaufbau genutzt werden, dann sollten Subjekt- und Objektkontrollsätze genauso schnell zu verarbeiten sein. Ist dies nicht der Fall, stellt sich die Frage, ob Objektkontrolle nicht aus intrinsischen Gründen komplexer ist. Auf diese Frage geben allerdings die *whole sentence comprehension times*, die von Frazier, Clifton & Randall (1983) erhoben wurden, eine Antwort: Objektkontrollsätze sind tatsächlich schwerer zu verstehen als Subjektkontrollsätze, auch wenn diese Schwierigkeit erst spät im Satz auftritt, nachdem die Kontrollbeziehungen korrekt hergestellt wurden. Diese Schwierigkeit kann nun darin begründet sein, daß bei Objektkontrolle eine zusätzliche grammatische Relation etabliert werden muß, wobei eine Phrase funktional uminterpretiert werden muß: Das Objekt des Matrixsatzes ist das Subjekt des eingebetteten Satzes, während bei Subjektkontrollstrukturen eine funktionale Parallelität vorliegt: Das Subjekt des Matrixsatzes ist auch Subjekt des eingebetteten Satzes. Vor allem aber die Tatsache, daß bei Objektkontrollsätzen, in denen das Objekt extrahiert ist, zwei leere Kategorien adjazent stehen und dadurch auch der Mechanismus der Spurenpostulierung involviert ist, läßt erwarten, daß diese Sätze höhere Anforderungen an den Verarbeitungsmechanismus stellen.

Nicol & Osterhout (1988) und Nicol & Swinney (1989) untersuchen die Herstellung von Referenzbeziehungen während der Satzverarbeitung durch *priming tests*. In diesen Experimenten wird die Rolle der syntaktischen Beschränkungen für die Reaktivierung der Antezedenten von impliziten (NP-t,

PRO) und expliziten (Pronomen, Reflexive) anaphorischen Elementen überprüft.

In ihrem syntaxbasierten modularen Verarbeitungsansatz weisen Nicol & Swinney (1989) nach, daß die Reaktivierung potentieller Antezedenten durch grammatische Beschränkungen determiniert wird. Folgende Sätze wurden getestet, um Aufschluß über die Reaktivierung eines Antezedenten nach der Verarbeitung von PRO zu erhalten:

58a) there is the $actress_i$ $that_i$ the dentist from the new medical centre <1>[143] had invited t_i PRO_i to <2> go to <3> the party

58b) there is the $actress_j$ $that_j$ the $dentist_i$ from the new medical centre <1> had planned PRO_i to <2> go to <3> the party with t_j

	invite (Satz 58a)			*plan* (Satz 58b)		
P	1	2	3	1	2	3
NP *actress*	30	75	57	12	71	48
NP *dentist*	6	4	12	28	36	21[144]

Die Ergebnisse zeigen eine multiple Aktivierung von NPs in Sätzen, in denen mehrere Referenten vorliegen. Es ist aber ein deutlicher Unterschied zwischen den beiden Verben sichtbar: In Satz 58a) liegt ein transitives Verb (*invite)* vor, hier wird korrekt die kontrollierende NP (*actress*) aktiviert, die über die Spur vermittelt wird. Dies widerspricht den Aussagen von Frazier, Clifton & Randall (1983), wonach Kontrollinformationen ignoriert werden und die Kontrollrelation gemäß der *most recent filler strategy* erstellt wird. Gemäß dieser Strategie, die den nächstliegenden lexikalischen Füller sucht und die postverbale Spur im Matrixverb als "Brücke" zum Antezedenten nicht berücksichtigt,

143 Die geklammerten Zahlen deuten den "Abfragepunkt" P an: An diesem Punkt wird die Versuchsperson gefragt, ob das vorgegebene Wort im Satz vorkam oder nicht.

144 Nicol & Swinney (1989:15)

müßte in beiden Sätzen die NP *the dentist* aktiviert werden. In Satz 58a) mit dem transitiven Verb *invite* wird aber die NP *dentist* deutlich weniger ge*primt* als bei dem Verb *plan*, was zeigt, daß die Subkategorisierungsinformationen schon früh genutzt werden und daß ein Zusammenhang zwischen Spurenpostulierung und Etablierung der Kontrollrelationen besteht. In Satz 58b) erscheint jedoch kein komplementäres Reaktivierungsmuster: Zwar ist die Reaktivierung der korrekten Phrase (*dentist*) stärker, es ist aber auch eine nicht zu ignorierende Reaktivierung für die nicht korrekte NP (*actress*) zu beobachten[145]. Dies erklärt sich, wenn man bedenkt, daß *plan* als "quasi-intransitiv" gilt, weil es transitiv mit nicht-belebtem Objekt wie in *to plan a party* vorkommt. Die *priming-tests* zeigen also, daß subkategorielle Informationen sehr wohl für den initialen Strukturaufbau berücksichtigt werden, pragmatische Informationen dagegen erst später überprüft werden.

Neben dem Phänomen der bevorzugten Lesart bei mehrdeutigen Sätzen sind vor allem Strukturen mit syntaktischen Leerstellen (Lücken, engl. *gaps*) zur Ermittlung von Parsingstrategien untersucht worden. Die Verarbeitungsstrategien, die bei der Verarbeitung von Sätzen mit *filler gap dependencies* formuliert wurden, sind Gegenstand späterer Ausführungen. Im folgenden soll kurz auf funktionale Erklärungsansätze eingegangen werden, die im Zusammenhang mit den oben dargestellten Verarbeitungsstrategien diskutiert wurden.

145 An P2 ist der Wert mit dem Reaktivierungswert für dieselbe NP bei transitivem Verb fast identisch.

Die übergeordnete Fragestellung der Sprachverarbeitungsforschung bezieht sich auf den Zusammenhang zwischen grammatischer Kompetenz und Performanz. Sprachverarbeitungseffekte gewähren Einblick in diesen Zusammenhang und in die Arbeitsweise des Sprachverarbeitungsmechanismus. Dem Versuch, Verarbeitungseffekte auf grammatische Prinzipien zurückzuführen, steht komplementär die Frage gegenüber, ob sich möglicherweise spezifische Eigenschaften natürlich-sprachlicher Grammatiken nicht aus der Struktur und Funktionsweise des Parsers ergeben[146]. Interessant sind hier Konstruktionen wie in 59) und 60):

59a) *Bill likes Sue is obvious

59b) that Bill likes Sue is obvious

60a) the men we like are intelligent

60b) *the men like us are intelligent

Bei Subjektsätzen kann - im Gegensatz zu Sätzen in Objektposition - die Konjunktion *that* nicht getilgt werden, wie 59) zeigt. Tendiert der Parser nun dazu, satzinitiale *NP-V*-Sequenzen als Hauptsatz zu konstruieren - wie es das *minimal attachment*-Prinzip oder Bevers *canonical sentoid structure strategy* nahelegt -, so würde 59a) zunächst stets fehlanalysiert. Ebenso können im Englischen nur Objekt-, niemals jedoch Subjektrelativpronomina getilgt werden, wie 60b) illustriert. Auch hier bietet sich eine Verarbeitungserklärung an, da der Parser aufgrund von *minimal attachment* bei 60b) stets in eine *garden path*-Konstruktion geriete.

---

146 Cf. Crain & Fodor (1985), Fodor, J.D. (1981, 1983b), Hawkins (1990).

Es scheint jedoch, daß reine Parsingerklärungen hier nicht greifen können[147], da Strukturen wie 60b) im Black English durchaus möglich sind, während 59a) auch dann ungrammatisch ist, wenn innerhalb des Satzes eindeutige Subordinationsmerkmale vorhanden sind, wie etwa der Konjunktiv in Satz 61)[148]:

61a) that John be fired was requested by everyone

61b) *John be fired was requested by everyone

Unter einer etwas schwächeren These könnte man vermuten, daß bestimmte Beschränkungen in natürlichen Sprachen einfach dazu dienen, dem Parser die Arbeit zu erleichtern. Frazier (1985) zeigt jedoch, daß natürlichsprachliche Grammatiken vielfach Eigenschaften aufweisen, die den Parsingprozeß durchaus erschweren können, wie etwa Mehrdeutigkeiten, oder die Möglichkeit, bei reduzierten Relativsätzen das Relativpronomen wegzulassen. Crain & Fodor (1985) kommen hier zu der Erkenntnis, daß die Organisation natürlicher Grammatiken ein mehr oder minder optimaler Kompromiß zwischen Anforderungen wie einfache Grammatikprinzipien, maximale Expressivität und einfache Verarbeitbarkeit zu sein scheint[149]. Mit anderen Worten, grammatische Prinzipien lassen sich keinesfalls durchweg auf Parsingstrategien zurückführen.

Umgekehrt gibt es jedoch auch Phänomene, die auf den ersten Blick wie typische Parsingstrategien aussehen, jedoch möglicherweise als grammatikspezifische Eigenschaften zu klassifizieren sind. In diesen Bereich gehört etwa die

---

147 Cf. Chomsky & Lasnik (1977).

148 Cf. Zwicky & Pullum (1983).

149 Fodor, J.D. (1978) propagiert das sogenannte "*negotiation model* according to which the shape of a language is the result of interactions between parsing considerations, expressive considerations, and innate limits on grammar representations." Die hohe Komplexität und Abstraktheit syntaktischer Regularitäten läßt Fodor (1983b:11) jedoch annehmen "that the parser has little qualitative influence on the structural properties of a language."

nestedness condition[150]. Fodor beobachtet, daß Sätze, in denen sich die Verbindungslinien zwischen Lücken und ihren Füllern überkreuzen, ungrammatisch sind.

62a) which violin$_i$ is this sonata$_j$ easy to play t_j on t_i

62b) *which sonata$_i$ is this violin$_j$ easy to play t_i on t_j

Die Ungrammatikalität von (62b) versucht Fodor (1978) funktional zu erklären: Der Parser arbeitet möglicherweise nach dem Prinzip *last in - first out*, wonach die Spur der zuletzt verarbeiteten Phrase zuerst integriert wird. Diese Strategie kann demnach lediglich "genestete" Abhängigkeiten verarbeiten. Dagegen spricht allerdings, daß geschachtelte Strukturen etwa im Schwedischen generell möglich sind[151] und auch im Englischen bei bestimmten *wh*-Fragen vorkommen[152]. Der Verarbeitungsmechanismus ist also in der Lage, auch gekreuzte Abhängigkeiten, die dem Speicherprinzip *first in - first out* entsprechen, zu verarbeiten:

63) which car$_i$ doesn't John know where$_j$ to buy t_i t_j

Engdahl (1985) hat im Kontext der *nestedness*-Phänomene die Möglichkeit diskutiert, daß es neben sprachspezifischen Grammatiken, auch sprachspezifische Parsingstrategien geben könnte. Unter einer solchen Perspektive würde Spracherwerb nicht nur der Erwerb einer spezifischen Grammatik, sondern gleichzeitig der Erwerb spezifischer Verarbeitungsmechanismen sein. Diese Annahme scheint unplausibel, wenn man davon ausgeht, daß die Prozesse der Sprachverarbeitung fundamentale kognitive Prozesse reflektieren. Die Frage, ob Sprachverarbeitungsstrategien sprachspezifisch oder universal sind, soll

150 Cf. Fodor (1978).

151 Cf. Engdahl (1982, 1985).

152 Fanselow & Felix (1987a:186)

daher aufgrund neuer Ergebnisse zur Verarbeitung kopfinitialer *versus* kopffinaler Sprachen im folgenden Kapitel näher erörtert werden.

4.6 *Zur Universalität der Sprachverarbeitungsstrategien: Die Verarbeitung links- und rechtsverzweigender Sprachen*

Nachdem im vorangehenden die wichtigsten derzeit diskutierten Sprachverarbeitungsstrategien dargestellt wurden, stellt sich die Frage nach ihrer Gültigkeit im Hinblick auf andere Sprachen, da die Annahmen zur Sprachverarbeitung nahezu ausschließlich auf der Untersuchung des Englischen basieren. Insbesondere der Mangel an Untersuchungen zur Verarbeitung kopffinaler Sprachen stellt die formulierten Sprachverarbeitungsstrategien in Frage, da die lokale Verfügbarkeit von Informationen, die für den Strukturaufbau relevant sind, in kopfinitialen Sprachen anders ist als in kopffinalen Sprachen: So stellt in einer kopfinitialen Sprache das Verb die relevanten Informationen über die dem Verb folgenden Phrasen vor der Verarbeitung dieser Phrasen zur Verfügung, während in einer kopffinalen Sprache diese Informationen erst nach der Verarbeitung der Komplemente verfügbar sind.

63a) because the man forgot the letter

63b) because the man forgot to post the letter

64a) weil der Mann den Brief vergaß

64b) weil der Mann den Brief einzustecken vergaß

So kann beispielsweise in den deutschen Beispielsätzen 64a) und 64b) lokal nicht entschieden werden, ob die Phrase *den Brief* Komplement des Matrixverbs oder Komplement eines eingebetteten Verbs ist[153], während in den ent-

---

153 Vergleichende Untersuchungen der Verarbeitung von Sätzen wie in 63) und 64) liegen nicht vor. Die Ambiguität in Satz 64) führt jedoch nicht zu direkt beobachtbaren Verarbeitungsschwierigkeiten, was daran liegen mag, daß die Objektinterpretation der NP

sprechenden englischen Beispielsätzen aufgrund der Kopfinitialität überhaupt keine Ambiguität entsteht.

Da die bisherigen Untersuchungen fast ausschließlich dem Englischen galten, kann es sein, daß die dort gewonnenen Erkenntnisse spezifische Prozesse ausgerichtet auf das Englische reflektieren. Primäres Ziel der Sprachverarbeitungsforschung innerhalb der Kognitiven Linguistik ist aber die Erforschung jener grundlegenden kognitiven Prozesse, die bei der Sprachverarbeitung ablaufen, also die Arbeitsweise eines universalen Parsers[154].

> "Since if there is any content to the notion that parsing strategies reflect fundamental and automatic human cognitive processes, then we do not expect them to vary radically across the species." (Pritchett 1987:253)

In jüngster Zeit werden daher psycholinguistische Experimente, die Aufschluß über Perzeptionsstrategien geben sollen, nicht nur am Englischen, sondern auch an anderen Sprachen durchgeführt[155]. Aufgrund dieser Untersuchungen stellt sich vor allem die Frage, ob Sprachverarbeitungsstrategien universal oder sprachspezifisch sind.

Frazier (1987b) hatte bezüglich der Verarbeitung von komplexen Nominalphrasen, die einen Relativsatz enthalten, festgestellt, daß der Relativsatz an das "untere" Nomen (*colonel*) angebunden wird und diesen Effekt auf *late closure* oder *low attachment* zurückgeführt.

---

den Brief aufrecht erhalten werden kann, auch wenn sich wie in Satz 64b) am Satzende herausstellt, daß die NP Objekt eines eingebetteten Verbs ist. Im Gegensatz dazu macht eine erforderliche Objekt -> Subjekt-Revision größere Verarbeitungsschwierigkeiten, wie der folgende englische Satz zeigt:
after John drank the water tasted bad

154 Frazier (1987b:522) argumentiert aufgrund des Zeitdrucks, unter dem der Sprachverarbeitungsmechanismus Entscheidungen zu treffen hat, daß Strategien wie *minimal attachment* die Verarbeitung aller natürlichen Sprachen steuert.

155 So etwa Cuetos & Mitchell (1988) für das Spanische, De Vincenzi (1989, 1991) für das Italienische, Engdahl (1985) für das Schwedische, Frazier (1987b, 1989) für das Holländische, Mazuka & Lust (1990) oder Pritchett (1991) für das Japanische.

65) the journalist interviewed the daughter of the colonel who had an accident

Cuetos & Mitchell (1988)[156] stellen jedoch aufgrund von Daten über die Verarbeitung entsprechender Konstruktionen im Spanischen die Universalität von *late closure* in Frage:

66) el peridista entrevisto a la hija del coronel que tuvo el accidente

die Journalistin interviewte die Tochter des Offiziers, der / die einen Unfall hatte

Cuetos & Mitchell (1988) stellen fest, daß spanische Sprecher den vorliegenden Satz so interpretieren, daß die NP *la hija* (die Tochter) durch den Relativsatz modifiziert wird, der Relativsatz hier also an die "obere" NP entsprechend einem *high attachment* angebunden wird. Der Relativsatz bestimmt die Referenz des Kopfnomens, nicht die des Genitivattributes *del coronel*[157]. Folgende Satzpaare wurden untersucht:

67a) Andrew had dinner yesterday with the niece of the teacher who belonged to the Communist Party

67b) Andrés cenó ayer con la sobrina del maestro que está en el partido comunista

---

156 Cf. auch Mitchell, Cuetos & Zagar (1990).

157 Die Anbindung des Relativsatzes im Spanischen ist als *closure*-Strategie nicht zu beschreiben, wenn man nicht eine konstruktionsspezifische Strategie annehmen will, nach der in einer NP-NP-Relativsatzkonstruktion die erste NP spät und die zweite NP früh abgeschlossen wird.

	attach high	attach low
English	37.1	58.0
Spanish	62.3	36.8[158]

Wie die Werte für die jeweilige Anbindung des Relativsatzes im Englischen und Spanischen zeigen, ist bei der Verarbeitung der spanischen Sätze ein *high attachment*-Effekt zu beobachten, im Gegensatz zum Englischen, wo ein deutlicher *low attachment*-Effekt sichtbar ist. Dies zeigt, daß die Annahme von *late closure* als universale Verarbeitungsstrategie nicht gerechtfertigt ist.

Als eine mögliche Erklärung für die unterschiedlichen Anbindungspräferenzen im Englischen und Spanischen weisen Mitchell, Cuetos & Zagar (1990) auf die unterschiedliche Stellung der Adjektive in den beiden Sprachen hin: Da im Spanischen Adjektive den Nomen grundsätzlich nachgestellt werden (N-adj-RS), ist die Anbindungsstrategie für eine modifizierende Phrase oder einen Relativsatz in vielen Fällen nur an das Kopfnomen möglich, die Anbindungsstrategie daher auf *high attachment* ausgerichtet. Im Englischen dagegen erscheinen Adjektive vor dem Nomen, das sie modifizieren, so daß hier ein Relativsatz an das adjazente Nomen angebunden wird, die Anbindungsstrategie somit auf *low attachment* ausgerichtet wird. Mitchell, Cuetos & Zagar (1990) schlagen hiermit also eine Parametrisierung der Anbindungsstrategie aufgrund der Kopfposition vor. Obwohl die Hypothese einer parametrisierten Parsingstrategie für *low / high attachment* aufgrund der Abfolge Adjektiv-Nomen im Englischen bzw. Nomen-Adjektiv im Spanischen wiederum nur auf der Beobachtung einer einzigen weiteren Sprache beruht und aus diesem Grunde wohl verfrüht wäre, so zeigen die spanischen Daten doch, daß eine sprachvergleichende Überprüfung der Verarbeitungsstrategien angezeigt ist, bevor ihre Universalität postuliert werden kann.

Eine grundlegende Spezifizierung des Sprachverarbeitungssystems bezieht sich auf die Angabe, ob ein Satz *bottom up* oder *top down*, also eher daten-

158 Mitchell, Cuetos & Zagar (1990:291)

oder wissensgesteuert verarbeitet wird. Für den Aufbau einer Satzstruktur heißt dies, ob von den terminalen Elementen des Satzes ausgehend zu den nichtterminalen Elementen bis zum obersten Satzknoten hin induziert wird, oder ob von den nichtterminalen Knoten - ausgehend vom Startknoten CP - eine Struktur deduziert wird, in die die terminalen Elemente des Inputs eingesetzt werden.

Wenn man davon ausgeht, daß der Parser entweder *bottom up* oder *top down* vorgeht, dann müßten Sprachen, die sich bezüglich der Position des Kopfes relativ zu seinen Komplementen, Spezifizierern und Adjunkten unterscheiden, also kopfinitiale vs. kopffinale Sprachen, unterschiedliche Verarbeitungseffekte aufweisen: Unter dieser Annahme müßten die beiden Sprachtypen unterschiedlich schwer zu verarbeiten sein, da aufgrund der Kopfposition in kopfinitialen Sprachen mehr Informationen für die nachfolgende syntaktische Struktur zur Verfügung stehen als in kopffinalen Sprachen.

So kann in einer linksverzweigenden kopffinalen Sprache[159] bei *bottom up*-Verarbeitung mit jedem Element eine Phrase abgeschlossen werden, während in einer kopfinitialen rechtsverzweigenden Sprache bei *bottom up*-Verarbeitung erst das letzte Element des Inputs das Abschließen einer Phrase ermöglicht. Umgekehrt wäre eine *top down*-Verarbeitung für eine linksverzweigende Sprache problematisch, da nicht ersichtlich ist, wie weit nach unten hin projiziert werden soll bzw. wie tief die Phrase in die Satzstruktur eingebettet ist, während in einer rechtsverzweigenden Sprache die *top down*-Verarbeitung das frühere Abschließen von Phrasen ermöglicht.

Kimball (1973) hatte aufgrund der im Englischen beobachteten Verarbeitungseffekte die These aufgestellt, daß innerhalb eines Phrasenstrukturregelparsers sichergestellt werden muß, daß die Anbindung der ersten Konstituente an den obersten Satzknoten gewährleistet ist. Diese Anbindung wird aufgrund

---

159 Diese Korrelation zwischen Verzweigungsrichtung und Kopfposition ist nicht in allen Fällen gegeben (cf. Hawkins 1983). Darüber hinaus weisen manche Sprachen wie etwa das Deutsche sowohl Kopfinitialität (PP, CP, DP, NP, AP) als auch Kopffinalität (VP, IP) auf.

einer *top down*-Verarbeitungsstrategie vollzogen, die Kimball (1973) zu einem universal gültigen Verarbeitungsprinzip erklärt:

> "A tree is built from an input string by starting with the initial symbol of the grammar (...) and building a tree downward to the terminal symbols. Such procedures are called *top down*" (Kimball 1973:19)

Eine solche *top down*-Strategie ist bei der Verarbeitung des Englischen nur für die Postulierung des obersten Satzknotens notwendig; ist dieser vorhanden, kann aufgrund der kopfinitalen Eigenschaft des Englischen die Verarbeitung im Prinzip *bottom up* weitergehen, da das Erkennen der "linken Ecke" einer Phrasenstrukturregel (VP -> V NP PP) sowohl die Postulierung der Phrase lizensiert als auch Informationen über die nachfolgende syntaktische Struktur bereitstellt.

Als sich innerhalb der Grammatiktheorie ein Wechsel von einer derivationellen zu einer repräsentationellen Grammatiktheorie vollzog, stand die GB-basierte Sprachverarbeitungsforschung zunächst vor der grundsätzlichen Frage nach dem Strukturaufbau: Die GB-Theorie ist als ein Filtersystem von Wohlgeformtheitsprinzipien über Strukturen konzipiert, strukturerzeugende Regeln wie etwa Phrasenstrukturregeln kommen nicht vor[160]. Die Effizienz und Geschwindigkeit des menschlichen Sprachverarbeitungsmechanismus deutet andererseits aber auf einen systematischen Strukturaufbau hin. Die Einwände gegen eine regelbasierte Grammatik betreffen in gleicher Weise die Annahmen über den Verarbeitungsmechanismus: Da eine regelbasierte Grammatik nur sprachspezifisch formuliert werden kann, impliziert eine solche Grammatiktheorie auch einen sprachspezifischen Parser, in dem die Parsingkomplexität mit der

160 Felix, Farke & Olsen (1992) bezeichnen dies als das "Formatproblem" einer prinzipienbasierten Grammatik. Aus diesem Grunde bezeichnet Berwick (1987:2) die Rektions- und Bindungstheorie als "an a-computational theory of the human language faculty", und auch Johnson (1989:114) kommt zu der Einschätzung, "that GB is probably one of the more difficult linguistic theories in current use to implement computationally."

Anzahl der notwendigen Ableitungsschritte wächst[161]. Chomsky (1986a) schlägt vor, den Wechsel von einer regelbasierten zu einer prinzipienbasierten Grammatiktheorie innerhalb der Sprachverarbeitungstheorie folgendermaßen zu vollziehen:

> "Given a lexicon, structures can be projected from heads by virtue of the projection principle, X-bar theory, and other subsystems of UG that are involved in licensing elements, which are associated with one another by these principles in the manner already illustrated. Perhaps parsers should not be based on rules at all but should rather be based on lexical properties and principles of UG that determine structures from them." (Chomsky 1986a:151)

Diesem Gedanken folgend liegt die Annahme nahe, daß sich der Aufbau der syntaktischen Struktur bei der Sprachverarbeitung entsprechend dem syntaktischen Prinzip *project* α nach einem reinen *bottom up*-Verfahren allein über die Projektion lexikalischer Köpfe vollzieht, was Frazier (1987b) als die *head projection hypothesis* formuliert[162].

> HEAD PROJECTION HYPOTHESIS (HPH)
>
> "A phrasal node is postulated by projecting the features of its head." (Frazier 1987b:524)

Für eine kopfinitiale Sprache erscheint die Annahme der *head projection hypothesis* recht plausibel, da die projizierbaren Köpfe früh verarbeitet werden, wodurch Integrationspositionen für später verarbeitete Phrasen geschaffen werden. Für die Verarbeitung von kopffinalen Phrasen wie etwa der Verbalphrase im Holländischen oder Deutschen macht sie jedoch die Vorhersage, daß diese Phrasen verzögert verarbeitet werden, eine Vorhersage, die Frazier (1987b) aufgrund der Untersuchung holländischer Sätze widerlegt.

---

161 Cf. die Ausführungen zur DTC in Kap. 4.1.

162 Auch Pritchett (1991b) ist der Auffassung, daß sich das grammatische Projektionsprinzip in der Sprachverarbeitung in einem *head driven*-Vorgehen manifestiert.

68a) … dat het meisje van Holland houdt

… daß das Mädchen Holland mag

68b) … dat het meisje van Holland glimlachte

… daß das Mädchen aus Holland lächelte

Die kürzeren Verarbeitungszeiten für Satz 68a) weisen darauf hin, daß die Anbindung der ambigen PP (*van Holland*) bevorzugt an das Verb (*houdt*) und nicht an die bereits verarbeitete NP (*het meisje*) vorgenommen wird. Die PP wird also in die VP eingebunden, obwohl der verbale Kopf noch nicht verarbeitet wurde. Der Satz ist schneller zu verarbeiten, in dem die PP als verbales Argument (48a) und nicht als Adjunkt zum Nomen (48b) interpretiert wird. Fraziers Beobachtungen am Holländischen geben erste Hinweise darauf, daß Phrasen in Projektionen integriert werden, deren Kopf noch nicht verarbeitet wurde, was der HPH widerspricht, i.e. der Annahme, daß phrasale Knoten grundsätzlich durch die Projektion von Merkmalen des Kopfes postuliert werden[163]. Die Beobachtung, daß die Komplementpositionen schon vor der Verarbeitung des verbalen Kopfes verfügbar sind, entspricht Kimballs Annahme einer *top down*-Verarbeitungsstrategie: Der Parser baut aufgrund von allgemeinen syntaktischen Informationen, die in Phrasenstrukturregeln kodiert sind, in rechtsverzweigenden Sprachen *top down* eine Struktur auf, indem Phrasen projiziert werden, deren Kopf noch nicht verarbeitet wurde[164]. Frazier & Rayner (1988) leiten dieses *top down*-Vorgehen davon ab, daß der Parser grundsätzlich und zu jedem Zeitpunkt versucht, größtmögliche Einheiten zu konstruieren[165].

Frazier & Rayner (1988) gehen von einer fixen Parserarchitektur aus (*left-to-right constraint, first analysis strategy, maximal chunk constraint*),

---

163 Frazier (1987b:519)

164 Mit diesen Annahmen kann Frazier die bevorzugte Lesart auf *minimal attachment* zurückführen.

165 Frazier & Rayner (1988) bezeichnen dies als *maximal chunk constraint*: Der Parser ist bestrebt, die Elemente des Inputs zu strukturieren, da die Leistungen des Kurzzeitgedächtnisses für strukturierte Einheiten höher sind als für unstrukturierte Einheiten.

wobei jedoch die Interaktion von festen Parsingprinzipien mit spezifischen syntaktischen Eigenschaften einer Sprache zu unterschiedlichen Verarbeitungsschritten führen kann:

> "The only language-specific differences in the language processing system for left vs. right branching languages result from the particular consequences of the Maximal Chunk Constraint: maximal chunking results in the 'partial top down constraint' only in right branching languages: in left branching languages, maximal chunking does not result in a partial top down constraint."
> (Frazier & Rayner 1988:74)

Nur in einer rechtsverzweigenden Sprache führt also der universale *maximal chunk constraint* dazu, daß *top down*-Mechanismen wirksam werden. Offen lassen Frazier & Rayner (1988) jedoch, welche Strategien in Sprachen gültig sind, die sich hinsichtlich ihres Kopfstellungsparameters und ihrer Verzweigungsrichtung nicht konsistent verhalten[166].

Wenn nun - wie in der Vergangenheit vielfach geschehen - die für das Englische formulierten Verarbeitungsstrategien auch für andere Sprachen, etwa für das Japanische angenommen würden, hieße dies aufgrund der kopffinalen Struktur des Japanischen vielfaches *backtracking*, bzw. setzt eine unbegrenzte Gedächtniskapazität voraus, da bei der Verarbeitung des ersten Inputelementes im Japanischen nicht erkennbar ist, welchen Status dieser Satz innerhalb des Gesamtsatzes hat. Generell hieße dies: Wenn die Verarbeitungsstrategien, die für das Englische angenommen werden, universal gültig sind, müßten Sprachen wie z.B. das Japanische schwer zu verarbeiten sein. Frazier & Rayner (1988) hatten erklärt, daß die Eigenschaft der Rechtsverzweigung den *partial top down constraint* im Sprachverarbeitungssystem etabliert. Unter generellen Annahmen zur Parametrisierung erscheint die These fragwürdig, daß in einer rechtsverzweigenden Sprache eine besondere Sprachverarbeitungsbeschränkung wirksam ist, die es in einem anderen Sprachtyp nicht gibt. Mazuka & Lust (1990) ver-

166 "At present we simply have no insights to offer concerning the processing of typologically mixed languages." (Frazier & Rayner 1988:275, fn 6)

treten daher die These, daß es in allen Sprachen universale wie auch sprachspezifische Verarbeitungsstrategien gibt. Die sprachspezifischen Verarbeitungsstrategien verstehen sie als Konsequenz der Fixierung des Kopfstellungsparameters innerhalb der Grammatik.

Als universale Parsingstrategien nehmen Mazuka & Lust (1990) die beiden folgenden Effizienzprinzipien an:

> EFFICIENCY PRINCIPLE (EP) 1:
>
> "The processor should utilize any information on-line as soon as it becomes available. This principle implies that keeping already available information unused during on-line processing would not be very efficient and that human beings make parsing decisions as quickly as possible."
>
> EFFICIENCY PRINCIPLE (EP) 2:
>
> "Backtracking and reanalysis will be costly."
> (Mazuka & Lust 1990:166)

Mazuka & Lust (1990) stützen ihre These vor allem auf die Untersuchung des Japanischen, das sich durch folgende Eigenschaften auszeichnet: Das Japanische ist eine konsistent kopffinale Sprache, was dazu führt, daß die Hauptverzweigungsrichtung des Japanischen nach links geht. Das Japanische ist eine SOV-Sprache mit *super-pro-drop*-Eigenschaften, d.h. das Subjekt und andere Argumente können phonetisch leer sein.

Aufgrund der Kopffinalität des Japanischen stehen subordinierte Sätze, die häufig keinen sichtbaren Komplementierer haben, vor dem Matrixsatz und Relativsätze vor dem Nomen, das sie modifizieren. Da es keine sichtbaren Relativpronomina gibt, ist ein Relativsatz erst dann erkennbar, wenn ein Nomen rechts von einem Verb auftritt. Aufgrund dieser Eigenschaften ist also bei der Verarbeitung des Satzes nicht erkennbar, ob dieser Satz ein Matrixsatz oder ein subordinierter Satz ist. Wenn es sich um einen subordinierten Satz handelt, ist nicht erkennbar, wie tief dieser Satz eingebettet ist.

69) ((((0_i(0_j((Taroo ga 0_k katte iru)$_S$ inuk ni)$_{NP}$ oikakerareta)$_S$ kodomo$_j$ o)$_{NP}$ dakiageta)$_S$ otokoi ga)$_{NP}$...)

name name keeps dog DAT was chased child ACC lifted up man NOM

the man who lifted up the child who was chased by the dog Taroo keeps... (Mazuka & Lust 1990:168)

Eingebettete Sätze weisen im Japanischen also ein Ambiguitätsproblem auf, das weder durch parallele Verarbeitung[167] noch durch die Annahme eines *look ahead window*[168] gelöst werden kann, da die Einbettungstiefe im Prinzip infinit ist, wie Satz 70) demonstriert:

70) ($_1$($_2$($_3$($_4$($_5$($_6$($_7$($_8$($_9$($_{10}$($_{11}$($_{12}$ Kokosei o korosita)$_{12}$ hannin da)$_{11}$ to omowareru)$_{10}$ otoka ga kooen de hurahura siteiru)$_9$ tokoro o mita)$_8$ to iu)$_7$ kinzyo no syuhu kara no denaw o uketa)$_6$ keisatu ga hizyoo sen o hatta)$_5$ koto ga syuuhen no zyuumin ni sirasarenakatta)$_4$ tame ni masukomi ga kozotte keisatu o hinan suru)$_3$ koto ni natta)$_2$ no de aru)$_1$

'high school student ACC killed criminal COP COMP thought PASS man NOM park LOC wandering around COMP ACC saw COMP say neighbor GEN housewife from GEN phone call ACC received police NOM emergency-cordon ACC posted fact NOM neighboring GEN resident DAT was not notified reason DAT mass media NOM together police ACC critizised fact DAT became COMP COP'

the mass media unanimously blasted the police because local residents had not been notified that the police had cordoned the area after they had received a telephone call from a housewife in the neighborhood who said that she had seen a man wandering around a park who she thought to be the criminal who had killed the student
(Mazuka & Lust 1990:171)

---

167 Cf. Kurtzman (1985), Gorrell (1987).

168 Cf. Marcus (1980), der annimmt, daß eine gewisse Anzahl von Inputelementen sichtbar ist.

Würde man nun für das Japanische ebenfalls eine *top down*-Verarbeitungsstrategie annehmen, die die Phrasen am Satzanfang in den obersten Satzknoten einbindet, dann hieße dies, daß vielfaches *backtracking* vorgenommen werden müßte. Da *backtracking* aber gemäß EP (2) eine "kostspielige" Operation ist, müßten häufig Verarbeitungsprobleme zu beobachten sein. Dies ist jedoch nicht der Fall. Nicht die eine oder die andere Verzweigungsrichtung ist schwerer zu verarbeiten, vielmehr führen rechtsverzweigende Strukturen in linksverzweigenden Sprachen und linksverzweigende Strukturen in rechtsverzweigenden Sprachen zu Verarbeitungsschwierigkeiten. Mazuka & Lust (1990) nehmen daher an, daß die Parametrisierungen in der UG systematisch zu einer unterschiedlichen Organisation der Verarbeitungsstrategien in den einzelnen Sprachen führen[169]:

> "The organization of parsing procedures for a specific language may be parameterized as a deductive consequence of parameter setting in Universal Grammar."
> (Mazuka & Lust 1990:179)

Für rechtsverzweigende Strukturen führt dies zu *top down*-Verarbeitungsstrategien, in einer linksverzweigenden Sprache führt die Fixierung des Kopfparameters dazu, daß innerhalb des Parsers die grundlegende Verarbeitungsrichtung auf *bottom up* eingerichtet wird. Entsprechend der *bottom up*-Strategie werden die unteren Konstituenten komplett aufgebaut, bevor ihre Relation zu den höheren Konstituenten bestimmt wird.

Mazuka & Lust (1990) gehen also ebenso wie Frazier & Rayner (1988) davon aus, daß es universale Verarbeitungsstrategien (EP1, EP2) gibt, darüber hinaus aber auch sprachspezifische, die sich auf eine unterschiedliche Organisation der einzelnen Verarbeitungsschritte bezieht. Im Japanischen wird demnach der erste Satz verarbeitet, ohne daß eine Entscheidung darüber getroffen

---

169 Unterstützt wird diese Annahme durch die Beobachtung von Lust & Chien (1984) aus dem Spracherwerb, daß japanische Kinder linksverzweigende Strukturen besser verarbeiten als rechtsverzweigende, nachdem der grammatische Parameter der Kopfposition fixiert ist.

wird, ob es sich um den Matrixsatz handelt oder nicht. Kommt ein weiterer Satz hinzu, wird dieser "über" den ersten Satz gehängt, bis der oberste Satzknoten erreicht ist. Während bei Frazier & Rayner (1988) zu kritisieren ist, daß der *top down constraint* nur für eine spezifische Aktion notwendig ist, nämlich die Anbindung der ersten Phrase in den obersten S-Knoten, und daß nur in rechtsverzweigenden Sprachen innerhalb des Verarbeitungsmechanismus eine Derivation aus einem universalen Verarbeitungsprinzip stattfindet, in linksverzweigenden dagegen nicht, müssen Mazuka & Lust differenzieren zwischen satzinterner und satzexterner Verarbeitung, da sich auch in linksverzweigenden Sprachen satzintern die Notwendigkeit von *top down*-Strategien ergibt. Die Parametrisierung der Verarbeitungsstrategie beziehen sie explizit nur auf die satzexterne Verarbeitung, was die Parametrisierungsthese wieder aufweicht. Global stellen sie fest, daß

> "neither a pure top-down nor a pure bottom-up parser will be appropriate for a model of natural language processing." (Mazuka & Lust 1990:198)

Ihre Ergebnisse zur Verarbeitung des Japanischen setzen den Kopfstellungsparameter in einen direkten Zusammenhang mit den Verarbeitungsstrategien:

> "Universal Grammar itself significantly determines certain aspects of language processing and language acquisition (...) in particular, we will hypothesize that parameter setting in UG has as one deductive consequence, a systematically different organization of parsing across language types." (Mazuka & Lust 1990:163)

Wie die Ausführungen gezeigt haben, kann eine strikte Parametrisierung der Verarbeitungsstrategien nicht vorgenommen werden, vielmehr sind sowohl *top down*- als auch *bottom up*-Strategien in kopfinitialen und kopffinalen Sprachen erforderlich.

Genau diese Anforderung kann die Annahme eindeutiger Kopf-Komplement-Beziehungen bei funktionalen Köpfen erfüllen[170], ohne daß eine Parametrisierung der Verarbeitungsstrategien angenommen werden muß. So ist nach der *biuniqueness*-Hypothese als Teil der Universalgrammatik[171] die IP immer Komplement von C^0, die VP immer Komplement von I^0 und die NP immer Komplement von D^0. Auf diese Weise kann von C^0, I^0 und V^0 jeweils die gesamte Satzstruktur aufgebaut werden. Auch in Pritchetts *head driven parser*, in dem Strukturen ausschließlich *bottom up* über die Projektion vorhandener Köpfe aufgebaut werden, ergeben sich Probleme bei nicht sichtbaren Köpfen, wie es bei der CP der Fall sein kann. Darum muß auch Pritchett in gewissem Umfang *top down*-Strategien annehmen, die sich aufgrund universalen sprachlichen Wissens ergeben:

> "When CP has no overt head, I know of no nonstipulative way to insure its projection other then to simply claim that the fact that IP projects one further level to CP is part of fundamental knowledge of linguistic structure."
> (Pritchett 1991a:335)

Die *biuniqueness*-Hypothese als Teil der Universalgrammatik gewährleistet also einen Strukturaufbau, selbst wenn die funktionalen Köpfe im konkreten Satz nicht "sichtbar" sind.

Für den Strukturaufbau bei der Sprachverarbeitung bedeutet die Annahme der *biuniqueness*-Hypothese als Teil der UG, daß aufgrund des universalen Wissens über die funktionale Selektion eine CP-IP-VP-Struktur instantiiert wird, sobald sprachlicher Input vorliegt. Dieses wäre der *top down*-Aspekt der Verarbeitung. Aufgrund von *bottom up*-Strategien können satzinterne Phrasen kon-

---

170 Hawkins (1990:227) wies für die Sprachverarbeitung auf die Relevanz derjenigen Elemente hin, die verläßlicherweise einen Mutterknoten vorhersagen: "Reliable mother node construction is a prerequisite both for recognizing syntactic categories and for attaching ICs to their mothers"

Kategorien, die diese Eigenschaft besitzen, sind nun gerade die funktionalen Kategorien, die in eindeutige Kopf-Komplement-Beziehungen eintreten.

171 Cf. Abney (1987), Felix (1990).

struiert werden, die dann in die Positionen, die durch die Instantiierung der Satzstruktur geschaffen wurden, integriert werden. Die Satzverarbeitung wäre dann ein "Auffüllen" der universal vorgegebenen CP-IP-VP-Struktur. Die funktionale Selektion gewährleistet somit die Verfügbarkeit von satzinternen Anbindungspositionen vor der Verarbeitung des Verbes in kopffinalen Sprachen.

Die vergleichende Betrachtung der Verarbeitung kopfinitialer und kopffinaler Sprachen zeigte, daß der Verarbeitungsmechanismus sowohl *bottom up*- als auch *top down*-Strategien einsetzen muß. Diesen Anforderungen wird die Annahme einer universalen CP-IP-VP-Struktur gerecht, die während des Verarbeitungsprozesses *bottom up* "aufgefüllt" wird. Die Annahme einer solchen CP-IP-VP-Struktur[172] überwindet also das "Formatproblem" der Rektions- und Bindungstheorie.

172 Auch aus der Spracherwerbsforschung wurde von Valian (1991) Evidenz dafür vorgelegt, daß das Kind von Anfang an mit einem "Satzskelett" CP-IP-VP ausgestattet ist, das universal und angeboren ist. Dieses Strukturskelett ist jedoch noch nicht fixiert bezüglich der Abfolge von Spezifikator-Kopf-Komplement. Das Kind lernt dann aufgrund von positivem Input, die Knoten zu lexikalisieren, die richtige Abfolge zu fixieren und die leeren Kategorien der Zielsprache zu erschließen.

5. Zur Verarbeitung von filler-gap dependencies

Neben den Anbindungsambiguitäten in Deklarativsätzen, wie sie in den vorangehenden Kapiteln dargestellt worden sind, bietet die Untersuchung mehrdeutiger Sätze mit syntaktischen Leerstellen (*Lücken*, engl. *gaps*) eine empirische Grundlage zur Ermittlung von Parsingprinzipien. In Sätzen wie 1) muß der Parser herausfinden, zu welcher syntaktischen Position die satzinitiale *wh*-Phrase thematisch gehört. Die *wh*-Phrase und ihre Spur (*t*) können dabei prinzipiell beliebig weit voneinander entfernt sein.

1) what (t) did you want (t) mother to make t for (t) Mary[173]

Nach dem Paradigmenwechsel von einer derivationellen zu einer repräsentationellen Grammatiktheorie ist innerhalb der Sprachverarbeitungsforschung während der letzten Jahre ein erneutes Interesse an der Verarbeitung von Sätzen zu beobachten, in denen Phrasen nicht in ihrer "kanonischen" Position stehen, also in der Position, in der die Phrase basisgeneriert ist. In einer transformationellen Grammatik war in der Transformationsregel sowohl die Landeposition als auch die Basisposition der bewegten Phrase spezifiziert, so daß beim Abarbeiten einer Regel die notwendigen Informationen für die Herstellung der Relation zwischen bewegter Phrase (*filler*) und Lücke (*gap*) verfügbar waren: Leere Kategorien, also Spuren und die leere pronominale Anapher PRO waren in den Transformationsregeln direkt enkodiert.
Fodor (1979) hatte in ihrem regelbasierten Verarbeitungsmodell für die Verarbeitung von bewegten Phrasen formuliert:

---

173 Eine geklammerte Spur (t) stellt eine mögliche Position dar, die nicht geklammerte Spur t ist eine notwendige Spur. Fodor (1979:432) bezeichnet mögliche Lücken als *doubtful gaps*, Lücken bei rein transitiven Verben dagegen als *doubtless gaps (what did you see t)*.

> "A constituent that appears where it could not appear in a well-formed deep structure is tagged as a filler, and a position in which a constituent ought to appear in deep structure although none is present in the word string is tagged as a gap. Fillers and gaps are mated as they are encountered in the word string, in such a way that deep structure well-formedness is restored." (Fodor 1979:249)

Indem die Transformationsregeln rückwärts durchlaufen wurden, um auf diesem Wege die Derivation und die D-Struktur des Satzes zu rekonstruieren, konnten die leeren Kategorien und ihre Position identifiziert werden. Durch die Eliminierung der Transformationsregeln aus der Grammatik und die Entwicklung eines prinzipienbasierten Grammatikmodells stellen "deplazierte" Elemente andere Anforderungen an das Verarbeitungssystem. In einem repräsentationellen Modell können Phrasen nur aufgrund ihrer syntaktischen Merkmale identifiziert werden: Phrasen stehen entweder in Positionen, in denen sie alle notwendigen syntaktischen Merkmale wie Kasus, Theta etc. erhalten, oder sie stehen in Positionen, in denen sie auf eine Assoziation mit anderen Positionen angewiesen sind, um die von den syntaktischen Prinzipien wie Kasusfilter, Theta-Kriterium, Bindungsprinzipien etc. geforderten Merkmale zu erhalten. Die Identifizierung der Positionen, in denen leere Kategorien stehen, muß demnach aufgrund bestimmter syntaktischer Prinzipien und Konfigurationen erfolgen. Die Verarbeitung von Sätzen mit *filler-gap-dependencies* stellen also an das Sprachverarbeitungssystem die Anforderung, (a) das deplazierte Element als "Füller" zu identifizieren, (b) eine Spur in der Extraktionsposition zu generieren und (c) eine Relation zwischen dem Füllerelement und der Spur herzustellen. Die Etablierung von Füller-Lücke-Relationen unterliegt dabei folgenden Beschränkungen: Sie ergibt sich einerseits aus syntaktischen Anforderungen an das Füllerelement aufgrund des Kasusfilters oder des Theta-Kriteriums, an die angenommene Spur durch das ECP und an die Relation selbst, die der syntaktischen Beschränkung Subjazenz unterliegt.

Bei der Verarbeitung von Sätzen mit *filler-gap-dependencies* stellt die "Spurensuche" also einen wichtigen Teil der syntaktischen Verarbeitung dar, da erst durch die Position der Spur die grammatische Funktion der *wh*-Phrase am Satzanfang erkennbar wird.

2a) *welche Frau* sieht (t) Hans (t)

2b) *welche Frau* glaubt (t) Maria (t) sieht Hans (t)

Die Sätze unter 2) sind aufgrund von Kasussynkretismus im Nominativ und Akkusativ bei femininen Substantiven und fehlender morphologischer Markierung bei Eigennamen permanent mehrdeutig: Die Phrase *welche Frau* kann sowohl Subjekt als auch Objekt des Verbs *sehen* sein, und im Gegensatz zu Deklarativsätzen[174] ist bei Interrogativsätzen keine der beiden Wortstellungen S-V-O / O-V-S im Vergleich zur anderen markierter, gebräuchlicher oder komplexer, so daß es sich hier tatsächlich um reversible Strukturen handelt.

Bei Verben, die sowohl transitiv als auch intransitiv gebraucht werden können, wie etwa das Verb *read*, tritt das Problem auf, daß eine Phrase bzw. eine Spur in der Komplementposition nicht erzwungen wird. Dies führt in Deklarativsätzen wie 3a) und in Extraktionssätzen wie 3b) zu Verarbeitungsproblemen:

3a) she wouldn't give the man who was reading the book

3b) what did the teacher read to the children from

Die Ambiguität zwischen transitiver und intransitiver Verwendung kann wie in Satz 3a) zu einem Gartenpfadeffekt führen: Das Verb *read* wird hier zuerst transitiv konstruiert, indem die NP *the book* als Objekt von *read* interpretiert wird. Am Satzende stellt sich dann jedoch heraus, daß das Objekt des obligatorisch transitiven Verbs *give* fehlt. Die einzige Möglichkeit, um eine syntaktisch

---

174 Bei Deklarativsätzen gilt als "Normalwortstellung" im Deutschen die Abfolge S-V-O (cf. Lenerz 1977); die topikalisierte bzw. ge*scrambelte* Abfolge *den Mann liebt die Frau; weil den Mann die Frau liebt* muß hingegen besonders motiviert sein.

korrekte Struktur für diesen Satz zu erzeugen, besteht darin, die NP *the book* als Objekt von *give* zu interpretieren, was möglich ist, da das Verb *read* auch intransitiv konstruiert werden kann. In dem Interrogativsatz 3b) könnte die Spur aufgrund der optionalen transitiven Verwendungsweise in der postverbalen Position von *read* postuliert werden. Am Satzende erscheint jedoch eine Präposition, die obligatorisch ein Komplement verlangt, so daß die Spur aus der Komplementposition von *read* in die Komplementposition von *from* "versetzt" wird. Dies ist wiederum möglich, da das Verb *read* intransitiv konstruiert werden kann.

Berücksichtigt man über diese subkategoriellen Mehrdeutigkeiten hinaus die im aktuellen Satz entstandene Notwendigkeit der Erzeugung einer Spur durch die Verarbeitung und Integration einer *wh*-Phrase am Satzanfang, so hat der Prozessor in der Komplementposition eines Verbs grundsätzlich mehrere Optionen: Wenn nach dem Verb eine weitere NP erscheint, kann eine transitive Struktur gebildet werden, wobei die lexikalische NP als Objekt des Verbs integriert wird, oder es wird wiederum eine transitive Struktur gebildet, wobei aber in der Komplementposition die Spur der am Satzanfang verarbeiteten *wh*-Phrase integriert wird. Die dritte Alternative besteht darin, eine intransitive Struktur zu konstruieren[175].

5.1 *Gap as first resort*- oder *Gap as last resort?*

Die frühen Modelle zur Verarbeitung von Füller-Lücke-Strukturen basieren auf Beobachtungen zur Verarbeitung von Sätzen, in denen Verben vorkommen, die entweder transitiv (4a) oder intransitiv (4b) gebraucht werden können:

4a) what did her mother sing t to her

4b) what did her mother sing to her about t

---

175 Cf. Stowe (1983).

Bei der Verarbeitung von Satzpaaren wie unter 4) wurde beobachtet, daß die transitive Lesart bevorzugt wird, da Satz 4a) schneller verarbeitet wird als 4b). Die längere Verarbeitungszeit in Satz 4b) wird darauf zurückgeführt, daß in diesem Satz die Spur aus der Komplementposition des Verbs in die Komplementposition der Präposition "versetzt" werden muß, da die Spur offensichtlich in die erste potentielle Komplementposition integriert wurde. Wenn ein Füllerelement verarbeitet worden ist, hat die Integration einer Spur Vorrang vor der Konstruktion einer intransitiven Struktur. Fodor (1978) und Frazier (1979) formulierten dieses Verhalten des Sprachverarbeitungsmechanismus als die *gap as first resort*-Hypothese.

Das *gap as first resort*-Modell kann allerdings nicht die Verarbeitungsschwierigkeiten der folgenden Sätze erklären:

5a) who did you walk t to the busstop yesterday

5b) who did you walk (t) with t to the busstop yesterday

6) who did Tom ask (t) Mary PRO to persuade (t) Jill PRO to inform (t) Tes that Bob had spoken to t

Gemäß der *gap as first resort*-Hypothese müßte Satz 5a), in dem die Lücke früh erscheint, schneller zu verarbeiten sein als Satz 5b). Das Gegenteil ist jedoch der Fall: Satz 5a) ist gegenüber 5b) schwerer zu verarbeiten, i.e. der *late gap*-Satz ist leichter zu verarbeiten als der *early gap*-Satz. Die mögliche Lücke in 5b) wird scheinbar nicht wahrgenommen. Auch in Satz 6) erweist sich die *gap as first resort*-Hypothese als nicht adäquat: Das wiederholte Auffinden von potentiellen Lücken, in denen nach der *gap as first resort*-Strategie Spuren postuliert würden, müßte den Satz schwer prozessierbar machen. Dies ist jedoch nicht der Fall, vielmehr nehmen die Versuchspersonen die *doubtful gaps* überhaupt nicht wahr.

Fodor (1978) verwirft das *gap as first resort*-Modell schließlich aufgrund der Verarbeitung von mehrdeutigen Sätzen (7), in denen entweder das direkte Objekt (7i) oder das indirekte Objekt (7ii) extrahiert ist:

7) which patient did the nurse bring the doctor

i) which patient$_i$ did the nurse bring the doctor t_i

ii) which patient$_i$ did the nurse bring t_i the doctor

Da Versuchspersonen die Lesart 7i) bevorzugen, in der das direkte Objekt extrahiert ist, formuliert Fodor (1979) das sogenannte "XX-Extraktionsprinzip", das besagt, daß bei der Extraktion einer von zwei benachbarten identischen Kategorien die Integration der lexikalischen NP Vorrang vor der Integration der Spur hat. Dieses Prinzip verallgemeinert Fodor schließlich zum *gap as last resort*-Modell, einem Modell, in dem die Präsenz einer Spur grundsätzlich als die weniger wahrscheinliche Möglichkeit betrachtet wird: Eine Spur wird nur dann postuliert, wenn aufgrund einer Phrasenstrukturregel tatsächlich eine Lücke lokalisiert werden konnte[176]. Wenn der Inputstring keine Instantiierung einer Phrase leisten kann, wird eine Spur postuliert, d.h. es werden nur obligatorische Lücken identifiziert. Der Prozessor analysiert zuerst das Material im Input daraufhin, ob die erwartete Phrase vorhanden ist. Ist dies der Fall, wird die lexikalische Phrase integriert. Wenn keine Phrase des erwarteten Typs im Inputstring vorkommt, wird eine leere Phrase postuliert und das bereits verarbeitete Material nach einem möglichen Füller untersucht. Ist ein solches Füllerelement vorhanden, wird dieses mit der Lücke assoziiert[177]. Bei näherer Betrachtung wirft jedoch auch die *gap as last resort*-These einige Probleme auf:

8a) who did John kill (t) for the sake of t

8b) who did John die for the sake of t

---

176 Cf. auch Jackendoff & Culicover (1971), Wanner & Maratsos (1978).

177 Die in diesem Modell angenommene Hierarchie, wonach eine lexikalische NP Vorrang vor einer Spur hat, umfaßt also auch Fodors XX-Extraktionsprinzip.

Das *gap as last resort*-Modell sagt vorher, daß Satz 8a) mit einer *doubtful gap* nicht schwerer zu verarbeiten sein dürfte als 8b), da die potentielle Lücke ja nicht wahrgenommen wird. Dies ist jedoch nicht der Fall, vielmehr ist Satz 8a) schwerer zu verarbeiten als Satz 8b).

Diese Beobachtungen deuten wieder darauf hin, daß heuristische Strategien die beobachteten Effekte weder korrekt vorhersagen noch erklären. Durch die Gegenüberstellung der *gap as first resort*- und der *gap as last resort*-Strategie wurde sichtbar, daß die Inadäquatheit dieser Verarbeitungsstrategien darin begründet ist, daß sie pauschal für alle *gaps* und Arten von Füllern sowie unabhängig von der spezifischen Konstellation im zu verarbeitenden Satz formuliert sind. Zusammenfassend läßt sich feststellen, daß sich die Einwände gegen die beiden vorgestellten Modelle darauf zurückführen lassen, daß diese nicht zwischen *doubtless gap,* also der Position für ein obligatorisches Komplement und *doubtful gap,* d.h. der Position für eine optionale Phrase unterscheiden. Dieses Phänomen spielt aber offensichtlich bei der Postulierung von Spuren eine Rolle. Der initiale Aufbau der Konstituentenstruktur erfolgt offensichtlich aufgrund von X-bar-Informationen, Subkategorisierungsmerkmalen und funktionaler Selektion. Die folgenden beiden Ansätze führen die Verarbeitungseffekte daher einerseits auf lexikalische, andererseits auf strukturelle Konstellationen zurück.

5.2 Das *Lexical Expectation Model*

Verben wie *read* oder *walk* können danach klassifiziert werden, ob sie bevorzugt transitiv bzw. intransitiv verwendet werden. Dies wurde in den dargestellten Modellen, in denen zwischen *doubtless* bzw. *doubtful gaps* kein Unterschied gemacht wurde, als für die Sprachverarbeitung nicht relevant betrachtet. So wird beispielsweise das Verb *read* bevorzugt transitiv verwendet, und das Verb *walk* erscheint, wenn es transitiv verwendet wird, bevorzugt mit einem

PP-Komplement[178]. Diese bevorzugten Verwendungsweisen werden in lexikalisch basierten Verarbeitungsmodellen[179] durch eine Hierarchisierung der Subkategorisierungsrahmen im lexikalischen Eintrag repräsentiert. Evidenz für das *lexical expectation model* stellt die Untersuchung von Sätzen dar, die bevorzugt transitive Verben (z.B. *read*) und bevorzugt intransitive Verben (z.B. *sing*) enthalten. Diese Sätze wurden mit Sätzen verglichen, die das Verb in dem nicht-bevorzugten Kontext enthalten.

9a) the babysitter read the story to the sick child

9b) the babysitter sang the story to the sick child

9c) the babysitter read to the sick child

9d) the babysitter sang to the sick child

Clifton, Frazier & Connine (1984) zeigten, daß Sätze, in denen die bevorzugte Komplementstruktur des Verbs und der tatsächliche Satz kongruieren, signifikant schneller verarbeitet werden als solche, in denen Verbbevorzugung und Satzstruktur nicht übereinstimmen.

Auch für die Postulierung von Lücken ist der zentrale Steuerungsfaktor die Gewichtung der alternativen Subkategorisierungsrahmen im lexikalischen Eintrag eines Verbs, also die lexikalischen Informationen darüber, ob ein Verb vorrangig transitiv oder intransitiv verwendet wird, oder ob ein Verb häufiger mit einem NP- als einem PP-Komplement vorkommt.

10a) who did you walk t to the busstop yesterday

10b) who did you walk with t to the busstop yesterday

---

178 Die Präferenzangaben beziehen sich auf eine Frequenzstudie, die Connine et al. (1984) als Vortest für die Konstruktion des Satzmaterials in Verarbeitungsexperimenten erstellten.

179 Cf. Ford, Bresnan & Kaplan (1982) und Ford (1989).

Die Tatsache, daß Satz 10a) schwerer zu verarbeiten ist als Satz 10b) erklärt sich damit, daß das Verb *walk* häufiger mit einem PP-Komplement auftritt als mit einem NP-Komplement und setzt voraus, daß die einzelnen Komplementrahmen im lexikalischen Eintrag hierarchisiert sind. Ist dies gegeben, folgt der Aufbau der syntaktischen Struktur dem

> LEXICAL PREFERENCE PRINCIPLE
>
> "When a set of alternative syntactic categories is reached in the expansion of a phrase structure rule during sentence parsing, give priority to the alternatives that are coherent with the strongest lexical form of the verb."
> (Ford 1989:255)

Die Postulierung einer Spur hängt hier von der bevorzugten oder frequentesten Verwendungsweise des lexikalischen Elements ab[180]. Der Vorteil des *lexical expectation model* ist, daß eine Lücke postuliert werden kann, bevor sie durch den Inputstring verlangt wird, womit eine Erwartungshaltung modelliert werden kann.

Das *lexical expectation model* erklärt nahezu alle beobachteten Effekte, solange kopfinitiale Sprachen betrachtetet werden, in denen die syntaktische Struktur über das Prinzip der *head projection* aufgebaut werden kann. Die in einer kopfinitialen Sprache verfügbaren verbspezifischen Informationen steuern offensichtlich den Strukturaufbau und bieten eine Erklärung für die beobachteten Verarbeitungseffekte. Für kopffinale Sprachen bietet das *lexical expectation model* jedoch nur bedingt eine Erklärung, da die verbspezifischen Informationen bei der Verarbeitung der Komplemente nicht zur Verfügung stehen. Es kann daher von einer ausschließlich lexikalischen Steuerung beim Strukturaufbau nicht ausgegangen werden, da dies in kopffinalen Sprachen eine verzögerte

---

180 Dem *lexical expectation model* unterliegt im Gegensatz zu Fraziers (1987b) *lexical filter hypothesis*, wonach die verbspezifischen Informationen als Filter über der aufgrund allgemeiner phrasenstruktureller Informationen aufgebauten Struktur operieren, die *lexical proposal hypothesis*, wonach die Struktur aufgrund verbspezifischer Informationen projiziert wird (cf. Frazier 1987b:523).

Integration der Phrasen in die syntaktische Struktur vorhersagen würde. Evidenz für eine solche Verzögerungsstrategie liegt jedoch nicht vor, vielmehr weisen alle Beobachtungen zur Verarbeitung kopffinaler Sprachen auf eine *on line*-Verarbeitung hin.

5.3 Die *Active Filler Hypothesis*

Um weitere Einsichten in die Verarbeitung kopffinaler Sprachen und im besonderen in das Verhalten des Sprachverarbeitungsmechanismus bei der Postulierung von Spuren zu gewinnen, führte Frazier (1987b) Experimente zur Verarbeitung von Relativsätzen im Holländischen durch. Untersucht wurden mehrdeutige Relativsätze, in denen das Relativpronomen entweder das Subjekt oder das Objekt des Relativsatzes ist. In den Sätzen 11a) und 11b) disambiguiert die Singular/Pluralmorphologie am Verb die Subjekt-Objektverhältnisse im Satz[181].

11a) ik schreef aan de vriend <u>die</u> (e mijn tantes <u>heeft</u> bezocht)
ich schrieb an die Freundin die meine Tanten besucht hat

11b) ik schreef aan de vriend <u>die</u> (mijn tantes e <u>hebben</u> bezocht)
ich schrieb an die Freundin die meine Tanten besucht haben

Wenn die Entscheidung über die grammatische Funktion der Komplemente aufgeschoben würde, bis das Verb zur Verfügung steht, müßten Sätze, in denen der Kopf der Relativsatzkonstruktion das Subjekt ist, und Sätze, in denen der Kopf der Relativsatzkonstruktion das Objekt des Relativsatzes darstellt, gleich schnell verarbeitet werden. Die Resultate zeigen aber, daß Relativsätze, in denen der Kopf der Relativsatzkonstruktion das Subjekt des Relativsatzes ist wie in Satz 11a), schneller verarbeitet werden als Sätze, in denen das modifi-

---

181 Die folgenden holländischen Beispiele sind Frazier (1987b:545f.) entnommen.

zierte Element das Objekt des Relativsatzes darstellt wie in Satz 11b). Es stellt sich also die Frage, warum "Subjektrelativsätze" einfacher zu verarbeiten sind als "Objektrelativsätze".

Untersucht wurden außerdem ambige Relativsätze, in denen die Verbmorphologie keine Disambiguierung herbeiführt.

12a) ik schreef aan de vriend die (e mijn tante heeft bezocht)
ich schrieb an die Freundin die t meine Tante besucht hat

12b) ik schreef aan de vriend die (mijn tante e heeft bezocht)
ich schrieb an die Freundin die meine Tante t besucht hat

Die Resultate zeigen eine deutliche Präferenz für die Subjektlesart des Relativpronomens[182]. Frazier (1987b) erklärt diese Subjektpräferenz in einem strikt strukturellen Sinn: Wenn ein Füllerelement verarbeitet wurde, wird seine Spur in die erste mögliche Position integriert. Nach der Integration des Füllerelementes in die CPspec-Position steht die IPspec-Position, also die Subjektposition für die Integration der Spur zur Verfügung. Frazier bezeichnet dies als *active filler hypothesis*:

> ACTIVE FILLER HYPOTHESIS (AFH)
>
> "Assign an identified filler as soon as possible; i.e. rank the option of a gap above the option of a lexical noun phrase within the domain of an identified filler."
> (Frazier & Flores D'Arcais 1989:332)

Mit dieser Arbeitsweise macht die *active filler hypothesis* die Vorhersage, daß Sätze, in denen das Subjekt extrahiert ist, schneller zu verarbeiten sind, als Sätze, in denen das Objekt extrahiert ist. Auch in ambigen Relativsätzen kann das Relativpronomen zuerst in die Subjektposition integriert werden. Die Zeit-

182 74% der Versuchspersonen interpretieren das Relativpronomen als Subjekt des Relativsatzes (Frazier 1987b:551).

unterschiede in temporär mehrdeutigen Relativsätzen erklärt Frazier auf der Basis der *active filler hypothesis* wie folgt: In Objektrelativsätzen muß entweder der Kopf länger in einem Speicher gehalten werden als in Subjektrelativsätzen, oder aber die Spur des Pronomens wird zuerst in der Subjektposition abgelegt, was sich bei der Verarbeitung des Verbs als falsch erweist, so daß die Zeitverzögerung auf ein "Umhängen" der Spur zurückzuführen ist.

Auch die Effekte bei der Verarbeitung von Sätzen, in denen eine von zwei benachbarten identischen Phrasen extrahiert wurde, erklärt die *active filler strategy*:

13) who did Fred tell Mary left the country

i) who did Fred tell Mary t left the country

ii) who did Fred tell t Mary left the country

Die ursprüngliche Version der *active filler strategy* ist im Grunde eine Version der *gap as first resort*-Hypothese, sie hat jedoch einen größeren Gültigkeitsbereich als die *gap as first resort*-Hypothese, die lokal für die postverbale Position formuliert war, wo sie eine Entscheidung zwischen transitiver und intransitiver Lesart herbeiführt. Die *active filler strategy* bezieht sich dagegen auch auf die Subjektposition und ist so mit anderen generellen Verarbeitungsprinzipien, wie etwa der inkrementellen Verarbeitung, vereinbar. Der empirische Teil wird jedoch zeigen, daß die *active filler strategy* als Verarbeitungsstrategie noch immer zu strikt ist.

5.3.1 *Filled gap* - Effekte

Die *active filler strategy* wurde einerseits unterstützt durch die Beobachtung, daß in Sätzen, in denen am Satzanfang eine *wh*-Phrase verarbeitet wurde, in der Objektposition aber eine lexikalische Phrase erscheint, bei der Verarbeitung dieser Objekt-NP starke Verzögerungen festgestellt werden. Stowe (1984) und Crain & Fodor (1985) hatten *if*-Sätze, in denen keine deplazierten Elemente auftreten, und Fragesätze, in denen das Subjekt oder das Objekt extrahiert ist, kontrastiert. Die Lesezeiten für die Subjekt- und Objektphrase des *if*-Satzes wurden mit den Lesezeiten für die Subjekt- und Objektphrasen der Extraktionssätze verglichen:

14a) my brother wonders if Ruth will bring us home to Mom at Christmas

14b) my brother wonders who t will bring us home to Mom at Christmas

14c) my brother wonders who Ruth will bring t home to Mom at Christmas

14d) my brother wonders who Ruth will bring us home to t at Christmas

	if-Satz	*wh*-Satz
Subjekt (Ruth)	661 (a)	689 (c,d)
Objekt (us)	755 (a)	970 (b,d)

Die gemessenen Verarbeitungszeiten zeigen, daß es bezüglich der Verarbeitung der Subjekt-NPs keinen signifikanten Unterschied zwischen *if*-Satz und Fragesatz gibt, wohl aber bei der Verarbeitung der Objekt-NPs: Im Fragesatz wurden deutlich längere Lesezeiten für das Objektpronomen *us* im Vergleich mit dem *if*-Satz festgestellt. Stowe (1984) führt dieses Resultat darauf zurück, daß die *wh*-Phrase sofort mit der Objektposition assoziiert wird. Die Tatsache, daß das Objekt mit einer lexikalischen NP gefüllt ist, führt dann zu einer mehr oder weniger zeitaufwendigen Uminterpretation der *wh*-Phrase. Die Verzögerungen werden daher als *filled gap*-Effekt bezeichnet.

An der Objektposition bestätigt sich also der Teil der *active filler strategy*, nach dem die Integration einer Spur Vorrang vor der Verarbeitung weiteren lexikalischen Inputs hat, jedoch bleibt die Frage offen, warum ein solcher *filled gap*-Effekt nicht an der Subjektposition auftritt, was durch den Teil der *active filler strategy* vorhergesagt wird, nach dem die Spur in die nächste mögliche Position integriert wird. Die Beobachtung, daß es bei der Verarbeitung der Subjekt-NPs zwischen *if*- und Fragesatz keinen signifikanten Unterschied gibt, zeigt, daß die Subjektrolle offenbar nicht mit der *wh*-Phrase assoziiert wird. Mit diesem Befund gerät also die *active filler strategy* in Widerspruch, da ihr zufolge ja die erste mögliche Position besetzt würde: Nach der *active filler strategy* müßte der *filled gap*-Effekt auch an der Subjektposition auftreten, was sich jedoch in keinem der Experimente zeigte.

5.3.2 Das *Empty Category Principle* als Erklärung der Verarbeitungsdaten

Stowe (1986) hatte aus ihrem Experiment, in dem sie die Verarbeitung von *if*-Sätzen mit der Verarbeitung von Fragesätzen verglichen hatte, den Schluß gezogen,

> "that the parsing routines which serve to identify the subject of a wh-clause must be substantially different from the routines which operate at object position."
> (Stowe 1986:238)

Diese Feststellung beschreibt eine Asymmetrie, die innerhalb der Rektions- und Bindungstheorie Gegenstand des syntaktischen Prinzips für leere Kategorien (ECP) ist. Subjekt-Objektasymmetrien bezeichnen die Tatsache, daß bestimmte syntaktische Operationen wie Extraktion oder Bindung zwar auf das Objekt, nicht aber auf das Subjekt angewendet werden können. Das erklärende Prinzip für die beobachteten Subjekt-Objektasymmetrien ist das *Empty Category Principle* (Chomsky 1981), das besagt, daß Spuren streng regiert sein müssen, wobei Rektion die Konsequenz einer bestimmten syntaktischen Konfiguration ist. Strenge Rektion ist ein Sonderfall von Rektion und verlangt entweder Rektion durch ein lexikalisches Regens oder Rektion durch einen koindizierten Ausdruck.

15a) who$_i$ do you believe that Mary loves t$_i$

15b) *who$_i$ do you believe that t$_i$ loves Mary

15c) who$_i$ do you believe t$_i$' t$_i$ has met Mary

In Satz 15a) steht die Spur der bewegten *wh*-Phrase in der Komplementposition, ist also durch das Verb lexikalisch regiert. In Satz 15c) dagegen steht die Spur in der Subjektposition und ist durch die Zwischenspur in CPspec antezedensregiert; in diesen beiden Fällen ist das ECP also erfüllt. In Satz 15b) dagegen kann durch das Vorhandensein des Komplementierers (*that*) die Zwischenspur in CPspec die Ausgangsspur aufgrund von Minimalitätsrektion nicht als Antezedensregent fungieren. Da die Konjunktion *that* aber eine nicht-lexikalische Kategorie ist, ist die Spur in der Subjektposition weder lexikalisch noch antezedensregiert; der Satz ist also aufgrund der Verletzung des ECP ungrammatisch.

Stowe (1984) zeigte, daß auch bei der Verarbeitung von *wh*-Extraktionssätzen Subjekt-Objektasymmetrien zu beobachten sind. Diese sind jedoch nicht isomorph mit den durch das ECP erklärbaren Subjekt-Objektasymmetrien: Würde man nämlich generalisieren, daß Spuren grundsätzlich in streng regierten Positionen postuliert würden, womit dem ECP genügt wäre, dann müßte der *filled gap*-Effekt auch in der Subjektposition der Sätze 14c) und 14d) auftreten, die hier wiederholt werden, da in diesem Satz die Subjektposition streng regiert ist.

16a) my brother wonders who Ruth will bring t home to Mom at Christmas

16b) my brother wonders who Ruth will bring us home to t at Christmas

Daß es in der Subjektposition des Satzes 16a) und 16b) nicht zu einem *filled gap*-Effekt kommt, wie Stowes Experiment gezeigt hatte, weist darauf hin, daß selbst bei streng regierter Subjektposition keine Spur in dieser Position erwartet wird. Antezedensrektion reicht bei der Verarbeitung offensichtlich nicht aus. Eine direkte Überführung des ECP in ein Verarbeitungsprinzip in dem Sinne, daß nicht streng regierte Subjektpositionen für die Postulierung von Spuren unsichtbar sind, ist demnach nicht möglich.

Stowe nimmt an, daß der Parser zwar dem ECP gehorcht, jedoch nicht in der Weise, daß tatsächlich alle Positionen vorab auf ihren Rektionsstatus überprüft werden und dann erst die Entscheidung für die Postulierung einer Spur getroffen wird. Vielmehr versucht der Parser, das ECP in einer übergeneralisierten Form zu erfüllen: Es werden nur "ECP-sichere" Spuren postuliert, also nur solche, in denen Rektion durch einen lexikalischen Kopf vorliegt, was in der Objektposition der Fall ist. Da die Objektposition immer lexikalisch regiert ist, ist eine Spur hier immer grammatisch im Gegensatz zur Subjektposition, wo Spuren in bestimmten Konfigurationen zu Ungrammatikalitäten führen, wie Satz 15b) zeigt. Stowe nimmt diese modifizierte Form des ECP als Ableitung aus dem syntaktischen ECP oder als "Übersetzungsresultat" des kompetenzgrammatischen Prinzips in ein Verarbeitungsprinzip an: Der Parser postuliert Spuren nur in lexikalisch regierten Positionen. Stowe (1984:432) bezeichnet dies als *lexical government solution*.

Stowes Erklärung stellt also einen Zusammenhang zwischen grammatischer Wissensbasis und Verarbeitungsstrategie her, sie nimmt jedoch keine "direkte Implementation" des kompetenzgrammatischen Prinzips im Verarbeitungssystem an. Die Berücksichtigung der Daten einerseits und des grammatischen Prinzips andererseits unter der Hypothese, Grammatik und Verarbeitungssystem seien "*as isomorphic as possible*" (Stowe 1984:440), führen zu der Auffassung, daß durch die Übersetzung des Prinzips in eine Verarbeitungsanweisung eine Modifizierung stattfindet.

Stowes Ergebnisse weisen also die Annahme einer strikten Verarbeitungsstrategie, wie die *active filler strategy* sie darstellt, als inadäquat aus. Vielmehr versucht sie, die Verarbeitungseffekte auf das syntaktische Prinzip für leere

Kategorien zurückzuführen, das für den Verarbeitungsmechanismus in einer modifizierten Weise gültig ist. Die Möglichkeit dieser Rückführung der verarbeitungsbezogenen Subjekt-Objektasymmetrie auf das ECP

> "strongly suggests a model of the human language faculty (HLF) where the grammar and processing mechanism are closely aligned and to that extent such an explanation (...) supports the psychological validity of the competence grammar." (Stowe 1984:443)

Auch die Ergebnisse von Frazier (1990c) zur Verarbeitung holländischer Sätze, in denen das Subjekt bzw. das Objekt aus einem eingebetteten Satz *wh*-extrahiert wurde, stellen die Gültigkeit der *active filler strategy* in Frage.

17a) welke patient meende Jan dat t de doktors bezocht (1209msec)

17b) welke patient meende Jan dat de doktors t bezochten (1113msec)[183]

Frazier stellte fest, daß der Satz, in dem Objektextraktion stattgefunden hat, schneller verarbeitet wird als der Satz mit Subjektextraktion[184]. Auch sie verwendet das ECP als erklärendes Prinzip für die von ihr beobachteten Subjekt-Objektasymmetrien bei der Verarbeitung holländischer Sätze, bei denen das

---

183 Diese Daten entsprechen Haverkort (1986:58; fn 15):
wie zei Jan dat Marie vermaakte
i) who did Jan say Marie amused t
ii) who did Jan say t amused Marie
Haverkort bezeichnet diejenige Lesart als die bevorzugte, in der *wie* als das Objekt des eingebetteten Satzes interpretiert wird wie in der Lesart (i), was den Vorhersagen der *active filler strategy* widerspricht.

184 Grewendorf (1988:307) weist darauf hin, daß - obwohl die *wh*-Extraktion aus konjunktional eingeleiteten Sätzen im Standarddeutschen nicht möglich ist - sich doch ein gradueller Grammatikalitätsunterschied in den folgenden Sätzen feststellen läßt:
a) *wer glaubt Hans t' daß den Professor gesehen hat
b) ??wen glaubt Hans t' daß der Professor t gesehen hat

Subjekt bzw. das Objekt aus eingebetteten Sätzen extrahiert wurde. Frazier bezieht sich bei ihrer Erklärung vor allem auf den lokalen Aspekt der Rektionsrelation: Spuren in der Komplementposition von Verben oder Präpositionen sind lokal regiert, Spuren in Subjektposition können durch eine Zwischenspur in Comp nur dann lokal regiert werden, wenn diese Zwischenspur selbst streng regiert und damit lokal sichtbar ist. Betrachtet man die Spurenverteilung der Sätze 17) genauer, stellt man fest, daß zwischen dem bewegten Element und der Ausgangsspur noch eine Reihe weiterer Spuren zu finden sind:

18a) welke patient$_i$ meende$_j$ Jan t_k t_j [$_k$ t_i dat t_i de doktor bezocht]

18b) welke patient$_i$ meende$_j$ Jan t_k t_j [$_k$ t_i dat de doktors t_i bezochten]

18a')

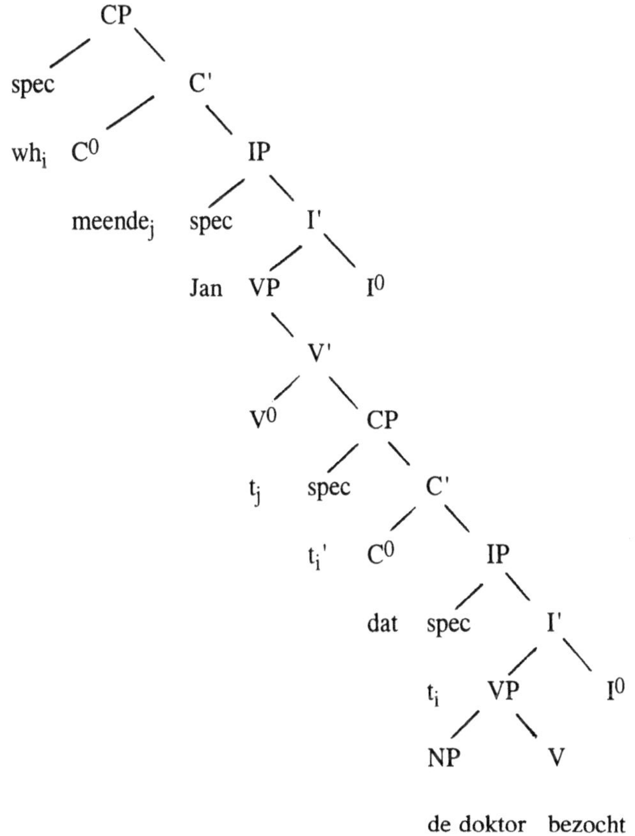

Frazier führt den beobachteten Effekt, daß Subjektextraktion aus dem eingebetteten Satz schwerer zu verarbeiten ist als Objektextraktion, darauf zurück, daß im Matrixsatz eine V2-Bewegung stattgefunden hat, was dazu führt, daß das Matrixverb in seiner ursprünglichen Position nicht mehr als sichtbarer Regent für die Zwischenspur in CPspec zur Verfügung steht. Dies hat zur Konsequenz, daß die Zwischenspur nicht "lizensiert" und damit nicht "sichtbar" ist, eine Voraussetzung dafür, lokale Rektion für die Ausgangsspur des *wh*-Elementes in IPspec des eingebetteten Satzes leisten zu können.

Eine Erklärung für die beobachteten Subjekt-Objekt-Effekte über das ECP ergibt sich für Frazier unter der Annahme, daß der Parser S-strukturorientiert arbeitet. Dieses formuliert Frazier (1990c) in folgendem Prinzip:

> INITIAL USE OF SURFACE POSITION (IUSP)
>
> "In checking local or government relations the parser initially consults only the surface position of x (not mediated relations involving the trace of x or of a phrase containing x)." (Frazier 1990c:3)

Mit dieser Zusatzannahme, die die "Sichtbarkeit" von Positionen auf der Basis ihres Rektionsstatus regelt, kann Frazier die *active filler strategy* aufrecht erhalten: Für die Zwischenspur in CPspec ist kein lokal sichtbarer Regent vorhanden, wenn das einbettende Verb nach C^0 bewegt wurde. Damit fällt die Zwischenspur als lokaler Regent für die Subjektposition aus, was diese Position für die Spurenpostulierung unsichtbar macht. Die erste Position, in die die Spur der *wh*-Phrase integriert werden kann, ist somit die Objektposition.

Fraziers Erklärung sagt nun aber vorher, daß in Sätzen, in denen die V2-Bewegung durch ein Auxiliar vollzogen wurde wie in 19), das Subjekt leicht zu extrahieren sein müßte, da das Verb als lokaler Regent der Zwischenspur vorhanden ist.

19a) welke patient$_i$ het$_j$ Jan gemeent t_j [t_i'dat t_i de doktors bezocht]

19b) welke patient$_i$ het$_j$ Jan gemeent t_j [t_i' dat de doktors t_i bezochten]

Erst die Überprüfung dieser Sätze kann die Gültigkeit des IUSP zeigen. In einem der folgenden Experimente wird es daher auch um die Frage gehen, welche Unterschiede sich bei Extraktionen ergeben, in denen im Matrixsatz V2- bzw. V-Endstellung vorliegt.

Eine wesentliche Kritik an den ECP-basierten Erklärungen für die Subjekt-Objektasymmetrien bei der Sprachverarbeitung bezieht sich darauf, daß die spezifischen Bedingungen der Subjektposition nicht hinreichend analysiert wurden: Daß an der Subjektposition in den untersuchten englischen Sätzen kein *filled gap*-Effekt auftritt, könnte ein sprachspezifischer Effekt des untersuchten Materials sein. Es ist möglich, daß entsprechend der *active filler strategy* auch in der Subjektposition eine Spur postuliert wird. Da aber im Englischen aufgrund der *do-Periphrase*, die nur bei Objektextraktion erscheint, sehr schnell entschieden werden kann, ob die *wh*-Phrase das Subjekt ist oder nicht, kann diese Hypothese sehr schnell wieder aufgegeben werden. Der fehlende *filled gap*-Effekt an der Subjektposition könnte andererseits auch eine Bestätigung der *vacuous movement hypothesis*[185] sein, wonach im Englischen bei Subjektextraktion aus Matrixsätzen und bei indirekten Fragen die *wh*-Phrase auf der S-Struktur überhaupt nicht bewegt wird. Es wird also gar keine *filler-gap*-Relation hergestellt, so daß sich englische Subjektfragesätze nicht zur Überprüfung der Frage nach der Postulierung von Spuren eignen. Bleibt allerdings der *filled gap*-Effekt in der Subjektposition grundsätzlich aus, dann müßten Sätze mit Objektextraktion leichter zu verarbeiten sein als Sätze, in denen Subjektextraktion stattgefunden hat.

---

185 Cf. Chomsky (1986b:48).

5.4 *Resümee*

Der Überblick über die bestehenden Untersuchungen zur Verarbeitung von *filler-gap dependencies* hat gezeigt, daß die Existenz von Subjekt-Objektasymmetrien bei der Sprachverarbeitung unstrittig ist. So hatte Frazier (1987b) aufgrund beobachteter Subjektpräferenzen in mehrdeutigen holländischen Relativsätzen die *active filler hypothesis* als generelle Strategie für die Verarbeitung von *filler-gap dependencies* postuliert. Wie die vorangehenden Ausführungen zeigen, sind unter spezifischen Bedingungen aber auch Objektpräferenzen zu beobachten, nämlich bei der Extraktion aus eingebetteten Sätzen im Holländischen und Englischen. Eine einheitliche Erklärung dieses Phänomens steht jedoch noch aus.

Frazier versucht, unter Zuhilfenahme des Prinzips *initial use of surface positions* die *active filler strategy* als generelles Prinzip für die Spurenpostulierung aufrecht zu erhalten. Damit macht Frazier folgende Vorhersagen:

(1) Wenn die *active filler strategy* und das Prinzip des *initial use of surface positions* allgemeine Verarbeitungsprinzipien darstellen, so sollten die beobachteten Asymmetrien auch im Deutschen auftreten.

(2) Da die Unsichtbarkeit der Subjektposition im eingebetteten Satz von der V2-Bewegung im Matrixsatz abhängt, sollte die Objektpräferenz verschwinden, wenn das Verb in seiner Basisposition verbleibt.

Im folgenden wird eine Reihe von Experimenten zur Verarbeitung deutscher Extraktionssätze vorgestellt, in denen diese Vorhersagen überprüft werden sollen. Extraktionssätze unterschiedlicher syntaktischer Konstruktionen sollen in Leseexprimenten untersucht werden, um herauszufinden, ob eine generelle Strategie für die Postulierung von Spuren feststellbar ist, oder ob andere Einflußfaktoren den Mechanismus der Spurenpostulierung steuern.

6. Die Verarbeitung von Subjekt-Objektambiguitäten bei wh-Extraktion

6.1 Zur Methode des wortweisen Lesens

Bei den Experimenten, die im folgenden beschrieben werden, handelt es sich um Leseexperimente[186]. Die Experimente wurden als *word-by-word self-paced reading tests* durchgeführt. Dabei werden Sätze wortweise auf dem Bildschirm präsentiert, wobei als Präsentationsmodus eine inpersistente (nicht-kumulative) Darbietung mit *moving window* gewählt wurde, i.e. die einzeln dargebotenen Wörter erscheinen an ihrer "natürlichen" Satzposition, ohne daß der Gesamtsatz sichtbar ist[187].

Die Versuchspersonen werden zu Beginn des Experimentes in einem einführenden Text am Bildschirm über das Experiment und die Aufgabenstellung instruiert. Auf der Tastatur sind drei Tasten markiert, und die Versuchspersonen werden darüber informiert, daß sie nur diese Tasten betätigen können. Das Drücken der grünen Taste heißt JA/WEITER, das Drücken der roten Taste bedeutet NEIN/STOP, und über eine weitere markierte Taste kann die Versuchsperson anzeigen, daß sie eine Pause wünscht, was das Experiment unterbricht. Hat die Person den Instruktionstext gelesen und sich unter Anleitung

---

186 Einen vergleichenden Überblick über die unterschiedlichen Methoden beim Lesen im Experiment und die im Leseexperiment zu spezifizierenden Dimensionen a) Lesezeit (fremdbestimmt - selbstbestimmt), b) Darbietungsposition (variabel - statisch) und c) Textpersistenz (kumulativ - inpersistent) gibt Günther (1989).

187 Kennedy & Murray (1984) zeigen bei einem Vergleich unterschiedlicher experimenteller Designs, daß eine kumulative Darbietung zwar die Möglichkeit bietet, innerhalb eines Satzes "zurückzuspringen", i.e. Regressionen auszuführen. Dies wäre gerade für die Bearbeitung von Ambiguitäten relevant. Aufgrund interpersoneller Unterschiede ist die Auswertung der regressiven Blickbewegungen jedoch sehr problematisch. Da außerdem in einem Leseexperiment ohne Blickbewegungsmesser ohnehin nicht bestimmt werden kann, wohin die regressive Bewegung führt, eignet sich eine kumulative Darbietung hier nicht, vielmehr ist eine inpersistente Darbietung, die exakte Lesezeiten für die einzelnen Segmente liefern kann, vorzuziehen.

mit der Tastatur vertraut gemacht, erscheint die Frage, ob die Person bereit ist, mit dem Lesetest zu beginnen, was über die grüne bzw. rote Taste angezeigt wird. Hat die Versuchsperson mit JA/WEITER geantwortet, erscheint das erste Wort des Satzes auf der linken Seite des Bildschirms. Wenn die Versuchsperson dieses Wort gelesen hat, ruft sie sich durch erneutes Drücken der grünen Taste das nächste Wort auf den Bildschirm, wobei das vorangehende Wort wieder verschwindet. Dies setzt sich fort bis zum Ende des Satzes, das durch ein Satzendezeichen markiert wird.

Das Satzzeichen erscheint nicht zusammen mit dem letzten Wort des Satzes, sondern auf einem eigenen Bildschirm, damit die Lesezeit des letzten Wortes nicht durch den *sentence wrap up*-Effekt kontaminiert wird: Der *sentence wrap up*-Effekt bezeichnet das Phänomen, daß das letzte Wort des Satzes, sofern dieser Status des Wortes erkennbar ist, langsamer gelesen wird, was darauf hindeutet, daß in die Lesezeit eine gewisse Zeitspanne für die Gesamtinterpretation des Satzes einfließt. Es wird allgemein angenommen[188], daß der *sentence wrap up*-Effekt vor allem semantische und pragmatische Verarbeitungsprozesse widerspiegelt, die jedoch nicht Gegenstand der hier durchgeführten Experimente sind. Nach der Verarbeitung des Satzzeichens, das gleichzeitig das Satzende anzeigt, erscheint wiederum die Frage, ob die Versuchsperson bereit ist, einen weiteren Satz zu lesen.

Ein neues Wort erscheint jeweils an der "natürlichen" Position, also dort, wo es erscheinen würde, wenn der gesamte Satz sichtbar wäre. Diesen Präsentationsmodus bezeichnet man als *moving window*. Die Lesezeiten für die einzelnen Wörter, also die Zeitspannen zwischen dem zweimaligen Drücken der Taste, werden festgehalten. Die Lesezeit ist demnach die abhängige Variable, die operationalisiert wird. Eingeschlossen ist dabei der Zeitanteil, der dem kognitiven Entscheidungsprozeß "gelesen, verstanden, Taste drücken, um weiterzulesen" zuzuordnen ist. Da angenommen werden kann, daß dieser Entscheidungsprozeß die Lesezeit immer um einen konstanten Faktor verlängert,

188 Cf. Just & Carpenter (1980, 1987), Kennedy & Murray (1984).

muß dieser nicht bestimmt und berücksichtigt werden, da er als latent gleichbleibender Faktor alle Lesezeiten gleich beeinflußt.

In den Satzkorpora sind jeweils Paare von Sätzen enthalten, die bis zu einem Punkt bezüglich der Subjekt-Objektverhältnisse ambig sind. Die Ambiguität wird dadurch hergestellt, daß ein feminines Nomen gewählt wird, an dem aufgrund des Kasussynkretismus nicht erkennbar ist, ob es sich um einen Nominativ oder einen Akkusativ handelt. Diese Ambiguität wird später im Satz durch eine morphologische Markierung oder ein genusspezifisches Pronomen disambiguiert, was die Subjekt-Objektverhältnisse im Satz eindeutig macht. Die Lesezeit für dieses disambiguierende Element kann Aufschluß geben über die Interpretation der ambigen Phrase am Satzanfang und damit über die Position, in die die Spur der ambigen Phrase integriert wurde.

1) welche Schülerin sieht...

i) welche Schülerin sieht <u>der</u>...

ii) welche Schülerin sieht <u>den</u>...

In Satz 1) ist die *wh*-Phrase mehrdeutig: Aufgrund von Kasussynkretismus im Nominativ und Akkusativ kann diese Phrase Subjekt oder Objekt des Satzes sein. Auch das Verb in der 3. Pers. Sg. gibt keinen Aufschluß über die Subjekt-Objektverhältnisse. Erst der darauffolgende Artikel mit overter Kasusmarkierung führt zu einer Disambiguierung: In 1i) erscheint ein eindeutiger Nominativ, der deutlich macht, daß die ambige *wh*-Phrase am Satzanfang als Akkusativ gelesen werden muß und somit ein Objekt ist. Hat die Versuchsperson die *wh*-Phrase als Subjekt interpretiert, sollte sich bei der Verarbeitung des Artikels *der* eine Verzögerung einstellen, da eine Uminterpretation der *wh*-Phrase vorgenommen werden muß. In 1ii) erscheint der Artikel *den*, was die Phrase eindeutig als Objekt erkennbar macht. Hat die Versuchsperson die mehrdeutige Phrase als Subjekt interpretiert, dürfte keine Verzögerung in der Verarbeitung festzustellen sein. Wurde die ambige *wh*-Phrase jedoch als Objekt interpretiert, müßte bei der Verarbeitung des Artikels *den* eine Verzögerung zu beobachten sein, da die mehrdeutige Phrase zum Subjekt "uminterpretiert" werden muß.

Da es sich immer um einen Vergleich von Satzpaaren handelt, die sich in einem einzigen Wort mit gleicher Wortlänge unterscheiden, ist der Vergleich der Lesezeiten, die für die Verarbeitung des disambiguierenden Wortes bzw. der disambiguierenden Phrase benötigt wurde, möglich. Längere Lesezeiten deuten auf größere Verarbeitungsschwierigkeiten oder Restrukturierungsprozesse hin.

Die Ergebnisse wurden nach dem W-Test zur statistischen Prüfung auf Vorliegen der Normalverteilung von Ausreißern befreit. Bei der Varianzanalyse (ANOVA) nach dem F-Test zeigte sich, daß sich die Standardabweichungen nicht signifikant unterscheiden. Daher wurden die absoluten Mittelwerte verglichen, i.e. der TAU-Wert ermittelt und mit den t-Faktoren verglichen.

Die Versuchspersonen waren Studierende der Universität Passau: pro Testreihe zwischen 48 und 60 Personen, die für die Teilnahme am Experiment entlohnt wurden.

Das Satzmaterial bestand dabei aus Sätzen mit unterschiedlichen Konstruktionen, in denen jeweils Subjekt- bzw. Objektextraktion stattgefunden hat. Es wurden zwei unterschiedliche Korpora gebildet: Korpus A enthielt die standarddeutschen Varianten und wurde von Sprechern des Standarddeutschen bearbeitet, Korpus B mit *daß*-Extraktionssätzen wurde nur Versuchspersonen, die einen süddeutschen Dialekt sprechen, präsentiert. In einer Testreihe waren zwischen 40 und 50 Sätze zu lesen, wovon ca. zwei Drittel Distraktorsätze waren. Keiner Versuchsperson wurden beide Sätze eines Satzpaares präsentiert.

6.2.1 Satzmaterial und Vorhersagen

In diesem Experiment soll zunächst geprüft werden, ob die von Frazier im Holländischen beobachteten Asymmetrien auch im Deutschen auftreten. Konkret soll dabei geprüft werden, ob Fraziers Erklärung über das Prinzip *initial use of surface positions* adäquat ist, ob also die Asymmetrien verschwinden, wenn das Verb in seiner D-strukturellen Position bleibt. Dazu wurden Sätze wie in 2) konstruiert, in denen das Subjekt bzw. das Objekt aus einem konjunktional eingeleiteten Nebensatz extrahiert wurde, was in süddeutschen Dialekten möglich ist. Es wurden dabei Matrixsätze mit Zweit- und Endstellung des lexikalischen Verbs gebildet. Das Subjekt des Matrixsatzes wurde 'fixiert', i.e. als Subjekt des Matrixsatzes identifizierbar gemacht, indem es in der 2. Pers. Sg. erscheint. In Satz 2a) wurde das Objekt extrahiert, in Satz 2b) das Subjekt. In beiden Sätzen steht das Matrixverb in C^0, es kann also gemäß des *initial use of surface positions* die Zwischenspur der extrahierten Phrase nicht lokal regieren. In den Sätzen 3) liegt derselbe Typ von Ambiguität vor. In diesen Sätzen bleibt jedoch das Verb in seiner Basisposition und steht damit als lokaler Regent der Zwischenspur zur Verfügung; die V2-Bewegung wird durch das Auxiliar vollzogen.

2a) welche $Frau_i$ $glaubst_k$ du t_k t_i' daß der Mann t_i besucht

2b) welche $Frau_i$ $glaubst_k$ du t_k t_i' daß t_i den Mann besucht

3a) welche $Frau_i$ $hast_k$ du geglaubt t_k t_i' daß der Mann t_i besucht

3b) welche $Frau_i$ $hast_k$ du geglaubt t_k t_i' daß t_i den Mann besucht

Sollten die Versuchspersonen die temporär mehrdeutige Phrase *welche Frau* bevorzugt als Subjekt interpretieren, so müßten sie diese Interpretation in den a)-Sätzen beim Erscheinen des Artikels *der* revidieren, so daß sich an dieser Stelle ein Verzögerungseffekt einstellen sollte. Umgekehrt müßte sich bei einer bevorzugten Objektlesart von *welche Frau* der Verzögerungseffekt in den b)-Sätzen bei der Verarbeitung der Phrase *den Mann* einstellen.

6.2.2 Ergebnisse und Diskussion

Insgesamt wurden den Versuchspersonen 12 Satzpaare des Typs 2) und 3) vorgelegt. Die folgende Tabelle gibt die gemessenen Lesezeiten wieder:

Satztyp	Subjektextraktion	Objektextraktion
(2) *daß*-Satz; Verb in C^0	1524	1395[189]
(3) *daß*-Satz Verb in V^0	863	737[190]

Tabelle 1: Extraktion aus *daß*-Satz

Bei der Extraktion aus eingebetteten *daß*-Sätzen ist ein signifikanter Effekt festzustellen, nach dem Objektextraktion leichter zu verarbeiten ist als Subjektextraktion, und zwar unabhängig davon, ob im Matrixsatz das Verb selbst die V2-Bewegung vollzieht oder in seiner D-strukturellen Position steht.

Die Ergebnisse von Frazier zur Verarbeitung holländischer Extraktionen aus *dat*-Sätzen, in denen das Verb in C^0 steht, wurden damit repliziert. Die Gültigkeit des *initial use of surface positions* kann jedoch nicht bestätigt werden, da auch in den Sätzen Objektextraktion schneller zu verarbeiten ist, in denen das Matrixverb in der V^0-Position steht und damit als lokaler Regent für die Zwischenspur verfügbar ist, die ihrerseits die Spur in der Subjektposition lokal regieren könnte. In Sätzen, in denen das Verb in D-struktureller Position

---

189 $t(26) = 2.7; p = .01$

190 $t(26) = 2.3; p < .05$

steht, tritt also genau derselbe Asymmetrie-Effekt auf wie in den Sätzen, in denen das lexikalische Verb in die zweite Position des Satzes bewegt wurde. Das heißt, daß Fraziers Erklärung, die Sichtbarkeit der Subjektlücke hinge primär von der lexikalischen Rektion der Zwischenspur ab, nicht korrekt ist. Offensichtlich ist - ganz unabhängig davon, ob das Matrixverb nach C^0 bewegt wurde oder in seiner Basisposition V^0 steht - die Subjektposition des eingebetteten Satzes für den Verarbeitungsmechanismus nicht "sichtbar". Der Verarbeitungsmechanismus präferiert die Postulierung der Spur in der Komplementposition des Verbs, eine Position, die lexikalisch regiert ist.

Extraktion aus konjunktional eingeleiteten Nebensätzen ist im Holländischen und im Bayerischen möglich. Die Rektion der Subjektspur im eingebetteten Satz ist also gegeben, i.e. finite Verben in C^0 als auch Komplementierer des eingebetteten Satzes können nach rechts die Subjektposition regieren[191]. In den vorliegenden Extraktionssätzen ist die Subjektposition durch den Komplementierer, also ein funktionales Element regiert. In den zu verarbeitenden Sätzen hat der Parser also die Wahl, die Spur in die lexikalisch regierte Objektposition oder in die "funktional regierte" Subjektposition zu integrieren. Die Ergebnisse legen die Schlußfolgerung nahe, daß sich der Verarbeitungsmechanismus bei der Wahl zwischen diesen Optionen für die lexikalisch regierte Position entscheidet. Entscheidend für diese Hypothese wären nun Konstruktionen, bei denen aus einem eingebetteten Satz das Subjekt bzw. das Objekt extrahiert wurde, bei denen aber auch die Subjektposition lexikalisch regiert ist. Nach der formulierten Hypothese, wonach Spuren bevorzugt in lexikalisch regierte Positionen integriert werden, müßte in diesem Fall die Asymmetrie verschwinden.

191 Cf. Koster (1986), Bayer (1984), Staudacher (1990).

6.3.1 Satzmaterial und Vorhersagen

Das Deutsche bietet die Möglichkeit, diese Vorhersage zu überprüfen, da bei einer bestimmten Klasse von Verben V2-Komplemente möglich sind, in denen also im eingebetteten Satz das lexikalische Verb in C^0 steht.

Verben wie *glauben, meinen, fragen* sind "Brückenverben", i.e. sie erlauben neben der Einbettung von konjunktional eingeleiteten Sätzen, wie sie den vorangegangenen Experimenten zugrunde lagen, die Einbettung von V2-Komplementen[192]. Safir (1981) begründet das Phänomen von V2-Komplementen damit, daß bei Brückenverben keine Perkolation von Rektionsmerkmalen an die C^0- und die CPspec-Position[193] des eingebetteten Satzes stattfindet, so daß die Verbzweitbewegung und die lexikalische Besetzung des Vorfeldes im Komplementsatz erfolgen kann: Die Besetzung des Vorfeldes ist in der Weise restringiert, daß nur eine nicht regierte Vorfeldposition besetzt sein kann. Aus diesem Grunde ist V2-Bewegung und eine lexikalische Vorfeldbesetzung nur im Matrixsatz und bei Brückenverben möglich.

Brückenverben erlauben außerdem, daß ein wh-Wort aus einem eingebetteten finiten Satz, der konjunktional eingeleitet ist oder V2-Struktur aufweist, extrahiert werden kann. Dabei darf die Extraktionskette jedoch nicht durch einen finiten Nicht-V2-Satz (4f) gehen[194]:

---

192 In anderen germanischen Sprachen (Isländisch, Dänisch, Friesisch) tritt bei Brückenverben im Komplementsatz das V2-Phänomen auch nach einleitendem Komplementierer auf (cf. Platzack 1987).

193 Interessant ist hier der Zusammenhang zwischen syntaktischem und semantischem Verhalten: Nach ihrem semantischen Verhalten bezeichnet Karttunen (1973) Verben wie *glauben, meinen, sagen, denken*, also die Brückenverben, als "Stöpsel", i.e. Präsuppositionen des eingebetteten Satzes werden nicht an den Gesamtsatz weitergegeben.

194 Haider (1986), Staudacher (1990)

4a) *ich bereue, ich habe Maria geholfen

4b) ich glaube, ich habe Maria geholfen

4c) *wem bedauerst du, hat Maria geholfen

4d) wem glaubst du, hat Maria geholfen

4e) wem glaubst du, daß Maria geholfen hat

4f) *ich weiß nicht, wo sie glaubt, habe sie ihn getroffen

4g) wen hat er erwartet, aussagen zu müssen, habe sie getötet

Die Extraktion aus eingebetteten V2-Sätzen ist also dann blockiert, wenn sie in eine V-Projektion mit einem finiten Verb in Endstellung eingebettet sind. Staudacher (1990) führt diese Beschränkung auf die Position des Verbs im Matrixsatz zurück, wobei unerklärt bleibt, warum Extraktion aus V-finalen Komplementen bei Infinitiven möglich ist, ein verbfinaler Infinitvsatz als Matrix also extraktionsdurchlässig ist (4g). Haider (1993) formuliert eine Lokalitätsdomäne, die auf dem Merkmal [Finitheit] basiert und nach der ein finiter Satz eine striktere Lokalitätsdomäne (funktional komplette Projektion FKP) bildet als ein infiniter Satz: Ist der finite Matrixsatz V2, bildet der gesamte Satz die minimale Lokalitätsdomäne, in der sich das Antezedens der Spur im eingebetteten Satz befinden muß; weist der finite Matrixsatz dagegen V-End auf, stellt die Matrix-VP bzw. Matrix-IP die minimale Lokalitätsdomäne dar, so daß eine nach CPspec bewegte wh-Phrase außerhalb der minimalen Lokalitätsdomäne steht. Infinitive können dagegen keine FKP bilden, so daß wiederum der ganze Satz die relevante Lokalitätsdomäne darstellt[195].

In einem zweiten Experiment wurden Sätze mit Brückenverben untersucht, bei denen das Subjekt bzw. das Objekt als *wh*-Phrase aus eingebetteten V2-Sätzen extrahiert wurde. Die Ausgangsspur des Subjekts ist hier also durch das finite Verb, das nach C^0 bewegt wurde, lexikalisch regiert.

Bei der Untersuchung von Sätzen, die Brückenverben enthalten, wurden folgende Satztypen präsentiert, in denen wiederum das Subjekt oder das Objekt

---

195 Cf. Haider (1993:197).

aus dem V2-Komplement extrahiert wurde. Das Subjekt des Matrixsatzes wurde wieder durch die Verwendung der 2. Pers. Sg. fixiert. Es wurde nochmals variiert bezüglich der Position des Verbs im Matrixsatz, wobei in allen Matrixsätzen V2 vorliegt, d.h. es handelt sich wiederum um grammatische Strukturen, die sich darin unterscheiden, welches Element im Matrixsatz die V2-Bewegung vollzieht: das Auxiliar, was zur Folge hat, daß das Verb in seiner Basisposition verbleibt, oder das lexikalische Verb selbst, so daß in der Basisposition des Verbs eine Spur auftritt.

5a) welche $Frau_i$ $glaubst_k$ du t_k t_i' $liebt_m$ der Mann t_i t_m

5b) welche $Frau_i$ $glaubst_k$ du t_k t_i' $liebt_m$ t_i den Mann t_m

6a) welche $Frau_i$ $hast_k$ du geglaubt t_k t_i' $liebt_m$ der Mann t_i t_m

6b) welche $Frau_i$ $hast_k$ du geglaubt t_k t_i' $liebt_m$ t_i den Mann t_m

6.3.2 *Ergebnisse und Diskussion*

Auch in diesem Experiment wurden den Versuchspersonen 12 Satzpaare des Typs 5) und 6) vorgelegt und die entsprechenden Lesezeiten ermittelt, die in Tabelle 2 angegeben sind:

Satztyp	Subjektextraktion	Objektextraktion
(5) V2-Komplement; Matrixverb in C^0	1202	966[196]
(6) V2-Komplement; Matrixverb in V^0	737	706[197]

Tabelle 2: Extraktion aus V/2-Komplementen von Brückenverben

Bei der Untersuchung von Subjekt-Objektextraktionen aus V2-Komplementen von Brückenverben wurde festgestellt, daß sich bei der Extraktion aus komplementiererlosen Nebensätzen das grundlegend gleiche Ergebnis wie im vorangegangenen Experiment zeigt, wenn die V2-Bewegung im Matrixsatz durch das lexikalische Verb vollzogen wurde: Die Objektlesart der mehrdeutigen Phrase wird bevorzugt, bei der Subjektextraktion ergeben sich längere Lesezeiten. In den Sätzen allerdings, in denen im Matrixsatz die V2-Bewegung durch das Auxiliar vollzogen wurde, so daß das lexikalische Verb in seiner Basisposition bleibt, wird kein signifikanter Unterschied festgestellt.

In den in diesem Experiment untersuchten Satzpaaren ist zunächst zu beachten, daß die Ausgangsspur sowohl bei der Objektextraktion als auch bei der Subjektextraktion lexikalisch regiert ist: Bei der Objektextraktion in den Sätzen 5a) und 6a) ist die Spur in der Komplementposition durch das lexikalische

196 $t(48) = 3.35; p < .01$

197 $t(48) = 0.03; p > .05$ (n.s.)

Verb streng regiert, und auch bei der Subjektextraktion in Satz 5b) und 6b) ist die Ausgangsspur des Subjekts durch das V2-bewegte finite Verb *liebt* lexikalisch regiert. Betrachtet man lediglich die Ausgangsspuren, hätte dies zur Folge, daß sich in den Satzpaaren 5) und 6) zwischen Subjekt- und Objektextraktion keine Asymmetrie ergeben dürfte, da in beiden Fällen die Ausgangsspur lexikalisch regiert ist: bei Objektextraktion durch das Verb in V^0, bei Subjektextraktion durch das in C^0 bewegte Verb. Entgegen dieser Vorhersage wurde bei der Extraktion aus einem V2-Komplement unter der Bedingung, daß im Matrixsatz das lexikalische Verb nach C^0 bewegt wurde, wieder eine Objektpräferenz festgestellt, nicht dagegen in den Sätzen, in denen das lexikalische Verb in seiner Basisposition geblieben ist, weil die V2-Bewegung durch ein Auxiliar vollzogen wurde. Dies macht deutlich, daß offensichtlich weder der Rektionsstatus der Ausgangsspur noch der Rektionsstatus der Zwischenspur allein für die Sichtbarkeit einer Position verantwortlich ist. Betrachtet man die lexikalischen Rektionsverhältnisse für die Ausgangsspur und die Zwischenspur im Zusammenhang, ergibt sich folgendes Bild:

Satztyp	t'	t	Präf.
(2) *daß*-Satz; Matrixverb in C^0	nicht regiert	nicht regiert	Obj.
(3) *daß*-Satz; Matrixverb in V^0	regiert	nicht regiert	Obj.
(5) V2-Kompl.; Matrixverb in C^0	nicht regiert	regiert	Obj.
(6) V2-Kompl.; Matrixverb in V^0	regiert	regiert	--

Tabelle 3: Ergebnisse der Experimente 1 und 2

Das Ausbleiben des signifikanten Effektes für Objektpräferenz in 6) scheint zunächst darauf hinzudeuten, daß auch die Rektion der Zwischenspur ausschlaggebend für die Sichtbarkeit der Subjektposition ist. Dem widersprechen allerdings die Ergebnisse aus Experiment 1, da hier die Präsenz des Matrixverbs in seiner Basisposition die Sichtbarkeit der Zwischenspur nicht herstellen konnte und funktionale Rektion offensichtlich für die Sichtbarkeit der Ausgangsspur nicht ausreicht. Andererseits reicht allein die lexikalische Rektion der Ausgangsspur nicht aus, wie die Ergebnisse zur Verarbeitung der Sätze 5) zeigen: auch hier wurde wieder eine Objektpräferenz festgestellt. Eine hinreichende Erklärung der Datenverteilung im Deutschen ist nur möglich, wenn man beide Spuren betrachtet: Die Subjektposition ist nur dann sichtbar, wenn sie selbst lexikalisch regiert ist und wenn die Zwischenspur ebenfalls lokal regiert ist.

In den Bedingungen, in denen Objektpräferenz festgestellt wurde, wird die Spur in der Subjektposition von dem funktionalen selegierenden Kopf der die Spur enthaltenden funktionalen Projektion regiert: *daß* bei konjunktional eingeleiteten Nebensätzen (2, 3) und der Spur des selegierenden verbalen Kopfes des Matrixsatzes (5). In (6) dagegen wird die Spur in der Subjektposition des eingebetteten V2-Komplementes (Ausgangsspur) vom Verb regiert und die Zwischenspur vom selegierenden lexikalischen Kopf, nämlich dem Brückenverb selbst. Farke & Felix (1992) und Haider (1993) weisen auf die Parallele zum *that-t*-Effekt im Englischen hin: Im Englischen ist Objektextraktion möglich, Subjektextraktion dagegen nicht; diese Asymmetrie verschwindet jedoch in Sätzen, in denen der Komplementierer fehlt:

7a) *who$_i$ do you think [e$_i$that [e$_i$ loves her]]

7b) who$_i$ do you think e$_i$ that John loves e$_i$

7c) who do you think e$_i$ John loves e$_i$

7d) who$_i$ do you think e$_i$ e$_i$ loves John

8a) was_i hast du gesagt e_i $glaube_j$ er e_j [e_i $störe_j$ sie e_j][198]

8b) was_i hast du gesagt e_i hat_j er geglaubt e_j [e_i $störe_j$ sie e_j]

Objektpräferenzen sind also dort festzustellen, wo die Subjektposition im eingebetteten Satz von einem selegierenden funktionalen Kopf regiert wird (*daß*-Komplemente), oder aber wo die Zwischenspur von der Spur des selegierenden lexikalischen Kopfes regiert wird. Keine Objektpräferenz ist dagegen festzustellen, wenn die Zwischenspur von dem selegierenden lexikalischen Kopf regiert wird.

Die grammatischen englischen Sätze entsprechen nun genau den Sätzen, in denen keine Subjekt-Objekt-Asymmetrie festgestellt wurde: Das englische Verb *think* (7b-d) und das deutsche Verb *geglaubt* (8b) erscheinen in ihrer d-strukturellen Position und können daher die Zwischenspur lexikalisch regieren[199]. Diese Parallelität zwischen englischer Grammatikalität und deutscher Sprachverarbeitung ist deshalb von Bedeutung, weil sie anzeigt, daß die Sichtbarkeitsbedingung für Spuren in der Tat auch ECP-gesteuert ist. Unter Grammatikalitätsperspektive sind - zumindest in den süddeutschen Varianten - Subjekte wie Objekte aus *daß*-Sätzen frei extrahierbar, so daß sich das Deutsche hier als liberaler als das Englische erweist. Bei der Verarbeitung hingegen scheinen sich der englischen Grammatikalität vergleichbare Asymmetrien dadurch zu ergeben, daß für das Auffinden von Spuren im Verarbeitungsprozeß eine eingeschränktere Version bzw. Parametrisierung des ECP ausschlaggebend ist: Lokale lexikalische Rektion beider Spuren ist notwendig, um Lücken schnell und effizient zu identifizieren, wenngleich Antezedensrektion für die Grammatikalität der entsprechenden Strukturen ausreicht.

---

198 Diese Sätze sind Haider (1993:198) entnommen.

199 Dies erklärt jedoch nicht den im Deutschen ungrammatischen Fall (i), der einen Verstoß gegen Haiders (1993) Lokalitätsdomäne 'FKP' darstellt.

*was_i hat er gesagt, daß [du glaubst [e_i $störe_j$ sie e_j]]

6.4 *Experiment 3: Extraktion aus Matrixsätzen*

6.4.1 Satzmaterial und Vorhersagen

Nachdem in Experiment 1) die Extraktion aus *daß*-Sätzen und in Experiment 2) die Extraktion aus V2-Komplementen überprüft wurde, stellt sich die Frage, welche Präferenzen bei mehrdeutigen Matrixsätzen mit V2-Struktur zu beobachten sind, in denen die Subjektposition lexikalisch durch das Verb in C^0 regiert ist. Da keine Zwischenspur existiert, ist der Faktor "Rektion der Zwischenspur" hier nicht relevant. Auf diese Weise soll versucht werden, weitere Faktoren aufzudecken, die die Sichtbarkeit von Positionen für den Mechanismus der Spurenpostulierung determinieren. Die Überprüfung einfacher Matrixsätze mit Subjekt-Objektextraktionen eignet sich auch, weiterhin der Frage nachzugehen, ob ein *filled gap*-Effekt tatsächlich nur an der Objektposition auftritt. Die Ergebnisse der vorangehenden Experimente, in denen eine Objektpräferenz sichtbar wurde, deuten bereits darauf hin.

Für die Überprüfung der Frage, ob ein *filled gap*-Effekt auch an der Subjektposition auftritt, bietet sich die Untersuchung deutscher Sätze an, wo sowohl bei der Erfragung des Subjekts als auch des Objekts eine Bewegung der *wh*-Phrase stattgefunden haben muß, was an der Zweitstellung des finiten Verbs sichtbar wird.

9a) welche $Frau_i$ liebt der Mann t_i

9b) welche $Frau_i$ liebt t_i den Mann

10a) welche $Frau_i$ hat der Mann t_i gesehen

10b) welche $Frau_i$ hat t_i den Mann gesehen

In den Sätzen 9) und 10) liegt wieder eine temporäre Subjekt-Objekt-Ambiguität vor, die sich später im Satz durch eindeutige Kasusmorphologie auflöst. In den Sätzen 9) wurde das Verb in C^0 bewegt, in den Sätzen 10) wurde die V2-Bewegung durch das Auxiliar vollzogen, so daß das Verb am Satzende erscheint. Die Verarbeitungszeiten für die disambiguierende Phrase geben Aufschluß über die Interpretation der temporär mehrdeutigen *wh*-Phrase am Satzanfang.

6.4.2 Ergebnisse und Diskussion

Den Versuchspersonen wurden 14 Satzpaare des Typs 9) und 10) vorgelegt. Folgende Lesezeiten wurden ermittelt:

Satztyp	Subjektextraktion	Objektextraktion
(9) Matrixsatz; Verb in C^0	756	700[200]
(10) Matrixsatz; Verb in V^0	895	719[201]

Tabelle 4: Extraktion aus Matrixsätzen

Bei der Auswertung der Ergebnisse zeigte sich erneut, daß sich die Vorhersagen der *active filler strategy* nicht bestätigten, wonach die Sätze, in denen die ambige extrahierte Phrase das Subjekt des Satzes darstellt, schneller zu verarbeiten sein müßten als Sätze, in denen die ambige *wh*-Phrase das Objekt des Satzes ist. Das Gegenteil ist der Fall: Die Ergebnisse zeigen, daß die benötigte Zeit für die Verarbeitung der disambiguierenden Phrase signifikant kürzer ist in Sätzen, in denen Objektextraktion stattgefunden hat. Nach der Verarbeitung einer ambigen *wh*-Phrase wird eine als Subjekt markierte Phrase *(der Mann)* schneller verarbeitet als eine als Objekt markierte Phrase *(den Mann)*. Dies deutet darauf hin, daß die ambige *wh*-Phrase am Satzanfang als Objekt des

200 $t(54) = 2.4; p < .05$

201 $t(56) = 7.7; p < .001$

Satzes interpretiert wird, da offensichtlich bei der Verarbeitung der als Objekt erkennbaren Phrase ein Restrukturierungsprozeß stattfindet, der für die längere Lesezeit verantwortlich ist. Objektextraktion ist also leichter zu verarbeiten als Subjektextraktion.

Die Ergebnisse der Experimente 1 und 2 haben gezeigt, daß bei der Extraktionen aus eingebetteten Sätzen und V2-Komplementen, i.e. Strukturen, in denen Extraktionsketten mit Zwischenspuren entstehen, sowohl der Rektionsstatus für die Ausgangsspur als auch der Rektionsstatus für die Zwischenspur eine Rolle spielt. Auch das vorangehende Experiment zeigte, daß bei der Extraktion aus Matrixsätzen mit V2-Struktur, in denen die Subjektposition lexikalisch vom Verb in C^0 regiert wird, die ambige *wh*-Phrase am Satzanfang bevorzugt als Objekt interpretiert wird. Ein *filled gap*-Effekt tritt an der Subjektposition also tatsächlich nicht auf, und sein Ausbleiben ist nicht lediglich eine Konsequenz der nicht stattfindenden Bewegung bei Subjektfragen im Englischen.

Zusammenfassend kann festgestellt werden, daß die *active filler strategy* bei *wh*-Extraktionen nicht auf die Subjektposition bezogen ist: Die Subjektposition steht - auch wenn sie lexikalisch regiert ist - für die Postulierung von Spuren nicht zur Verfügung. Es stellt sich daher die Frage, was neben dem Rektionsstatus dafür verantwortlich ist, daß diese Position für den Verarbeitungsmechanismus nicht sichtbar ist. Die "Subjektposition" zeichnet sich dadurch aus, daß sie als *specifier* einer funktionalen Kategorie - wie auch die CPspec-Position - keine eindeutige Argumentposition ist: Das Subjekt wird gemäß der *lexical clause hypothesis*[202] innerhalb der VP basisgeneriert und über einen uniformen VP-internen Prozeß mit der thematischen Rolle markiert. Aufgrund des Kasusfilters wird diese NP in die IPspec-Position bewegt. Die Subjektposition finiter Sätze zeichnet sich dadurch aus, daß sie Kasus aufgrund von *spec head agreement* erhält (a), während Komplementpositionen (b) oder

---

202 Cf. Stowell (1983).

lexikalisch gefüllte Subjektpositionen infiniter Sätze (c) Kasus unter Rektion erhalten[203]:

Kasus unter *agreement*:

a)

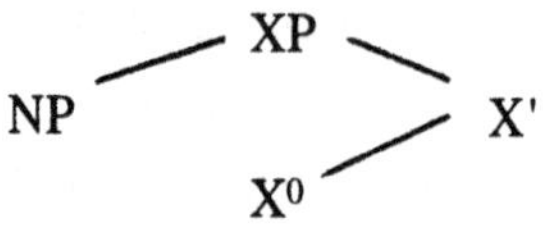

Kasus unter Rektion:

b)

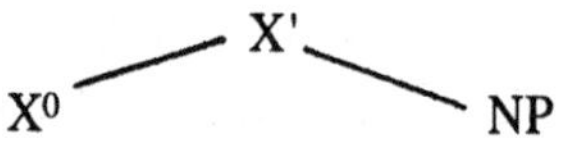

c)

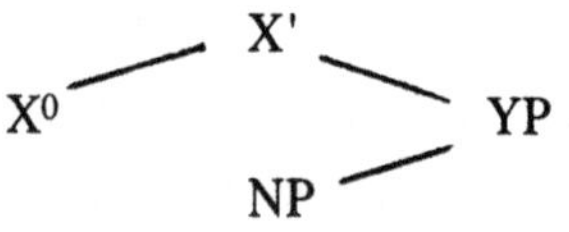

Die Ergebnisse der Experimente zur Verarbeitung von Sätzen mit Subjekt- oder Objektextraktionen zeigen im Zusammenhang, daß Spuren bewegter *wh*-Phrasen bevorzugt in eindeutigen Argument-Positionen postuliert werden, i.e. Positionen, denen eine thematische Rolle zugewiesen wird und die Rektionskasus tragen: Wenn ein Füllerelement verarbeitet wurde und in eine non-Argument-Position integriert wurde, wird eine Spur in der nächsten möglichen Argumentposition postuliert, aus der heraus die Phrase extrahiert sein kann. Diese Hypothese soll im folgenden erläutert und dann in weiteren Experimenten überprüft werden.

Die Hypothese, daß die Sichtbarkeit von Positionen vom Argumentstatus einer Position abhängt, modifiziert die *active filler strategy* in der Weise, daß sich diese nur auf Argumentpositionen bezieht[204]. Diese modifizierte Version

---

203 Cf. Koopmann, H. & Sportiche, D. (1991).

204 Daß der Argumentstatus einer Position für die Sprachverarbeitung eine entscheidende Rolle spielt, zeigen Pritchett (1987) und Breidt (1989) anhand der unterschiedlichen Intensität von Gartenpfadsätzen auf.

der *active filler strategy*, die die Gültigkeit der Strategie der Spurenpostulierung auf spezifische Positionen beschränkt, ist verträglich mit der These, daß der *initial parse* allein durch die Syntax gesteuert wird, und er ist zunächst unabhängig von der Entscheidung über die Ausnutzung itemspezifischer lexikalischer Informationen.

Aber auch unter der Annahme, daß das Subjekt innerhalb der VP basisgeneriert wird, erscheint die "Subjektlücke" vor der "Objektlücke". An der non-A-IPspec-Position wird der Integration einer merkmalskompatiblen lexikalischen NP offensichtlich Vorrang vor der Postulierung einer Spur gegeben, was der Beobachtung entspricht, daß an der Subjekt-Position in keinem der Experimente ein *filled gap*-Effekt festgestellt wurde. Da die IPspec aufgrund von *spec head agreement*[205] kasusmarkiert ist, ist eine lexikalische NP hier lokal lizensiert. Durch die Integration von lexikalischem Material in eine non-A-Position wird wiederum eine Spur erzeugt, für die eine Lücke gefunden werden muß. Der Verarbeitungsmechanismus muß jetzt also für zwei Phrasen, die jeweils in eine non-A-Position integriert wurden, eine Lücke finden. Die nächste Argumentposition ist also die Subjekt-Basisposition, eine thematisch markierte kasuslose Position. Im Speicher des Verarbeitungsmechanismus steht eine Spur, die noch keine thematische Rolle trägt, d.h. die Spur muß in eine Position integriert werden, die thetamarkiert ist, so daß eine Kette etabliert wird, auf der eine thematische Rolle vererbt wird. An diese Relation ist keine Kasusforderung mehr gestellt, da die bewegte Phrase in einer kasusmarkierten Position steht. Die Spur der zuerst integrierten Phrase stellt dagegen Kasus- und Theta-Anforderungen, da in die CPspec-Position weder Kasus noch eine Θ-Rolle zugewiesen werden. Als nächste Position wird die Komplementposition des Verbs sichtbar, eine Position, in der beide Anforderungen der Spur erfüllt werden können. Das Verhalten des Parsers nach der Verarbeitung eines Füllerelementes in einer non-A-Position kann also wie folgt aufgrund des Argumentstatus einer Position spezifiziert werden:

---

205 Die Besetzung von C^0 zeigt an, daß es sich um einen finiten Satz handelt (cf. den Besten 1977).

(1) In einer Argumentposition hat die Integration einer Spur Vorrang vor der Integration einer lexikalischen NP.
(2) In einer non-A-Position hat die Integration einer lexikalischen NP Vorrang vor der Integration einer Spur.

Dieses differenzierte Verhalten des Verarbeitungsmechanismus bezüglich unterschiedlicher Positionen im Hinblick auf ihren Argumentstatus hat zur Konsequenz, daß eine Kette so schnell wie möglich abgeschlossen wird: Würde auch in einer A'-Position eine Spur postuliert, wäre eine weitere Kettenposition notwendig, da Ketten, die in einer non-A-Position beginnen, in einer A-Position terminieren müssen. Der Argumentstatus einer Position ist also offensichtlich an der Sichtbarkeitsbedingung von Positionen beteiligt.

6.4.3 Das *Minimal Chain Principle*

Unter der Annahme, daß die IPspec-Position keine Argumentposition ist und die Subjekt-NP innerhalb der VP basisgeneriert wird, bietet sich eine weitere Erklärung unter Berücksichtigung von De Vincenzis (1991) *minimal chain principle* an.

> MINIMAL CHAIN PRINCIPLE
>
> "Avoid postulation of unnecessary chain members at s-structure, but do not delay required chain members."
> (De Vincenzi 1991:13)

Der erste Teil des *minimal chain principle*[206] drückt aus, daß der Parser kürzere Ketten vorzieht; der zweite Teil gewährleistet, daß Spuren ohne Verzögerung postuliert werden, und entspricht damit der *active filler strategy*.

---

206 De Vincenzi (1989, 1991) betrachtet das *minimal chain principle* als ein reines Verarbeitungsprinzip. Kenstowicz (1989:271) stellt jedoch beispielsweise bei der Untersuchung von zwei arabischen Dialekten, von denen einer *pro drop*-Eigenschaften hat, fest, daß

11) ha chiamato Giovanni

i) pro_i ha chiamato $Giovanni_j$

er/sie/es rief Giovanni

ii) pro_i ha chiamato $Giovanni_i$

Giovanni rief

Satz 11) weist folgende Ambiguität auf: In der Lesart 11i) ist *pro* ein leeres pronominales Element in der 3. Pers. Sg., in 11ii) steht das leere präverbale Element in einer Koindizierungsrelation mit dem postverbalen Subjekt, die aufgrund von Subjektinversion entstanden ist. In 11i) liegt keine Bewegung vor, in 11ii) liegt dagegen eine zweigliedrige Kette vor. De Vincenzi (1991) stellte fest, daß die Lesart i) von Satz 11) eindeutig bevorzugt wird. Die Lesart ii) bereitet größere Verarbeitungsschwierigkeiten, wenn im weiteren Verlauf des Satzes diese Lesart erzwungen wird. De Vincenzi postuliert das *minimal chain principle* und führt die Bevorzugung von Lesart i) auf das Kriterium der Kettenlänge zurück: Der Parser folgt grundsätzlich dem *minimal chain principle* und entscheidet sich bei ambigen Sätzen aufgrund dieses Prinzips für die Struktur mit möglichst kurzen Ketten, ohne auf disambiguierendes Material zu warten.

Die oben beschriebene Differenzierung der *active filler strategy* unter dem Kriterium des Argumentstatus gewährleistet die Bildung einer Struktur mit - eventuell mehreren - kurzen Ketten. Die Präferenz für kurze Ketten liegt darin begründet, daß mehrgliedrige Ketten deshalb aufwendiger zu verarbeiten sind, weil die Integration der Spur, also die Assoziation des bewegten Elementes mit seiner Basisposition, verzögert wird. Die folgende Struktur illustriert die unterschiedliche Kettenkomplexität bei Subjekt- bzw. Objektextraktion:

"when two alternative derivations are available for the same D-structure, the shorter one is selected." Die Präferenz für die Bildung einer kurzen Kette ist demnach auch in der Kompetenzgrammatik enthalten.

12)

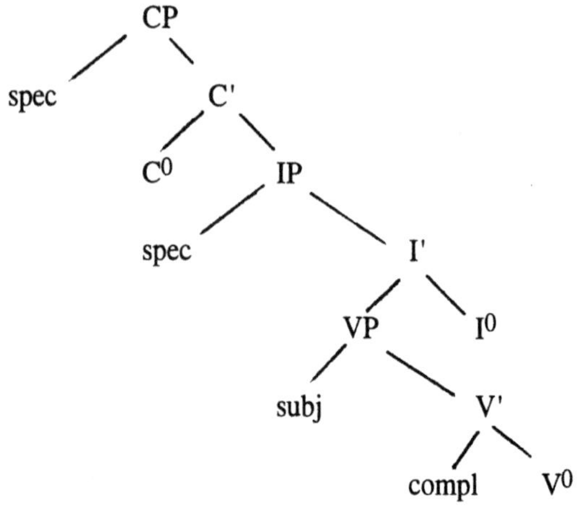

-A	-A	+A	+A	
wh_i	t_i	t_i	NP:	Subjektextraktion
wh_i	NP_j	t_j	t_i:	Objektextraktion

Bei Subjektextraktion ergäbe sich demnach eine Kette mit drei Elementen [-A / -A / +A], bei Objektextraktion dagegen zwei Ketten mit jeweils zwei Elementen [-A / +A]; [-A / +A], wobei eine genestete Abhängigkeit vorliegt. Die Beobachtung, daß Sätze mit Objektextraktion leichter zu verarbeiten sind als Sätze mit Subjektextraktion deutet darauf hin, daß für den Parser non-A-Positionen für die Postulierung von Lücken nicht sichtbar sind. Dies wirft jedoch die Frage auf, ob ein 'Prinzip für minimale Ketten' als Verarbeitungsprinzip überhaupt notwendig ist. Sollte die oben formulierte Begründung richtig sein, wonach die Spurenpostulierung durch den Argumentstatus einer Position gesteuert wird, dann ist die Komplexität der Ketten ein Epiphänomen und als Verarbeitungsstrategie redundant.

6.4.4 Der Status von *wh*-N-Phrasen

Die Tatsache, daß die *wh*-N-Phrasen bevorzugt als Objekt interpretiert werden, kann auch mit dem besonderen Status von quantifizierten *wh*-Phrasen zusammenhängen: Cinque (1986) weist darauf hin, daß *bare quantifier* (chi, who, wer, wen), die indefinit sind, sich wie inhärente Operatoren verhalten: Wenn sie in einer non-A-Position stehen, müssen sie eine Variable, i.e. eine leere NP in einer A-Position binden. Sie können kein lexikalisches Element, z.B. ein resumptives Pronomen, binden. Quantifizierte NPs (quale-N, which-N, welche Frau) dagegen sind definit; sie müssen auf der S-Struktur nicht unbedingt über eine Kette mit einer leeren NP-Position verbunden sein. Vielmehr können sie mit einer lexikalischen Variable, also einem resumptiven Pronomen, koindiziert sein. *Wh*-N-Phrasen können eine leere NP binden, müssen aber nicht. Steht eine Phrase in CPspec, verhält sie sich auf der S-Struktur wie ein Operator. Das hätte zur Konsequenz, daß die beiden folgenden Sätze gleichermaßen ungrammatisch wären, wenn ein Klitik in der Objektposition erscheint. Dies trifft allerdings nur für *chi* zu, wie Satz 13a) zeigt. Ein Satz mit quantifizierter *wh*-Phrase wie in 13b) wird jedoch als akzeptabel beurteilt, auch wenn ein Klitik erscheint.

13a) *chi$_i$ vorresti portarte<u>lo</u>$_i$ all'MIT

'who$_i$ would you like to bring-him$_i$ with you at MIT'

13b) ?quale studente$_i$ vorresti portarte<u>lo</u>$_i$ all'MIT

'which student$_i$ would you like to bring-him$_i$ with you at MIT'

Nimmt man an, daß der Parser, sobald er die CPspec-Position besetzt hat, nach einer leeren NP-Position zu suchen beginnt, hätte dies zur Folge, daß es keinen Parsingunterschied zwischen *wh* und *wh*-N-Phrasen geben dürfte. Es ist aber auch im Englischen beispielsweise zu beobachten, daß bei *wh-in situ*-Konstruktionen ein *bare quantifier* auf LF obligatorisch in eine non-A-Position bewegt werden muß, was in 14a) nicht möglich ist, da die CPspec-Position bereits besetzt ist. Eine *wh*-N-Phrase muß auf LF dagegen nicht bewegt werden, wie Satz 14b) zeigt:

14a) *Mary asked what who read

14b) Mary asked what which man read[207]

Auch die Ungrammatikalität der folgenden Sätze zeigt einen graduellen Unterschied zwischen *who* und *which boy*:

15a) *who$_i$ don't you remember Mary kissed t$_i$

15b) ?which boy$_i$ don't you remember Mary kissed t$_i$

Für den Verarbeitungsmechanismus könnte dies heißen, daß nach der Verarbeitung einer *wh*-N-Phrase der Parser nicht nach einem *active filler*-Modus verfährt, sondern vielmehr aufgrund des Typs der *wh*-Phrase von der Möglichkeit ausgeht, daß diese Phrase nicht mit einer leeren NP-Position in einer Kettenrelation steht[208].

So sollte für die Verarbeitung angenommen werden, daß die Integration einer Phrase in die CPspec-Position die Distinktion zwischen dem unterschiedlichem Operator-Status der beiden *wh*-Typen nicht neutralisiert. Diese An-

---

207 Cf. Pesetsky (1987).

208 In diese Richtung weisen auch die Daten von Dobrovie-Sorin (1990) aus dem Rumänischen, die darauf hindeuten, daß *wh*-N-Phrasen (*care*-N) - im Gegensatz zu *wh*-Phrasen (*cine*) - keine bzw. restringierte *quantifier* sind. Die zurückbleibenden Spuren sind demnach keine Variablen, da *wh*-N-Spuren weder einen *weak cross over*-Effekt hervorrufen, noch parasitäre Spuren lizensieren. Dobrovie-Sorin führt dieses unterschiedliche Verhalten von einfachen und komplexen *wh*-Phrasen auf die Position des *wh*-Elementes innerhalb der Phrase zurück: Während *cine* wie *who* im Englischen selbst den nominalen Kopf der *wh*-Phrase besetzt, steht das *wh*-Element einer *wh*-N-Phrase in der *specifier*-Position dieser Phrase, in deren Kopfposition ein nominales Element steht. Dadurch wird die Quantifizierungsdomäne auf diese NP begrenzt.

nahme wird auch für die Verarbeitung von Deklarativsätzen im Deutschen relevant, sofern man davon ausgeht, daß Hauptsätze im Deutschen CP-Strukturen sind, i.e. die Uniformitätsthese vertreten wird: Würde der Mechanismus der Spurenpostulierung allein durch die Position aktiviert werden, in die ein deplaziertes Element integriert wird, könnte nicht erklärt werden, daß in ambigen Deklarativsätzen der Art *die Frau sieht das Kind*, für die ebenfalls eine V2-Bewegung und ein Topikalisierungsprozeß, der der *wh*-Bewegung entspricht, die kanonische Abfolge SVO interpretiert wird[209]. Ganz offensichtlich wird der Mechanismus der Spurenpostulierung also auch von Eigenschaften der verarbeiteten Phrase wie (+/- *wh*), (+/- definit) gesteuert.

Auch nach diesen Ausführungen wird die *active filler strategy* nicht grundsätzlich in Frage gestellt. Es zeigte sich aber, daß eine generelle Verarbeitungsstrategie, die pauschal sowohl bezüglich des unterschiedlichen Rektions- und Argumentstatus der Integrationspositionen als auch bezüglich der unterschiedlichen Eigenschaften der bewegten Phrasen formuliert ist, nicht korrekt sein kann. Die Experimente haben gezeigt, daß der Verarbeitungsmechanismus diese syntaktischen Faktoren nicht nivelliert oder ignoriert, vielmehr wird die Sichtbarkeit von Positionen, in die der Verarbeitungsmechanismus Spuren integriert, gerade durch diese Faktoren gesteuert.

6.5 *Experiment 4: Zur Verarbeitung von AcI-Strukturen*

6.5.1 Satzmaterial und Vorhersagen

Wie im vorangegangenen Kapitel gezeigt werden konnte, ist der Verarbeitungsmechanismus bestrebt, für ein extrahiertes Element so schnell wie möglich eine Lücke innerhalb der syntaktischen Struktur zu finden. Dies geschieht

209 Untersuchungen zur Verarbeitung deutscher Deklarativsätze, in denen Topikalisierung und *Scrambling* stattgefunden hat, liegen nicht vor. Hinzuweisen ist auf Bayer (1992, in Vorb.).

jedoch nicht "blind" nach einer festen Heuristik wie etwa der *active filler strategy*, sondern unter Berücksichtigung sowohl von Informationen über den Argument- und Rektionsstatus einer Position als auch spezifischer Eigenschaften des Füllerelementes.

Generell wurde festgestellt, daß Subjektextraktionen schwerer zu verarbeiten sind als Objektextraktionen. Offen geblieben ist dabei jedoch die Frage, ob der thematische Status des Subjekts als AGENS einer Proposition für diese Schwierigkeit verantwortlich ist, der Argumentstatus der IPspec-Position, die Art der Kasuszuweisung oder bei Subjektextraktion notwendige zusätzliche kasusbedingte Bewegung, die den Mechanismus der Spurenpostulierung in einen Zusammenhang mit der Kettenkomplexität stellt. Die folgenden Experimente sollen diese Frage zu klären versuchen.

Das Bestreben des Verarbeitungsmechanismus, die Spur eines Füllerelementes möglichst schnell zu integrieren, soll nun an unterschiedlichen Verbgruppen überprüft werden, um festzustellen, ob und wieweit verbspezifische Informationen einen Einfluß auf den Mechanismus der Spurenpostulierung ausüben, der sich bei der Untersuchung von Brückenverben schon angedeutet hat. Eine für Subjekt-Objektextraktionen besonders relevante Situation liegt bei AcI-Strukturen vor, in denen eine Phrase gleichzeitig Subjekt- und Objektcharakter hat. AcI-Verben wie *sehen, hören, lassen* betten einen *zu*-losen Infinitiv ein; sie regieren also den 1. Status[210]:

16a) ich sehe den Jungen das Mädchen abholen

In Satz 16a) weist das AcI-Verb *sehen* der NP *den Jungen* den Kasus Akkusativ zu, diese NP ist thematisch aber das AGENS des eingebetteten Verbs *abholen*. AcI-Strukturen besitzen also die besondere Eigenschaft, daß eine Phrase der eingebetteten Proposition vom Matrixverb unter Rektion mit einem *objective case* markiert und vom eingebetteten Verb als Subjekt thetamarkiert wird. Die Subjektphrasen von unter AcI-Verben eingebetteten Propositionen

210 Cf. Bech (1955).

sind also ambifunktional. Die thematischen Subjekte der eingebetteten Proposition können innerhalb dieses Komplementes keinen Kasus bekommen, da kein finites Infl vorhanden ist[211]. Die Subjekte, i.e. die thematischen Subjekte der eingebetteten Proposition tragen also Rektionskasus im Gegensatz zu den Subjektphrasen finiter Sätze. Charakteristisch für AcI-Verben ist also folgende Konstellation:

16b) NP_{Subj} - $Verb_{AcI}$ - [$NP_{\Theta\text{-}Subj/Kasus\text{-}Obj}$ - (NP_{Obj}) - V]

In Satz 17) liegt damit ein weiterer Typ von Subjekt-Objekt-Ambiguität vor: Es handelt sich hier um eine permanente Ambiguität, da beide NPs, die nach dem Matrixverb erscheinen, den Akkusativ tragen. In 17i) ist die *wh*-Phrase Subjekt, in 17ii) Objekt der eingebetteten Proposition, wie die Position der Spuren deutlich macht:

17) welche Frau hörtest du den Nachbarn einladen

i) welche $Frau_i$ hörtest du t_i den Nachbarn einladen

ii) welche $Frau_i$ hörtest du den Nachbarn t_i einladen

Das Kriterium der Kettenlänge bzw. -komplexität kann im Fall von AcI-Strukturen keine Entscheidung herbeiführen, da sich die Kettenlänge bei Subjekt- und Objektextraktion nicht unterscheidet: AcI-Verben haben im Deutschen *zu*-lose Infinitiv-Komplemente, so daß von VP-Einbettungen auszugehen ist. Diese Analyse impliziert die *lexical clause hypothesis*, wonach das Subjekt in der VP basisgeneriert wird. Das "Subjekt" der eingebetteten Proposition verbleibt in seiner basisgenerierten Position innerhalb der VP, da die Kasusmarkierung ja über das Verb *hören* erfolgt. Eine zusätzliche Bewegung des Subjekts in die IPspec-Position aus Kasusgründen ist nicht notwendig. Dies be-

211 Bei englischen ECM-Strukturen *John expected him to go, I want him to leave* handelt es sich um IP-Einbettungen, da der Infinitivmarkierer *to* erscheint; ECM-Verben regieren im Englischen also den 2. Status. Im Deutschen erscheint kein Infinitivmarkierer, i.e. es liegen VP-Einbettungen vor (cf. Haider 1984, Rosengren 1990).

deutet, daß auch das Subjekt direkt aus der Basisposition extrahiert wird, wie die folgende Struktur zeigt:

17')

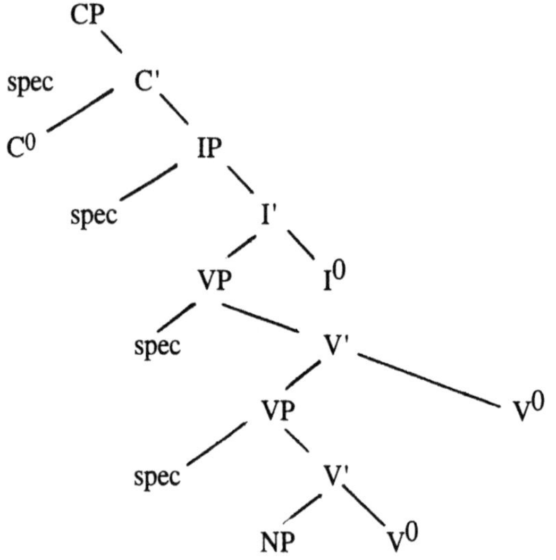

du die Frau den Mann einladen hören

du den Mann die Frau einladen hören

Bezüglich der Komplexität der Kette besteht also kein Unterschied zwischen Subjekt- und Objektextraktion; aufgrund der Kettenlänge kann daher keine Vorhersage gemacht werden. Für den Mechanismus der Spurenpostulierung kann nun gerade die Untersuchung von AcI-Strukturen weitere Erkenntnisse darüber liefern, ob die Position einer extrahierten Phrase oder der thematische Charakter dieser Phrase die Integration der Spur steuert.

In einer Experimentreihe wurden daher die Lesezeiten für Sätze ermittelt, in denen das Subjekt oder das Objekt aus einer unter einem AcI-Verb eingebetteten Proposition extrahiert wurde. Wiederum beginnt der Satz mit einer bezüglich der Kasusmarkierung ambigen *wh*-Phrase. Im weiteren Verlauf des Satzes ergibt sich die Disambiguierung der Phrase am Satzanfang aufgrund einer nachfolgenden maskulinen Phrase, die eine eindeutige Akkusativmarkierung aufweist. Aufgrund der AcI-Eigenschaft des Matrixverbs ist bis zu dieser Stelle im Satz nicht zu entscheiden, welche der beiden Phrasen Subjekt oder

Objekt der eingebetteten Proposition ist[212]. Ein darauffolgendes genusspezifisches Possessivpronomen löst diese Ambiguität auf, so daß die Verarbeitungszeiten dieses Pronomens Aufschluß über die Interpretation der ambigen Phrasen im vorangehenden Satz geben können. Die Sätze weisen also eine Ambiguität zwischen dem Subjekt und dem Objekt der eingebetteten Proposition auf[213]. Um den Einfluß der lexikalischen Informationen zu überprüfen, wurde wiederum bezüglich der Position des lexikalischen Verbs variiert.

18a) welche Frau hörtest du den Nachbarn zu ihrem Fest einladen

18b) welche Frau hörtest du den Nachbarn zu seinem Fest einladen

19a) welche Forscherin ließ der Dekan den Professor auf seiner Reise begleiten

19b) welche Forscherin ließ der Dekan den Professor auf ihrer Reise begleiten

20a) welche Frau hast du den Nachbarn zu ihrem Fest einladen hören

20b) welche Frau hast du den Nachbarn zu seinem Fest einladen hören

21a) welche Forscherin hat der Dekan den Professor auf seiner Reise begleiten lassen

21b) welche Forscherin hat der Dekan den Professor auf ihrer Reise begleiten lassen

In Satz 18a) macht das Possessivpronomen *ihrem* deutlich, daß *die Frau* Subjekt der eingebetteten Proposition ist (*jemand hört, wie eine Frau den Nachbarn zu ihrem Fest einlädt*). In Satz 18b) dagegen erscheint das Possessivpronomen *seinem*, was deutlich macht, daß es in diesem Fall *der Mann* ist, der Subjekt des Verbs *einladen* ist. Wird nun die ambige Phrase am Satzanfang als Subjekt der eingebetteten Proposition interpretiert, müßte die Verarbeitung von

---

212 Durch die Wahl eines Subjekts in der 2. Pers. Sg. ist das Subjekt des Matrixsatzes wiederum fixiert worden.

213 Es liegt also folgende Struktur vor: wh - S1(fix) - S2 - O2

Satz 18b) größere Schwierigkeiten machen, da in diesem Fall eine Restrukturierung stattfinden muß. In den Satzpaaren 20) und 21) wurde die V2-Bewegung durch das Auxiliar vollzogen, so daß das AcI-Verb am Satzende erscheint.

6.5.2 Ergebnisse und Diskussion

Den Versuchspersonen wurden 14 Satzpaare präsentiert, wobei folgende Lesezeiten für die disambiguierende Präpositionalphrase gemessen wurden:

Satztyp	Subjektextraktion	Objektextraktion
(18) AcI-Struktur; AcI-Verb in C^0	711	750[214]
(20) AcI-Struktur; AcI-Verb in V^0	859	821[215]

Tabelle 5: Extraktion aus AcI-Strukturen

Die gemessenen Lesezeiten in den Sätzen, in denen das AcI-Verb nach C^0 bewegt wurde, zeigen, daß die disambiguierenden Präpositionalphrasen in den Sätzen signifikant schneller verarbeitet werden, wenn sich aufgrund des disambiguierenden Pronomens ergibt, daß die ambige *wh*-Phrase am Satzanfang das Subjekt der eingebetteten Proposition ist. Die Sätze, in denen die *wh*-Phrase am Satzanfang aufgrund des eindeutigen Possessivpronomens als Objekt des Satzes interpretiert werden muß, weisen höhere Verarbeitungszeiten auf. Wenn

---

214 $t(48) = 2.5; p < .05$

215 $t(48) = 1.6; p > .05$ (n.s.)

also ein AcI-Verb verarbeitet wird, wird die ambige *wh*-Phrase als Subjekt der nachfolgenden Proposition interpretiert[216].

Betrachtet man den Rektionsstatus der Einfügeposition, ergibt sich folgende Erklärung für die Postulierung der Spur in der postverbalen Position, also als Subjekt der eingebetteten Proposition; diese ist mit den oben gemachten Annahmen zur Spurenpostulierung vereinbar: Die Spur der extrahierten Phrase wird in die erste Argumentposition oder die erste Position mit komplementären Merkmalen integriert. Aufgrund der spezifischen Informationen über das bereits verarbeitete Matrixverb kann die *wh*-Phrase in die postverbale Argumentposition, die lexikalisch vom Matrixverb regiert und kasusmarkiert ist, integriert werden.

Der zweite Teil des Experimentes ging der Frage nach, wie AcI-Strukturen verarbeitet werden, in denen das AcI-Verb am Satzende erscheint wie in den Sätzen 20) und 21). Es wurden hier also Sätze präsentiert, in denen die V2-Bewegung im Matrixsatz mit einem Auxiliar vollzogen wurde, so daß die verbspezifischen Eigenschaften innerhalb des Satzes nicht zur Verfügung stehen.

Wie die Tabelle (5) zeigt, konnten bei der Verarbeitung dieser Sätze keine signifikanten Unterschiede festgestellt werden. Auffallend sind zunächst die insgesamt höheren Lesezeiten der disambiguierenden Präpositionalphrasen, was darauf hindeutet, daß die Verarbeitung dieser Strukturen größere Anforderungen an das Verarbeitungssystem stellt. Im Gegensatz zu den Sätzen, in denen das AcI-Verb früh zur Verfügung steht, werden in diesen Sätzen keine Hinweise für die Strukturierung des nachfolgenden Satzmaterials gegeben. Die Tatsache, daß bei der Verfügbarkeit der verbspezifischen Informationen ein signifikanter Verarbeitungseffekt festgestellt wurde, der bei Nicht-Verfügbarkeit dieser Informationen ausbleibt, weist darauf hin, daß itemspezifische Informationen tatsächlich berücksichtigt werden. Für die Verarbeitung eines AcI-Verbs bedeutet dies, daß die postverbale Position, i.e. die spec-Position

---

216 Die Methode des wortweisen Lesens, die nur einen Vergleich der disambiguierenden Elemente erlaubt, ist nicht in der Lage, den genauen Zeitpunkt zu bestimmen, wann die Interpretation der ambigen Phrase erfolgt.

des VP-Komplements vom AcI-Verb lexikalisch regiert, unter Rektion kasusmarkiert und von einem nachfolgenden Verb Θ-markiert ist, so daß in dieser Position die Spur für die extrahierte Phrase postuliert werden kann. Aufgrund der Untersuchung von AcI-Strukturen kann die wichtige Schlußfolgerung gezogen werden, daß sich die Schwierigkeiten der Subjektextraktion aus Matrixsätzen oder eingebetteten finiten Sätzen aus den spezifischen Merkmalen der IPspec-Position ergeben. Unter der Annahme der *lexical clause hypothesis* ist mit der Extraktion des Subjekts aus Matrixsätzen und eingebetteten finiten Sätzen aus Kasusgründen immer eine zusätzliche Bewegung in die kasusmarkierte IPspec-Position notwendig. Die Ergebnisse zur Verarbeitung von AcI-Strukturen bestätigen somit die These, daß sowohl der Rektions- als auch der Argumentstatus der Einfügepositionen für den Mechanismus der Spurenpostulierung relevant ist. Auch in den Strukturen, in denen die Kettenkomplexität keine Entscheidung herbeiführen kann, wie es in den AcI-Strukturen der Fall ist, verfährt der Verarbeitungsmechanismus nach dem Prinzip, die Spur einer ambigen *wh*-Phrase in die erste rektionskasusmarkierte Argumentposition zu integrieren. Der Rektions- und der Argumentstatus einer Position entscheidet also darüber, ob eine Position für den Mechanismus der Spurenpostulierung sichtbar ist oder nicht.

6.6 *Experiment 5 und 6: Zur Verarbeitung von Kontrollstrukturen*

6.6.1 Satzmaterial und Vorhersagen

In den dargestellten Experimenten wurde die Postulierung von Spuren nach der Verarbeitung extrahierter mehrdeutiger *wh*-Phrasen untersucht. Dabei war zum einen deutlich geworden, daß Spuren bevorzugt in Argumentpositionen integriert werden, und zum anderen, daß auch verbspezifische Informationen berücksichtigt werden. Diese These soll im folgenden an der Klasse der Kontrollverben überprüft und erweitert werden, da Kontrollstrukturen einen weiteren Typ von leeren Kategorien, die leere pronominale Anapher PRO, enthalten.

Die wesentliche Kritik an der von Frazier, Clifton & Randall (1983) formulierten *most recent filler strategy* (MRFS) für die Verarbeitung von Kontrollstrukturen bezog sich auf die Tatsache, daß diese Strategie unabhängig vom Mechanismus der Spurenpostulierung formuliert wurde.

22a) everyone liked the woman$_i$ who$_i$ the little child$_j$ begged PRO$_j$ to song those stupid songs for t$_i$

22b) everyone liked the woman$_i$ who$_i$ the little child begged t$_i$ PRO$_i$ to song those stupid songs

Das Phänomen, daß in temporär ambigen Sätzen eine *recent filler*-Struktur schneller verarbeitet wird als eine *distant filler*-Struktur, läßt die von Frazier, Clifton & Randall (1983) gezogene Schlußfolgerung nicht zu: Wenn in einer temporär ambigen *distant filler*-Struktur wie in Satz 22b) ein Verzögerungseffekt gegenüber einer *recent filler*-Struktur festgestellt wird, dann muß dieser Effekt nicht notwendigerweise auf die Wirksamkeit einer *most recent filler strategy* zurückgeführt werden, vielmehr kann die Verzögerung darin begründet liegen, daß zwei aufeinanderfolgende leere Kategorien verarbeitet werden müssen, oder aber es liegt eine Präferenz für eine intransitive Matrixverbanalyse vor, die dann revidiert werden muß. Diese Analyse, die von einer Steuerung des Strukturaufbaus durch verbspezifische Informationen ausgeht, stellt die Verarbeitung von Kontrollstrukturen in einen Zusammenhang mit dem Mechanismus der Spurenpostulierung, der im folgenden Experiment überprüft werden soll. Aufschluß über die Wirksamkeit der *most recent filler strategy* könnte die Untersuchung von Sätzen geben, in denen ein entfernter Kontrolleur gewählt werden muß <u>und</u> ein näherstehender Kontrolleur vorhanden ist, wie es etwa bei dem Verb *promise* der Fall ist. Es müßte zunächst unabhängig vom Mechanismus der Spurenpostulierung untersucht werden, ob Satz 23a) mit entferntem Kontrolleur schwerer zu verarbeiten ist als Satz 23b).

23a) I_i promised John PRO_i to restrain myself

23b) I forced $John_i$ PRO_i to restrain himself

Außerdem könnte in temporär ambigen Sätzen untersucht werden, welche Kontrollstruktur bevorzugt hergestellt wird, was sich an unterschiedlichen Lesezeiten für das disambiguierende Pronomen zeigt.

24a) the boy_i asked his mother PRO_i to wash $himself_i$

24b) the boy asked his $mother_i$ PRO_i to wash $herself_i$

Wird in Satz 24a) *himself* schneller verarbeitet als *herself* in Satz 24b), würde dies gegen die *most recent filler strategy* sprechen. Wird dagegen Satz 24b) schneller verarbeitet, könnte es als Hinweis auf die Wirksamkeit einer *most recent filler strategy* verstanden werden.

Im Deutschen bietet sich die Möglichkeit, der Frage nach dem Zusammenhang von Spurenpostulierung und der Herstellung von Kontrollrelationen sowie nach dem Ausnutzen verbspezifischer Kontrollinformationen nachzugehen, indem man Satzpaare untersucht, in denen die Position des Kontrollverbs variiert[217].

25a) welche $Frau_i$ bat t_i $Hans_j$ PRO_j mit ihr_i spazierenzugehen

25b) welche $Frau_i$ bat $Hans_j$ t_i PRO_i mit ihm_j spazierenzugehen

26a) welche $Frau_i$ hat t_i $Hans_j$ PRO_j mit ihr_i spazierenzugehen überredet

26b) welche $Frau_i$ hat $Hans_j$ t_i PRO_i mit ihm_j spazierenzugehen überredet

---

217 Dies zeigt, daß die Einschätzung von Nicol (1988:46) bezüglich des Vorhandenseins einer Verarbeitungsstrategie allenfalls eine Reaktion auf sprachspezifische Gegebenheiten des Englischen ist: "... such a heuristic could be motivated by a need to make early coindexing commitments combined with a delay in availability. However there is no reason to believe that the processing system would be forced into coindexing commitments prior to the availability of verb control information since no structural commitments rest on the coindexing of the subject gap."

Das Verb *bitten* ist objektkontrollierend, sofern es transitiv verwendet wird. Die Sätze 25a) und 25b) haben V2-Stellung, so daß die Kontrollinformationen verfügbar sind. In den Sätzen 26) vollzieht das Auxiliar die V2-Bewegung, so daß das Kontrollverb am Satzende erscheint. Die Sätze sind temporär mehrdeutig: Die *wh*-Phrase am Satzanfang kann entweder Subjekt oder Objekt des Matrixsatzes sein: *die Frau bittet Hans, daß er mit ihr spazieren geht / Hans bittet die Frau, daß sie mit ihm spazieren geht*. Die Sätze werden durch ein genusspezifisches Pronomen im eingebetteten infiniten Satz disambiguiert, so daß die Lesezeiten für das Pronomen Aufschluß über die bevorzugte Interpretation der extrahierten *wh*-Phrase geben können. Wird das Pronomen *ihr* in Satz 25a) und 26a) schneller verarbeitet als das Pronomen *ihm* in den Sätzen 25b) und 26b), hat die Versuchsperson die ambige *wh*-Phrase am Satzanfang als Subjekt des Matrixsatzes interpretiert, *Hans* als Objekt des Matrixsatzes und als Kontrolleur von PRO. Wird dagegen in den Sätzen 25b) und 26b) *ihm* schneller verarbeitet, hat die Versuchsperson die *wh*-Phrase als Objekt interpretiert, die dann über die Spur PRO kontrolliert.

Legt man die Ergebnisse der vorangehenden Experimente zugrunde, wäre zu erwarten, daß gemäß der bevorzugten Interpretation der mehrdeutigen extrahierten *wh*-Phrase als Objekt die Struktur 25b) aufgebaut wird: In der postverbalen Position wird eine Spur integriert, wonach der Satz mit dem Pronomen *ihm* fortzusetzen wäre. Satz 25a) müßte längere Verarbeitungszeiten zeigen, da hier aufgrund des Pronomens *ihr* eine Uminterpretation der *wh*-Phrase zum Subjekt des Matrixsatzes stattfinden müßte.

6.6.2 Ergebnisse und Diskussion

Den Versuchspersonen wurden 14 Satzpaare des Typs 25) und 26) vorgelegt, und es wurden folgende Lesezeiten ermittelt:

Satztyp	Subjektextraktion	Objektextraktion
(25) Kontrollstruktur; Verb in C^0	1009	1030[218]
(26) Kontrollstruktur Verb in V^0	1407	1258[219]

Tabelle 6: Extraktion aus Kontrollstrukturen

Die gemessenen Lesezeiten zeigen, daß bei der Verarbeitung der Sätze, in denen das Kontrollverb nach C^0 bewegt wurde, kein signifikanter Unterschied festzustellen ist. Dies deutet darauf hin, daß durch die Verarbeitung des Kontrollverbs *bitten* die Objektinterpretation der ambigen Phrase am Satzanfang blockiert wird. Betrachtet man die Abhängigkeiten in 27), stellt man fest, daß sich die Komplexität der beiden Strukturen bezüglich der Ketten unterscheidet:

27a) welche $Frau_i$ bittet t_i $Hans_j$ PRO_j mit ihr spazierenzugehen

27b) welche $Frau_i$ bittet Hans t_i PRO_i mit ihm spazierenzugehen

In Struktur 27a) liegen zwei voneinander unabhängige zweigliedrige Abhängigkeiten vor: Zum einen die Relation zwischen der extrahierten Phrase und ihrer Spur und eine davon unabhängige Kontrollrelation zwischen dem lexikalischen Objekt und dem leeren Subjekt PRO. Wird dagegen die *wh*-Phrase als Objekt interpretiert, ergibt sich eine komplexe dreigliedrige Indexreihe, die

218 $t(56) = 0.6$; $p > .05$ (n.s.)

219 $t(56) = 7.8$; p. $< .001$

gleichzeitig die Extraktionskette und die Kontrollrelation repräsentiert: In der Strukturierung 27b) liegen zwei leere Elemente unterschiedlicher Kategorie in direkter Nachbarschaft vor, die koindiziert sind. Die Kontrollrelation wird hier also über eine leere Kategorie, die Spur der *wh*-Phrase vermittelt. Die Ergebnisse legen nahe, daß die Verarbeitung des Kontrollverbs die Interpretationsstrategie für die *wh*-Phrase - wie sie bei einfachen transitiven Verben beobachtet wurde - blockiert, um auf diese Weise die komplexe Abhängigkeit aufgrund zweier benachbarter leerer Kategorien zu vermeiden. Es scheint der Fall zu sein, daß der Sprachverarbeitungsmechanismus nach der Verarbeitung eines Objektkontrollverbs der Integration einer lexikalischen NP in die Objektposition des Verbs Priorität gibt, da auf diese Weise adjazente leere Kategorien vermieden werden können.

28a) welche $Frau_i$ hat t_i $Hans_j$ PRO_j mit ihr_i spazierenzugehen gebeten

28b) welche $Frau_i$ hat $Hans_j$ t_i PRO_i mit ihm_j spazierenzugehen gebeten

In den Sätzen, in denen das Kontrollverb zum Zeitpunkt der Koindizierung nicht zur Verfügung steht, weil die V2-Bewegung durch das Auxiliar vollzogen wird und der infinite Komplementsatz im Mittelfeld erscheint[220], zeigt sich ein signifikanter Verarbeitungsunterschied: In der Struktur 28a) benötigen die Versuchspersonen länger für die Verarbeitung der disambiguierenden Phrase als in Satz 28b). Die höheren Lesezeiten deuten an, daß in der Struktur 28a) eine Restrukturierung der bereits aufgebauten Struktur durch die Präsentation des disambiguierenden Pronomens erzwungen wird. Geht man von der Beobachtung aus, daß eine extrahierte mehrdeutige Phrase bevorzugt als Objekt interpretiert wird, dann wird hier *welche Frau* zunächst als Objekt des Matrixsatzes interpretiert und das nachfolgende PRO über die Spur in der Objektposition kontrolliert. Wenn dann allerdings das disambiguierende Pronomen *ihr* verarbeitet wird, wird deutlich, daß die hergestellte Kontrollrelation revidiert wer-

220 Im Gegensatz zu V2-Komplementen von Brückenverben, die nicht im Mittelfeld erscheinen können.

den muß. Grammatisch korrekt wäre der Satz, wenn die extrahierte Phrase als Subjekt des Matrixsatzes und *Hans* als Objekt interpretiert wird, unter dieser Struktur wäre das disambiguierende Pronomen zu interpretieren. Diese Reanalyse wird offensichtlich vorgenommen, was die erhöhte Verarbeitungszeit begründet.

In Sätzen, in denen das Objektkontrollverb am Satzende erscheint, tritt also ein deutlicher Verarbeitungsunterschied auf, der darauf hindeutet, daß die *wh*-N-Phrase als Objekt interpretiert wird - gemäß der beobachteten Objektpräferenz bei ambigen *wh*-Phrasen. In solchen Sätzen jedoch, in denen ein Objektkontrollverb früh im Satz erscheint, scheint genau diese Tatsache eine Blockierung oder ein Überschreiben dieser Strategie zu bewirken: Die *wh*-N Phrase wird aufgrund der Präsenz des Kontrollverbes in C^0 nicht sofort als Objekt interpretiert. Der ausbleibende Effekt für Satzpaare der Art 25) deutet darauf hin, daß durch die Verarbeitung des Objektkontrollverbs der Verarbeitungsmechanismus ein lexikalisches Objekt vorzieht, um einen lexikalischen Kontrolleur für ein nachfolgendes PRO zur Verfügung zu haben und - als Konsequenz - zwei adjazente leere Kategorien zu vermeiden.

Experiment 6

In einer weiteren Experimentreihe wurden Sätze getestet, bei denen eine lokale Ambiguität zwischen dem Objekt des Matrixverbs (O1) und dem Objekt der eingebetteten Proposition (O2) konstruiert wurde (S1 - V - <u>O1</u> - PRO - <u>O2</u>).

29a) welchem Kollegen befahl der Chef seiner Mitarbeiterin bei seinem Umzug zu helfen

29b) welchem Kollegen befahl der Chef seiner Mitarbeiterin bei ihrem Umzug zu helfen

In diesen Sätzen erscheint am Satzanfang eine extrahierte *wh*-Phrase, die mit dem Dativ eindeutig als Objekt kasusmarkiert ist. Kopf der Subjekt-NP des Matrixsatzes ist ein maskulines Nomen, so daß ein eindeutiger Nominativ die Phrase als Subjekt fixiert. Ein zweites kasuseindeutiges Objekt erscheint, das sich vom extrahierten Objekt jedoch im Genus unterscheidet, so daß wiederum eine Disambiguierung durch ein genusspezifisches Pronomen herbeigeführt werden kann. Folgende Lesezeiten wurden erhoben:

Satztyp	O1- Extraktion	O2-Extraktion
(29) Kontrollstruktur	1067	962[221]

Tabelle 7: Objektextraktion aus Kontrollstrukturen

Aufgrund der Ergebnisse bei der Verarbeitung der AcI-Strukturen wäre zu erwarten, daß diese Phrase als "erstes" Objekt, also als Objekt des Matrixsatzes interpretiert würde. Dieses ist jedoch nicht der Fall, vielmehr wird die Struktur schneller verarbeitet, in der die ambige Phrase Objekt des eingebetteten Satzes ist. Es wird also wieder die "frühe" Postulierung einer Spur blockiert. Dies deutet darauf hin, daß das Vorhandensein eines Objektkontrollverbs dazu führt, daß in der Objektposition ein lexikalisches verfügbares Objekt integriert wird, das als lexikalischer Kontrolleur für das nachfolgende PRO zur Verfügung steht. Auf diese Weise ergeben sich wieder zwei voneinander unabhängige Relationen (30a): lexikalisches Objekt - PRO; wh - t(O2). Die alternative Struktur (30b) dagegen würde eine komplexe Indexreihe bedeuten, die sowohl die Extraktions- wie auch die Kontrollrelation repräsentiert: (wh - t(O1) - PRO).

30a) wh_i befahl der Chef NP_j PRO_j t_i NP PP

30b) wh_i befahl der Chef t_i PRO_i NP PP

Zusammenfassend kann festgestellt werden, daß der Verarbeitungsmechanismus durch verbspezifische Informationen wie AcI- oder Kontrollinformationen gesteuert wird. Es zeigte sich bei der Verarbeitung von Kontrollstrukturen, daß Kontrollrelationen im Verbund mit dem Mechanismus der Spurenpostulierung

221 $t(48)$ 2.3; $p < .05$

etabliert werden: In den vorangehenden Experimenten konnte gezeigt werden, daß der Sprachverarbeitungsmechanismus Spuren für ambige *wh*-Phrasen bevorzugt in die Komplementpositionen von Verben integriert. Bei der Verarbeitung von Kontrollstrukturen wurde jedoch sichtbar, daß die Verarbeitung eines Kontrollverbs diese Integration blockiert, was damit begründet wurde, daß der Parser die Kontrolle eines leeren pronominalen Elementes durch ein anderes leeres Element, die Spur der *wh*-Phrase, zu vermeiden sucht. Stehen spezifische Informationen über die nachfolgende Satzstruktur nicht zur Verfügung, wie dies in den Sätzen der Fall ist, in denen der Komplementsatz dem Kontrollverb vorangeht, folgt der Verarbeitungsmechanismus dem Prinzip, die Spur einer verarbeiteten Phrase in die erste Argumentposition zu integrieren, was dann jedoch aufgrund der besonderen Kontrollrelationen zu Verarbeitungsschwierigkeiten führen kann, wie die Sätze 26) gezeigt haben. Die bei den Experimenten zur Verarbeitung von Kontrollstrukturen erhobenen Daten deuten darauf hin, daß der Verarbeitungsmechanismus aufgrund verbspezifischer Informationen eine "Bilanzierung" der Konsequenzen für die Satzstruktur durchführt. Der Verarbeitungsmechanismus folgt also nicht "blind" globalen Strategien, sondern ist in der Lage, verbspezifische Informationen zu berücksichtigen und strukturelle Konsequenzen abzusehen.

6.6.3 Das "Prinzip der Minimalen Distanz"

Die Tatsache, daß die Verarbeitungszeiten für Objektkontrollsätze länger sind als für Subjektkontrollsätze[222], sofern die Kontrollinformationen zur Verfügung stehen, konnte aufgrund der im vorangehenden dargestellten Experimente dahingehend differenziert und begründet werden, daß die Kontrollrelationen im Zusammenhang mit dem Mechanismus der Spurenpostulierung etabliert werden. Dies führt in Objektkontrollsätzen dazu, daß zwei adjazente leere Kategorien zu verarbeiten sind, was an den Sprachverarbeitungsmechanismus eine besondere Anforderung stellt. Stehen dem Verarbeitungsmechanismus die Kontrolleigenschaften des Verbs zur Verfügung, versucht der Parser, adjazente leere Kategorien zu vermeiden. Die Berücksichtigung verbspezifischer Kontrollinformationen und das Bestreben des Verarbeitungsmechanismus, möglichst einfache Relationen herzustellen, konnte damit bestätigt werden.

Auch die Ergebnisse von Frazier, Clifton & Randall (1983) haben als *whole sentence comprehension times* ihre Bedeutung, da sie zeigen, daß in Sätzen, in denen keine Bewegung stattgefunden hat, in denen also der Mechanismus der Spurenpostulierung nicht relevant wird, und in Sätzen, die eindeutige Kontrollverben enthalten, Subjektkontrollsätze schneller zu verarbeiten sind als Objektkontrollsätze. Rosenbaum (1970) formulierte bezüglich der Kontrolleigenschaften von Verben das *principle of minimal distance* (PMD):

> PRINCIPLE OF MINIMAL DISTANCE
>
> "The generalization that determines which of the two noun phrases in the main sentence must be identical to the initial noun phrase of the complement can be expressed in terms of a principle of minimal distance (PMD) ... Distance here naturally can be defined in terms of the underlying phrase structure itself by making reference to the number of branches in the path which separates the NP nodes in the main sentence from the initial NP node in the complement." (Rosenbaum 1970:26)

---

222 Diese Beobachtung war von Frazier, Clifton & Randall (1983) auf die Wirksamkeit der *most recent filler strategy* zurückgeführt worden.

Während Objektkontrollverben das Prinzip der Minimalen Distanz direkt erfüllen, scheinen Subjektkontrollverben wie beispielsweise das Verb *promise* Rosenbaums PMD zu widersprechen: Obwohl *promise* ein Objekt selegiert, übt es Subjektkontrolle aus.

31) John$_i$ decided ($_{CP}$ PRO$_i$...)

32) John forced Mary$_i$ ($_{CP}$ PRO$_i$...)

33) John$_i$ promised Mary ($_{CP}$ PRO$_i$...)

In Satz 33) ist das dem leeren pronominalen Element PRO in der Subjektposition des eingebetteten Satzes nächste Element das Objekt des Matrixsatzes. Das Kontrollverhalten von *promise* scheint also dem PMD zu widersprechen.

Larson (1987) nimmt aufgrund der Untersuchung von Doppelobjektkonstruktionen folgende zugrunde liegende thematische Hierarchie an: AGENT > THEME > GOAL > OBLIQUES (manner, location, time...). Ausgehend von dieser Abfolge, in der das direkte Objekt dem indirekten Objekt vorangeht (DO>IO), analysiert Larson (1987) das Verb *promise* als ein bitransitives Verb, wobei das infinitivische Satzkomplement als zugrunde liegendes direktes Objekt betrachtet wird. Die besonderen Kontrolleigenschaften von *promise* ergeben sich daraus, daß *promise* ein Dativobjekt selegiert.

34a) John promised a car to Mary

34b) John promised Mary a car

34c) John promised Mary to go

34a')

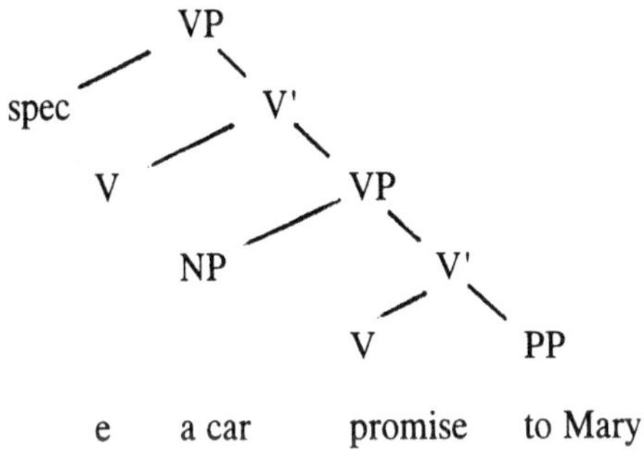

In der Struktur 34a) enthält die VP *promised a car to Mary* eine Subjekt-Prädikat-Struktur. Ein leeres V selegiert ein VP-Komplement mit einem Spezifikator *a car*, einem Kopf *promise* und einem Komplement *to Mary*. Das Verb zusammen mit der PP bildet das Prädikat *promise to Mary*, das prädiziert wird über das Subjekt *a car* und so eine satzähnliche Struktur bildet: *a car promised to Mary*. Diese VP bildet wiederum ein Prädikat, das prädiziert wird über das Subjekt *John*. Die korrekte S-Struktur wird abgeleitet durch eine Bewegung des Verbs in den leeren V-Knoten. Diese Bewegung wird motiviert durch Kasus- und Kongruenzanforderungen: *promise* muß in eine Kopfposition, die von Infl regiert wird, um Tense- und Kongruenzmerkmale zu erhalten. Das Objekt *a car* muß von einem Verb regiert werden, um Kasus zu erhalten.

35)

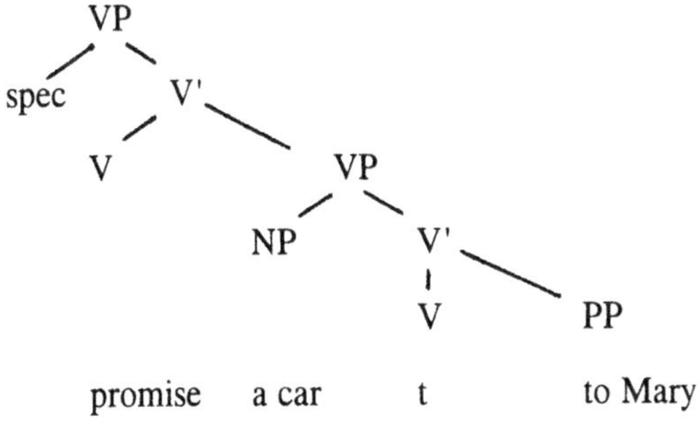

Die Doppelobjektkonstruktion *John promised Mary a car* in Satz 34b) wird wiederum durch eine Bewegung aus der *to*-Dativkonstruktion abgeleitet, die - ähnlich wie eine Passivbewegung - durch folgende Eigenschaften motiviert wird: Es findet aufgrund von *to*-Absorption keine Kasuszuweisung an das

Objekt und keine Θ-Zuweisung an das Subjekt statt. Dies löst die Bewegung des kasuslosen indirekten Objekts in die leere VP-Subjektposition aus. Die absorbierte Subjekt-Thetarolle der VP wird auch hier durch eine Adjunktion an die Verb-Projektion realisiert, wie die Strukturen 36) und 37) veranschaulichen sollen:

36)

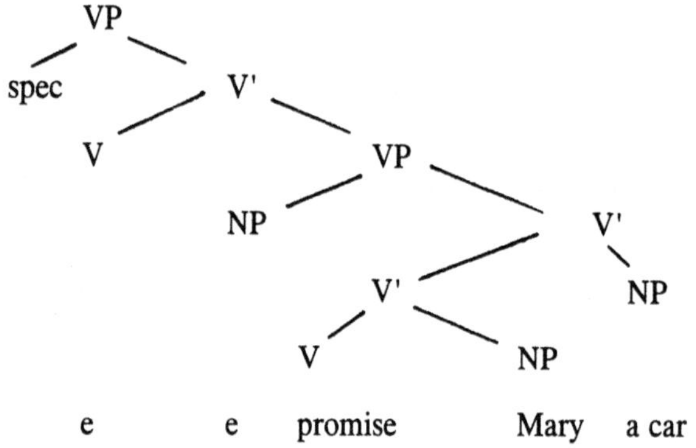

37)

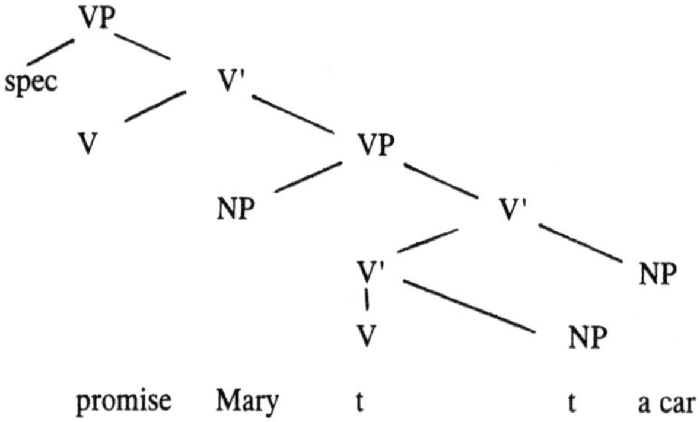

Im Vergleich dazu sieht die D-Struktur von Verben wie *persuade* oder *force*, die ebenfalls ein Objekt und einen infiniten Satz selegieren folgendermaßen aus:

38) John persuaded Mary to return

39)

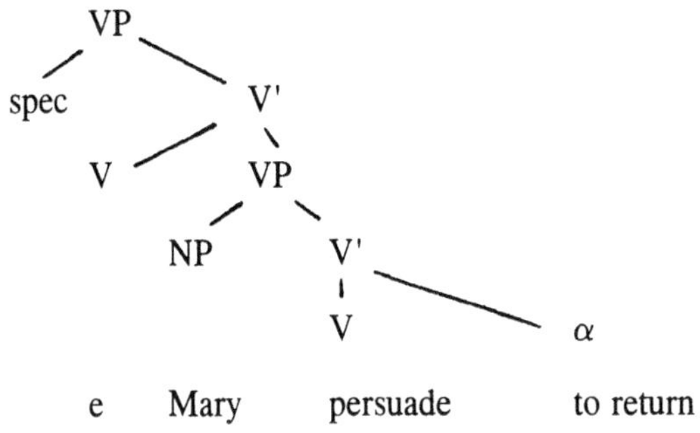

Mary ist das zugrundeliegende Subjekt eines Prädikats *persuade to return*. Auch in dieser Struktur erfolgt V - *raising*; die Abfolge des verbalen Komplements (NP und α) bleibt dabei unverändert. Das D-strukturelle direkte Objekt (*Mary*) bleibt auch das S-strukturelle direkte Objekt.

40)

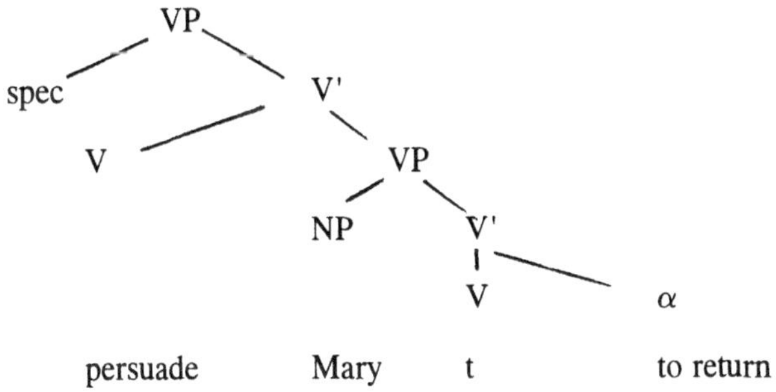

41)

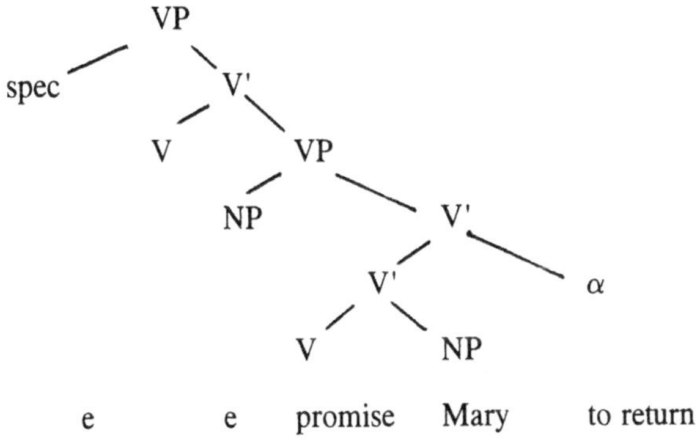

Nimmt man für das Verb *promise* die Doppelobjektanalyse mit dethematisierter VP-Subjektposition, direktem Objekt *to return* als V'-Adjunkt und absorbierter Präposition an, was eine NP-Bewegung des indirekten Objekts in die Position des direkten Objekts auslöst, entsteht folgende S-Struktur:

42)

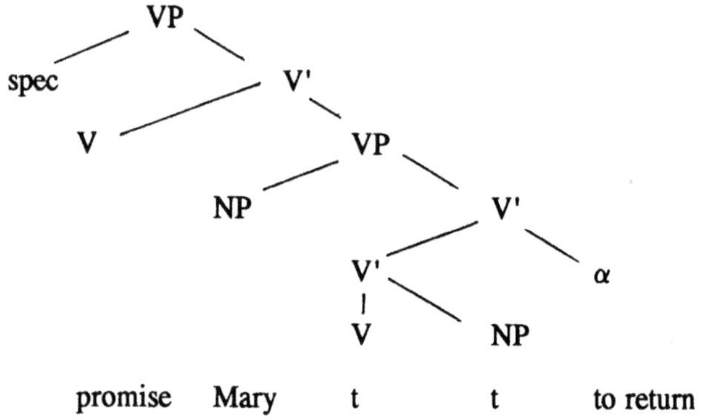

Es ergibt sich also ein Wechsel der grammatischen Relationen zwischen D- und S-Struktur: eine Inversion von direktem und indirektem Objekt. Dies ist - trotz der oberflächlichen Ähnlichkeit der Strukturen - bei Objektkontrollverben wie *persuade* oder *force* nicht der Fall.

Die Wahl des kontrollierenden Elements für PRO kann nun aus Rosenbaums *principle of minimal distance* abgeleitet werden, das hier in einer anderen Formulierung wiederholt wird:

> "An infinitive complement of a predicate P selects as its controller, the minimal c-commanding noun phrase in the functional complex of P." (zitiert nach Larson 1987:11)[223]

Bezüglich der Kontrolleigenschaften kann man bei einem Vergleich der beiden D-Strukturen von *promise* und *persuade* feststellen, daß bei *promise* das S-strukturelle direkte Objekt *Mary* auf der D-Struktur das Element PRO, Subjekt

---

[223] Der Begriff *functional complex for predicate P* meint die lokale Domäne, die Chomsky (1984) für die Anaphernbindung definiert: Die strukturelle Domäne, in der die thematischen Rollen, die das Prädikat vergibt, zugewiesen werden.

der Phrase α in einer V'-Adjunktposition, nicht c-kommandiert; es fällt damit für die Funktion der Kontrolle aus. Das nächstliegende c-kommandierende Element innerhalb des funktionalen Komplexes von *promise* ist das Subjekt des Satzes. Bei *persuade* dagegen ist das S-strukturelle Objekt die nächstliegende NP innerhalb des funktionalen Komplexes, das PRO auf der D-Struktur c-kommandiert, so daß Objektkontrolle vorliegt.

Für den Sprachverarbeitungsmechanismus kann man nun formulieren, daß PRO - entsprechend dem *principle of minimal distance* - durch das nächstliegende obligatorische Argument kontrolliert wird. Das Objekt von *promise* ist dagegen optional und als optionales Argument offensichtlich als Kontrolleur nicht sichtbar.

43) John promised to go

44) *John persuaded to go

So könnte das *principle of minimal distance* für den Verarbeitungsmechanismus wie folgt umformuliert werden: Das leere Subjekt PRO eines infiniten Satzes wird durch das nächstliegende c-kommandierende obligatorische Argument kontrolliert. Das Kontrollverhalten von *promise* ergibt sich also unter dem *principle of minimal distance* aus seinen Doppelobjekteigenschaften, wobei für die Kontrolleigenschaften die Konstellationen der D-Struktur relevant sind. Der Verarbeitungsmechanismus folgt dem syntaktischen Prinzip der Minimalen Distanz bei der Erstellung von Kontrollrelationen. Für die S-strukturelle Abfolge bei einem Subjektkontrollverb, das ein optionales Objekt hat, ist eine zusätzliche Relation - Inversion von direktem und indirektem Objekt - notwendig, die bei einem Objektkontrollverb nicht vorliegt, so daß hier die "korrekte" Kontrollrelation nach dem *principle of minimal distance* direkt hergestellt werden kann.

Nachdem bei der Verarbeitung "einfacher" transitiver Strukturen und AcI-Strukturen sichtbar geworden war, daß Spuren bevorzugt in Argumentpositionen integriert werden, was die Herstellung kürzerer Ketten gewährleistet, wurde bei der Verarbeitung von Kontrollstrukturen sichtbar, daß auch hier der Argumentstatus einer Phrase eine entscheidende Rolle für die Etablierung von Kontrollrelationen spielt. Die vorangehenden Ausführungen differenzieren nun aber den Begriff des Argumentes: Als kontrollierende Elemente sind nur obligatorische Argumente sichtbar. Zusammenfassend kann also festgehalten werden, daß sich sämtliche Effekte bei der Sprachverarbeitung darauf zurückführen lassen, daß die Sichtbarkeit von Positionen durch ihren Argumentstatus, ihren Rektionsstatus und durch den Grad ihrer Obligarität gesteuert wird: Der Verarbeitungsmechanismus ist bestrebt, zunächst die Positionen zu besetzen, die den höchsten Grad an Obligarität besitzen, also zuerst die Komplementpositionen von Verben aufgrund des Projektionsprinzips, dann die Subjektposition, die erst durch das Vorhandensein eines Prädikates obligatorisch wird. Auch die Funktion einer Phrase als Kontrolleur für ein leeres pronominales Element hängt vom Grad ihrer Obligarität ab: Ein leeres pronominales Element wird von dem ihm am nächsten stehenden obligatorischen Argument kontrolliert. Dieses Prinzip ist jedoch nicht verarbeitungsspezifisch, sondern ist - wie die syntaktische Analyse von Kontrollstrukturen gezeigt hat - schon in der Grammatik enthalten.

Diese Ausführungen haben gezeigt, daß die *most recent filler strategy* im Grunde an denselben Problemen scheitert wie die *active filler strategy*: Die Strategien erfassen zwar korrekt die Beobachtung, daß der Verarbeitungsmechanismus bestrebt ist, bei der Etablierung von Kontrollrelationen und der Postulierung von Spuren möglichst kurze und einfache Abhängigkeiten herzustellen. Sowohl die *active filler strategy* als auch die *most recent filler strategy* ist jedoch pauschal für die Herstellung der genannten Relationen formuliert, was begründet, daß sie an der Realität der Sprachverarbeitung scheitern müssen, da die besetzten Positionen innerhalb der syntaktischen Struktur unterschiedliche Eigenschaften haben. Die Ergebnisse der vorliegenden Experimente konnten vielmehr zeigen, daß die Sichtbarkeit von Positionen durch ein komplexes Zusammenspiel verschiedener syntaktischer Faktoren wie Rektionsstatus, Argumentstatus und dem Obligaritätsgrad einer Position gesteuert wird. Die Komplexität der Ketten wird damit jedoch zu einem Epiphänomen: Nicht die Kettenkomplexität steuert den Mechanismus der Spurenpostulierung, sondern der Rektions- und Argumentstatus einer Position, der sie für den Mechanismus der Spurenpostulierung sichtbar macht, was phänomenologisch in Ketten unterschiedlicher Komplexität resultiert.

6.7 *Experiment 7: Zur Verarbeitung extrahierter Adjunkte*

6.7.1 Satzmaterial und Vorhersagen

In den vorangehenden Kapiteln konnte gezeigt werden, daß für den Mechanismus der Spurenpostulierung und die Herstellung von Kontrollrelationen der Argumentstatus eine entscheidende Bedingung für die Sichtbarkeit von Positionen ist. Dabei ging es um die Entscheidung über die Integration der Spur eines extrahierten Argumentes in eine spezifische Position: Es konnte gezeigt werden, daß eine Spur bevorzugt in die Komplementposition von Verben, i.e. eine lexikalisch regierte vom Projektionsprinzip geforderte obligatorische Argumentposition integriert wird. Allerdings ist dies nicht im Sinne einer fixen Verarbeitungsstrategie zu verstehen, da gezeigt werden konnte, daß besondere Bedingungen der Satzstruktur durch frühe Verarbeitung des lexikalischen Verbs berücksichtigt und ausgewertet werden, die mit dem übergeordneten Prinzip interagieren. Komplementär zu der beobachteten Präferenz bei der Spurenintegration stellt sich die Frage, ob sich diese Präferenz für Argumentpositionen bestätigt, wenn es um die Interpretation von extrahierten Phrasen geht, die bezüglich ihres Status als Argument oder Adjunkt ambig sind.

Im Deutschen bietet sich hier die Untersuchung von *mit-wh*-Phrasen an, die sowohl als Argument (INSTRUMENT) als auch als Adjunkt gleichermaßen häufig auftreten.

45a) ($_{PP}$ mit welchem Kollegen) hat der Polizist die ganze Nacht geredet

45b) ($_{PP}$ mit welchem Kollegen) hat der Polizist die ganze Nacht gewacht

46a) ($_{PP}$ mit welchem Kind) hat die Erzieherin gestern im Kindergarten gestritten

46b) ($_{PP}$ mit welchem Kind) hat die Erzieherin gestern im Kindergarten gebastelt

Die extrahierten *wh*-Präpositionalphrasen am Satzanfang können einerseits ein Argument des Verbs sein wie in den Sätzen 45a) und 46a) oder eine optionale Modifikatorphrase wie in den Sätzen 45b) und 46b). Die Sätze sind ambig bis zur Verarbeitung des Verbs am Satzende: In den a)-Sätzen erzwingt die Transitivität des Verbs die Interpretation der ambigen Präpositionalphrase als Argument, ihre Spur muß also in die Komplementposition des Verbs integriert werden. In den b)-Sätzen wird durch das intransitive Verb deutlich, daß es sich in diesem Fall bei der PP am Satzanfang um eine Modifikatorphrase handelt, die syntaktisch als Adjunkt realisiert wird[224]. Die Sätze sind lokal mehrdeutig, da am Satzende durch das Verb eine Disambiguierung der Präpositionalphrase erfolgt. Es wurden wiederum Experimente mit der Methode des wortweisen Lesens durchgeführt. Die Verarbeitungszeiten der disambiguierenden Verben können daher Aufschluß über die Interpretation der ambigen Phrase geben. Wenn die Interpretation der ambigen Phrase bis zur Verarbeitung des Verbs aufgeschoben würde, dürfte sich kein Unterschied zwischen den Lesezeiten für das transitive und das intransitive Verb ergeben. Hat die Versuchsperson die ambige PP jedoch schon vor der Verarbeitung des Verbs als Argument interpretiert, müßte sich in den Sätzen 45b) und 46b) bei der Verarbeitung des intransitiven Verbs eine Verzögerung ergeben, da die PP zu einem modifizierenden Adjunkt, bzw. einem optionalen Argument[225] uminterpretiert werden muß.

---

224 Es handelt sich hier also um denselben Typus von Ambiguität, den Frazier (1979) in permanent ambigen Deklarativsätzen untersucht hat (*he saw the boy with the binoculars*).

225 Damit sind Phrasen gemeint, die zwar nicht obligatorisch sind, aber dennoch in einer thematischen Beziehung zum Verb stehen. Speas (1990) macht auf diese Differenzierung im Zusammenhang mit dem Anti-Rekonstruktionseffekt aufmerksam: Während instrumentale

6.7.2 Ergebnisse und Diskussion

Den Versuchspersonen wurden 14 Satzpaare präsentiert, wobei folgende Lesezeiten für die Verben ermittelt wurden:

	transitives Verb	intransitives Verb
PP-Extraktion	736	840[226]

Tabelle 8: PP-Extraktion

Die Lesezeiten zeigen, daß das transitive Verb signifikant schneller verarbeitet wird als das intransitive Verb. Dieses Ergebnis zeigt, daß die Interpretation der ambigen PP nicht erst am Ende des Satzes bei der Verarbeitung des lexikalischen Verbs stattfindet, sondern schon während der Verarbeitung der vorangehenden Elemente des Satzes, da andernfalls keine Unterschiede hätten festgestellt werden dürfen. Die extrahierte Präpositionalphrase wird als Argument des Verbes interpretiert. Dies entspricht exakt der aufgrund der vorangehenden Experimente formulierten Annahme über den Mechanismus der Spurenpostulierung: Die Integration der *wh*-Phrase in CPspec bedeutet die gleichzeitige Postulierung einer Spur in einer Komplementposition des Verbs[227], womit die Präpositionalphrase als ein Argument interpretiert ist. Stellt sich dagegen bei der Verarbeitung des intransitiven Verbes heraus, daß die *mit-wh*-Phrase ein Adjunkt ist, muß diese Analyse revidiert werden.

Diese Ergebnisse widersprechen deutlich der Annahme von Ferreira & Henderson (1991) und Frazier (1990b), wonach die thematischen Rollen erst

---

PPs in einem thematischen Zusammenhang mit dem Verb stehen, sind temporale PPs mit dem Verb nicht thematisch verbunden.

226 $t(48) = 3.6$; $p < .01$

227 Dies entspricht innerhalb der Generalisierten Phrasenstrukturgrammatik der Instantiierung von SLASH-Kategorien nach der Integration einer *wh*-Phrase in CPspec: Die nachfolgenden Phrasen innerhalb des Syntaxbaums werden zu XP/(=SLASH)NP-Kategorien, was anzeigt, daß eine Phrase mit einer leeren NP gefunden werden muß.

bei der Verarbeitung des Verbs als kompletter *frame* zugewiesen werden. Würde man diese Hypothese, die auf der Basis englischen Satzmaterials formuliert wurde, auf das Deutsche übertragen, dann dürften sich die Verarbeitungszeiten der disambiguierenden Verben nicht unterscheiden. Die Daten von Frazier (1990b) zur Verarbeitung komplexer Nominalphrasen mit mehrdeutigen NPs (*the city's destruction*) und denen von Ferreira & Henderson (1991) beziehen sich auf die Verarbeitung englischer Sätze, in denen das Verb stets vor der Verarbeitung der Komplemente zur Verfügung steht. Sätze der Art, wie sie im vorliegenden Experiment überprüft wurden, in denen sämtliche Komplemente vor der Verarbeitung des Verbs erscheinen und damit vor der Aktivierung des Θ-Rasters, können im Englischen nur durch komplexe Umstellungsprozesse wie Extraposition oder *cleft*-Konstruktionen konstruiert werden. Die gewonnenen Daten zur Verarbeitung deutscher Fragesätze, in denen das disambiguierende Verb am Satzende steht, geben dagegen einen klaren Hinweis darauf, daß die ambige PP am Satzanfang sofort - oder zumindest vor der Verarbeitung des Verbs - thematisch interpretiert wird. In den vorangehenden Experimenten wurden Unterschiede festgestellt zwischen Sätzen, in den das Verb in C^0 steht, und solchen, in denen die V2-Bewegung durch ein Auxiliar vollzogen wurde, so daß das lexikalische Verb in seiner Basisposition verbleibt und die verbspezifischen Informationen so erst spät zur Verfügung stehen. Die Tatsache, daß verbspezifische Informationen an der Position C^0 ausgewertet werden, und die Ergebnisse des vorangehenden Experimentes, die zeigten, daß auch bei Vorliegen eines Auxiliars in C^0 eine frühe Interpretation der ambigen PP stattfindet, deuten darauf hin, daß die Interpretation mehrdeutiger Elemente genau an dieser Position C^0 einsetzt: Sofern verbspezifische Informationen verfügbar sind, werden diese ausgewertet und die Spuren entsprechend der Sichtbarkeitsbedingung in Argumentpositionen integriert.

Die erhobenen Daten zur Verarbeitung extrahierter Präpositionalphrasen, die Argument oder Adjunkt sein können, haben gezeigt, daß ambige PPs bevorzugt als Argument interpretiert werden. Dies entspricht dem Verhalten des Sprachverarbeitungsmechanismus, daß Spuren bevorzugt in "kanonische" Argumentpositionen, also in Komplementpositionen von Verben integriert werden, und daß Adjunktpositionen erst später sichtbar werden.

6.7.3 Der Status von Adjunkten: Der Anti-Rekonstruktionseffekt

Die Verarbeitungsdaten haben gezeigt, daß Adjunktpositionen zunächst für den Sprachverarbeitungsmechanismus unsichtbar sind. Daß Adjunktpositionen auch innerhalb der Syntax erst später in die Repräsentation eingefügt werden, zeigen die sogenannten Anti-Rekonstruktionseffekte. v.Riemsdijk & Williams (1981) hatten eine Lücke entdeckt bezüglich der Anwendung des Bindungsprinzips C bei versetzten Elementen:

47a) *he_i likes those pictures of $John_i$

47b) *he_i likes the story that $John_i$ wrote

47c) *which pictures of $John_i$ does he_i like

47d) which story that $John_i$ wrote did he_i like

In Satz 47c) ist *John* das Objekt der *picture*-NP; hier bleibt der Satz bei der Versetzung der Phrase ungrammatisch wie in der nicht-versetzten Struktur 47a). In Satz 47d) jedoch ist *John* in einem Relativsatz enthalten, und in diesem Fall verschwindet nach der Versetzung der Phrase die Ungrammatikalität der nicht-versetzten Struktur in 47b). Der Versuch, dieses Phänomen darauf zurückzuführen, daß das Prinzip C auf unterschiedlichen Ebenen appliziert, macht nicht die richtigen Vorhersagen: Wenn Prinzip C auf der D-Struktur appliziert, dann müßten alle Sätze ungrammatisch sein, wenn dagegen Prinzip auf der S-Struktur appliziert, dann müßte auch Satz 47c) grammatisch sein. Diese Argument-Adjunkt Asymmetrie tritt auch bei Präpositionalphrasen auf:

48a) *he_i destroyed those pictures of $John_i$

48b) *he_i destroyed those pictures near $John_i$

48c) ?which picture near $John_i$ did he_i destroy

48d) which picture near $John_i$ did he_i destroy

v.Riemsdijk & Williams führen den Grammatikalitätsunterschied in den Sätzen 47c) und 47d) auf die unterschiedliche Einbettungstiefe des Namens zurück. Dies sagt vorher, daß der Grammatikalitätsunterschied verschwinden müßte, wenn dieselbe Einbettungstiefe vorliegt. In den folgenden Sätzen ist jeweils eine CP eingebettet, dennoch zeigen sich dieselben Grammatikalitätsveränderungen:

49a) *he_i believes that $John_i$ is nice

49b) *he_i believes the story that $John_i$ wrote

49c) *whose claim that $John_i$ is nice did he_i believe

49d) which story that $John_i$ wrote did he_i like

Auch hier zeigt sich, daß die Versetzung der Adjunktphrase in Satz 49d) zur Auflösung der Ungrammatikalität führt, während die Ungrammatikalität bei der Versetzung der Komplementphrase in Satz 49c) erhalten bleibt. Lebeaux (1988) generalisiert daher aufgrund des Argumentstatus der versetzten Phrase:

> "Corefence is ok if the R-expression is in a fronted adjunct (the relative clause...) but is not ok if the R-expression is in a fronted argument." (zitiert nach Speas 1990: 50)

Diese Argument-Adjunkt-Asymmetrie sieht Lebeaux (1988) darin begründet, daß Adjunkte noch nicht in der Wurzelstruktur der D-Struktur eines Satzes enthalten sind, sondern erst "später" zugefügt werden.

Lebeaux (1988, 1990a, 1990b) geht von einer Lizensierungsgrammatik aus, in der ein Komplement durch einen Kopf, das Subjekt durch ein Prädikat (VP) und ein Adjunkt durch ein modifiziertes Element lizensiert wird. Jede Struktureinheit in der Basis ist durch eine dieser Relationen lizensiert. Die D-Struktur zeichnet sich dadurch aus, daß sie aufgrund des Projektionsprinzips nur die theta-Lizensierungsrelation enthält[228]. Komplemente sind aufgrund des Projektionsprinzips obligatorisch lizensiert. Optional lizensiert sind dagegen die Subjektphrase und Adjunkte, i.e. Elemente, die nicht im Subkategorisierungsrahmen erfaßt sind. Optionale Lizensierung findet nicht notwendigerweise auf der D-Struktur statt, sondern auf einer späteren Ableitungsstufe. Für die Basisstruktur gilt folgende Beschränkung:

> CONSTRAINT ON D-STRUCTURE:
>
> "Every D-structure is a pure representation of a single licensing condition." (Lebeaux 1990a:27)

Durch diesen Constraint wird die D-Struktur in mehrere Basisstrukturen mit jeweils einheitlicher Lizensierung aufgespalten. Durch die Anwendung von *move α* und *adjoin α* werden einzelne Basiseinheiten miteinander verknüpft und so die Derivation von einer Repräsentationsebene zur anderen vollzogen:

DS (Wurzelstruktur, "Argument-von"-Relationen)
| *move α*
| *adjoin α*
SS

Die einzelnen Substrukturen, die jeweils eine einheitliche Lizensierungsrelation enthalten, werden durch die syntaktischen Prozesse zusammengefügt und modifiziert unter dem universal gültigem Prinzip der Lizensierungswohlgeformtheit:

> PRINCIPLE OF LICENSING WELL-FORMEDNESS
>
> "A subtree T_S may not appear in a major tree T_M prior to the point in the derivation that T_S is licensed in T_M." (Lebeaux 1990b:330)

---

228 Dies entspricht Chomskys Annahme über die D-Struktur, wonach auf der D-Struktur durch das Projektionsprinzip die Lizensierungsbedingungen automatisch erfüllt sind.

Dieses Prinzip der Lizensierungswohlgeformtheit bestimmt einerseits die Derivation jedes einzelnen Satzes und andererseits die Sequenzen im Spracherwerb, wie später ausgeführt werden wird.

Lebeaux vertritt also die Auffassung, daß die Phrasenstruktur eines Satzes nicht vollständig durch eine einzige Operation generiert wird, sondern daß sie durch einen derivationellen Prozeß aus kleineren Struktureinheiten, der Wurzelstruktur, die ausschließlich Argument-von-Relationen darstellt, und weiteren Substrukturen hergestellt wird. Die unterstrichenen Phrasen in den Sätzen 50a) und 50b) sind Argumente, die in den Sätzen 50c) und 50d) sind Adjunkte.

50a) I saw the picture <u>of John</u>
I saw the picture of John (S1)

50b) we believed the claim <u>that Mary saw a ghost</u>
we believed the claim that Mary saw a ghost (S1)

50c) I saw the picture <u>near John</u>
I saw the picture (S1)
near John (S2)

50d) we liked the stories <u>that Bill told</u>
we liked the stories (S1)
that Bill told (S2)

In den Sätzen 50a) und 50b) handelt es sich um Argumente, die durch Theta-Zuweisung lizensiert sind. Argumente erscheinen in der Wurzelstruktur (S1), die ausschließlich Argument-von-Relationen enthält. In den Sätzen 50c) und 50d) dagegen handelt es sich um Adjunkte, die ihren Ausgangspunkt in einer von der Wurzelstruktur separaten Struktur (S2) haben.

Die Wurzelstruktur der D-Struktur enthält nur Köpfe und Argumente, sie ist die Projektion des Θ-Rasters. Adjunkte, die nicht in einem thematischen Verhältnis zu einem Kopf stehen, erscheinen nicht in der Wurzelstruktur, sondern werden durch *adjoin* α in die Wurzelstruktur eingebunden. *Adjoin* α operiert wie *move* α und *project* α frei auf der D-Struktur, die durch diese Operationen in die S-Struktur überführt werden; Ungrammatikalitäten werden durch allgemeine Prinzipien ausgesondert. Während *move* α innerhalb einer Phrasenstruktur vor und nach *adjoin* α operiert, betrifft *adjoin* α Paare von Substrukturen.

Auf dieser Weise ergibt sich eine Erklärung für die Anti-Rekonstruktionseffekte: Unter der Voraussetzung, daß Bindungsprinzip C auf allen Ebenen appliziert, ergibt sich für Argumente einerseits und Adjunkte andererseits eine unterschiedliche Situation: Da Argumente auf der D-Struktur erscheinen, appliziert Bindungsprinzip C, bevor diese Phrasen von *move* α betroffen werden.

51a) *he$_i$ liked the pictures that John$_i$ took

51a') which pictures that John$_i$ took did he$_i$ like

51b) *he$_i$ denied the claim that John$_i$ likes Mary

51b') *whose claim that John$_i$ likes Mary did he$_i$ deny

Da die Struktur 51b) bereits auf der D-Struktur gegen Prinzip C verstößt, kann dieser Verstoß im Laufe der Derivation nicht aufgehoben werden. Wären in der D-Struktur die Adjunkte bereits vorhanden, dann müßte der Satz 51a') aufgrund des Verstoßes gegen Bindungsprinzip C ungrammatisch sein, jedoch ist Satz 51a') grammatisch. Nimmt man jedoch unterschiedliche Argumentskelette an, ergibt sich eine Erklärung für die Grammatikalität von Satz 51a'):

Argumentskelett 1: ($_{IP}$($_{NP}$ he)($_{VP}$ liked the pictures))
Argumentskelett 2: ($_{CP}$ that John took)

Um diese beiden Argumentskelette zusammenzuführen, sind zwei Operationen notwendig: *Move* α appliziert in der Wurzelstruktur, anschließend findet *adjoin* α statt:

he likes which pictures

| *move α*

that John took

which pictures did he like

| *adjoin α*

that John took

52) which pictures that $John_i$ took did he_i like

Der Relativsatz, der den Namen *John* enthält, wird erst nach der Bewegung adjungiert, i.e. nachdem die NP aus der Position, die das Pronomen *he* c-kommandiert, herausbewegt wird. Die resultierende Struktur 52) ist grammatisch.

Es stellt sich abschließend die Frage, was ein Zusammenfügen der Strukturen motiviert. Lebeaux (1990a) nimmt an, daß die Motivation für die Integrationsprozesse durch "Saturierung" ausgelöst wird. So geschieht beispielsweise die Motivation für *move α* über die Saturierung des Merkmals [+/-wh] in C^0 durch Koindizierung und Saturierung. Das Verb *to know* etwa selegiert ein [+wh]-spezifiziertes C^0, so daß das *wh*-Element in den *specifier* von C^0 bewegt wird. Sprachübergreifende Variation wird über die Saturierung des *wh*-Merkmals in der Syntax formuliert: Im Englischen muß [wh] in C^0 auf der S-Struktur saturiert werden, in anderen Sprachen wie etwa dem Japanischen erst auf der Ebene der Logischen Form, so daß das *wh*-Element auf der S-Struktur *in situ* verbleibt. Im Englischen muß dagegen das *wh*-Element auf der S-Struktur bewegt werden. So besteht auch hier eine 1:1-Beziehung zwischen *move α* und Saturierung des *wh*-Merkmals in C^0 in den Sprachen, die für Saturierung auf der S-Struktur parametrisiert sind.

Diese Ausführungen zum Status von Adjunkten erlauben eine mögliche Erklärung für die Beobachtung, daß eine extrahierte ambige PP bevorzugt als Argument interpretiert wird: Der Verarbeitungsmechanismus ist offensichtlich bestrebt, zuerst die Wurzelstruktur eines Satzes zu konstruieren. Da die Wurzelstruktur allein aus Argument-von-Relationen besteht, besetzt der Verarbeitungsmechanismus zuerst die kanonischen Argumentpositionen innerhalb der syntaktischen Struktur, also die Komplementpositionen von Verben. Adjunktrelationen werden erst dann hergestellt, wenn diese durch eindeutige Informationen aus dem verarbeiteten Satz gefordert werden.

7. Allgemeine Diskussion

Ausgehend von der Auseinandersetzung mit den verschiedenen Modellen zur Verarbeitung von *filler gap-dependencies* sollte mit den vorangehenden Experimenten der Frage nachgegangen werden, ob eine generelle Verarbeitungsstrategie wie etwa die *active filler strategy* formuliert werden kann, oder ob der Mechanismus der Spurenpostulierung nach der Verarbeitung bewegter Phrasen durch andere Faktoren gesteuert wird. Die Vorhersagen der *active filler strategy* wurden an deutschen Extraktionsstrukturen überprüft, die Subjekt-Objektambiguitäten enthielten. Schon in den ersten Experimenten zeigte sich, daß die *active filler strategy* allenfalls als übergeordnete Verarbeitungsstrategie korrekt sein kann, nach der der Verarbeitungsmechanismus bestrebt ist, Spuren von extrahierten wh-Phrasen so schnell wie möglich zu integrieren: Wichtigstes Ergebnis der Untersuchung ist die Beobachtung, daß nicht eine feste Verarbeitungsstrategie, sondern die Sichtbarkeit von Positionen entscheidend für den Mechanismus der Spurenpostulierung ist.

7.1 Subjekt- Objektasymmetrien bei der Sprachverarbeitung

Aufgrund von Lesezeitexperimenten zur Verarbeitung unterschiedlicher Konstruktionen mit Subjekt-Objektambiguitäten gelang es, die Faktoren zu bestimmen, die für die Sichtbarkeit einer Position verantwortlich sind. In den Experimenten (1)-(3) wurde zuerst der Rektionsstatus von Positionen überprüft, und es zeigte sich, daß dieser Faktor eine Rolle spielt: Spuren werden bevorzugt in Positionen integriert, die lexikalisch regiert sind, bzw. die Kasus unter Rektion erhalten. Dies sind vor allem die Komplementpositionen von Verben. Aber auch bei identischen Rektionsbedingungen der Subjekt- und Objektposition war eine Präferenz für die Objektlesart einer extrahierten ambigen wh-Phrase festzustellen. Die bei der Sprachverarbeitung festgestellten Subjekt-Objektasymmetrien erwiesen sich also als nicht isomorph mit den Subjekt-Objektasymmetrien, die sich aufgrund des syntaktischen Prinzips für leere Kategorien (ECP) ergeben. Eine vollständige Rückführung der verarbeitungsbezogenen Asymmetrien auf das ECP ist daher nicht möglich, was bedeutet, daß weitere Faktoren am Mechanismus der Spurenpostulierung beteiligt sind.

Die Ergebnisse der im vorangehenden dargestellten Experimente zeigten im einzelnen, daß die Verarbeitung von extrahierten Subjekten genau dann schwieriger ist als die Verarbeitung von Objekten, wenn das Subjekt aus der specifier-Position der IP extrahiert wird. Dies machte deutlich, daß der Rektionsstatus und der Argumentstatus einer Position wichtige Bedingungen für ihre Sichtbarkeit sind. Die Hypothese, daß der Argumentstatus einer Einfügeposition die entscheidende Sichtbarkeitsbedingung darstellt, bestätigte sich in Experiment (7), in dem sich zeigte, daß die Verarbeitung von extrahierten Adjunkten schwieriger ist als die Verarbeitung von extrahierten Argumenten. Generell zeigte sich, daß Spuren bevorzugt in Komplementpositionen von Verben integriert, die ambigen wh-Phrasen damit bevorzugt als Objekt interpretiert werden. Wh-Präpositionalphrasen, die Argument oder Adjunkt sein können, werden bevorzugt als Argument interpretiert, was wiederum auf die bevorzugte Integration der Spur in die Komplementposition des Verbs zurückgeführt werden kann. Die im Zusammenhang mit Experiment (7) diskutierten Anti-Rekonstruktionseffekte zeigten jedoch, daß Adjunktpositionen nicht nur für den Sprachverarbeitungsmechanismus, sondern auch innerhalb der Syntax erst später sichtbar werden als Argumentpositionen.

Wichtigstes Ergebnis der Experimente (4) und (5), in denen die Verarbeitung von AcI- und Kontrollstrukturen untersucht wurde, war die Feststellung, daß der Verarbeitungsmechanismus verbspezifische Informationen - sofern diese durch V2-Bewegung früh zur Verfügung stehen - berücksichtigt und für seine Strukturierungsentscheidungen auswertet. Der Verarbeitungsmechanismus stellt aufgrund verbspezifischer Informationen eine Bilanz auf, um den unterschiedlichen Anforderungen, wie Besetzung von Argumentpositionen und Vermeidung adjazenter leerer Kategorien gerecht zu werden, woraus die Etablierung möglichst einfacher Ketten resultiert. Stehen dagegen verbspezifische Informationen nicht zur Verfügung, besetzt der Verarbeitungsmechanismus "kanonische" Argumentpositionen, i.e. die Komplementposition von Verben. Bei der Verarbeitung von Kontrollstrukturen wurde darüber hinaus sichtbar, daß bei Vorliegen mehrerer Argumente das obligatorische Argument als Kontrolleur gewählt wird.

Die Experimente haben gezeigt, daß die Annahme einer strikten Verarbeitungsstrategie die beobachteten Sprachverarbeitungsdaten nicht erklären kann, sondern daß die beobachteten Präferenzen nur im Zusammenhang mit der Sichtbarkeit von Positionen zu verstehen sind, die durch syntaktische Faktoren wie Argument-, Kasus- oder Theta-Status einer Position bestimmt wird. Die Inadäquatheit globaler Verarbeitungsstrategien wie etwa der *active filler strategy* oder genereller *closure*-Strategien ist damit zu erklären, daß die Merkmalskonstellation der einzelnen Positionen unterschiedlich ist. Feste Strategien nivellieren jedoch gerade diese Unterschiede und werden pauschal auf unterschiedliche Typen von Füllerelementen und Lücken angewendet.

Bei der Verarbeitung struktureller Ambiguitäten in Extraktionssätzen zeigte sich eine Parallelität zwischen Subjekten, die aus IPspec extrahiert wurden, und Adjunkten; beide sind schwerer zu verarbeiten als extrahierte Objekte. Die Schwierigkeit der Extraktion aus der IPspec-Position konnte einerseits auf den Typ der Kasusmarkierung und andererseits auf den Argumentstatus dieser Position zurückgeführt werden. Ein ähnliches Verhalten von Subjekten und Adjunkten bezüglich ihrer Opakheit ist auch innerhalb der linguistischen Theorie im Zusammenhang mit dem *Empty Category Principle* ausführlich diskutiert worden. Objekte sind bewegungsdurchlässig und innerhalb von Sätzen weiter zu bewegen als Subjekte und Adjunkte, die bezüglich der Bewegungen größeren Beschränkungen unterliegen. Innerhalb der Grammatiktheorie wird dies darauf zurückgeführt, daß Objektpositionen immer lexikalisch regiert sind, Subjektpositionen und Adjunktpositionen nur unter spezifischen Bedingungen streng regiert sind, so daß ihre Bewegung häufig durch das ECP ausgeschlossen wird. Die vollständige Rückführung der Verarbeitungsdaten auf das ECP erwies sich jedoch als nicht möglich, so daß sich erneut die Frage stellt, welche der Eigenschaften von Objekten einerseits und Subjekten und Adjunkten andererseits relevant für die Subjekt-Objektasymmetrien bei der Sprachverarbeitung sind.

7.2 *Sichtbarkeit durch Lizensierung*

In den neueren Entwicklungen der Rektions- und Bindungstheorie spielt die Relation der Lizensierung eine zentrale Rolle. Chomsky (1986a:98) formuliert das "Prinzip der vollständigen Lizensierung", nach dem jede Phrase hinreichend lizensiert sein muß. Köpfe und nicht-maximale Projektionen werden phrasenintern relativ zu ihrer maximalen Projektion lizensiert, maximale Projektionen müssen phrasenextern lizensiert sein. Eine maximale Projektion kann lizensiert sein (a) als Argument, das aufgrund von Subkategorisierung eine thematische Rolle erhält[230], oder (b) als Prädikat, das eine thematische Rolle zuweist[231].

(1)

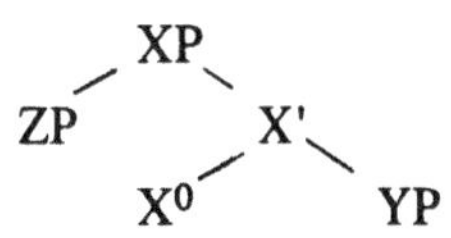

In der Struktur (1) erhält die subkategorisierte Phrase YP vom Kopf der Phrase X^0 eine thematische Rolle. Die Eigenschaften von X' werden über ZP prädiziert, ZP ist damit das Subjekt des Prädikates X'. Das Subjekt ist optional, es sei denn, es wird für die Lizensierung eines Prädikates notwendig. Die gewonnenen Daten legen nun die Annahme nahe, daß auch für den Sprachverarbeitungsmechanismus die Subjektposition erst dann sichtbar wird, wenn ein Prädikat vorhanden ist und das Prinzip der vollständigen Lizensierung ein Subjekt verlangt. Innerhalb syntaktischer Strukturen gibt es also zwei Lizensierungsrelationen: Komplementation und Prädikation. Diese beiden Relationen konstituieren das X-bar-Schema. Die D-Struktur zeichnet sich dadurch aus, daß sie aufgrund des Projektionsprinzips nur die Theta-Lizensierungsrelation enthält. Komplemente sind also aufgrund des Projektionsprinzips obligatorisch lizensiert. Optional lizensiert sind demgegenüber die Subjektphrase und die

---

230 Auch funktionale Köpfe haben ein Θ-Raster, so daß die IP als Komplement von C^0 und die VP als Komplement von I^0 lizensiert ist.

231 Cf. Chomsky (1986a:101).

Adjunkte, i.e. Elemente, die nicht im Subkategorisierungsrahmen erfaßt sind. Bezüglich des Grades der Obligarität von Phrasen kann also eine Hierarchie aufgestellt werden: obligatorische Argumente, i.e. Komplemente > Subjekte > optionale Argumente und Adjunkte. Die Positionierung des Subjekts zwischen [+]-obligatorisch und [-]-obligatorisch ergibt sich dadurch, daß das Subjekt erst durch das Vorhandensein eines Prädikates, hier einer Verbalphrase bestehend aus dem Verb und seinen Komplementen, obligatorisch wird. Dies entspricht Chomskys Definition des *complete functional complex*:

> "A *complete functional complex* contains all grammatical functions compatible with the head (...): the complements necessarily by the Projection Principle, and the subject which is optional unless required to license a predicate." (Chomsky 1986b:169)

Ausgehend von der Art der Lizensierung besteht die Gemeinsamkeit von Subjekten und Adjunkten darin, daß sie beide über die Relation der Prädikation lizensiert sind, während Objekte über die Relation der Komplementation lizensiert sind. Die Verarbeitung von Subjekten und Adjunkten hat sich gegenüber der Verarbeitung von Objekten als schwerer erwiesen, d.h. es werden bevorzugt Komplement-von-Relationen hergestellt. Es kann daher angenommen werden, daß die Relation der Komplementation auch bei der Sprachverarbeitung Priorität vor der Relation der Prädikation hat. Diese Priorität für Komplementrelationen ergibt sich daraus, daß Komplemente aufgrund des Projektionsprinzips von Anfang an obligatorisch sind.

Die in den Experimenten gewonnenen Ergebnisse zeigen also, daß die Relation der Lizensierung für den Sprachverarbeitungsmechanismus relevant ist. So kann die Lizensierung tatsächlich als Schnittstelle zwischen Syntax und dem System des Sprachgebrauchs verstanden werden. Bezüglich der Lizensierungsrelationen besteht eine Hierarchie: Die Etablierung von Komplementstrukturen hat Vorrang vor der Konstruktion von Prädikationsstrukturen, da Komplementpositionen als kanonische Argumentpositionen die Sichtbarkeitsbedingung direkt und automatisch erfüllen, während die Subjektposition erst durch das Vorhandensein eines Prädikates sichtbar wird.

Die Priorität von Komplementrelationen gegenüber Prädikationsrelationen kann zurückgeführt werden auf die Konstruktion konzeptueller Einheiten. Dies entspricht einer reduzierten X-bar-Theorie, wie sie in solchen Ansätzen zugrunde gelegt wird, die eine lexikalisch-konzeptuelle Struktur (LCS)[232] annehmen, die strukturierte Angaben über die Argumente und Modifizierer lexikalischer Einheiten macht. Diese Struktur wird durch ein erweitertes Projektionsprinzip, das eine Abbildungsanweisung enthält, zur syntaktischen Struktur projiziert. Nicht nur die Anzahl, sondern auch die thematische Hierarchie der Argumente und Modifizierer der lexikalisch-konzeptuellen Struktur wird isomorph auf die syntaktische Struktur abgebildet[233]. Es gibt keine fixierte Anzahl von Projektionsebenen, vielmehr ergibt sich die Anzahl der Projektionsebenen in jedem einzelnen Fall aus der Anzahl der Argument- und Modifizierer-Kopf-Kombinationen, die in der lexikalisch-konzeptuellen Struktur spezifiziert sind. Köpfe projizieren nur, wenn sie in eine Schwester-Relation mit einem anderen Knoten eintreten können. Das Projektionsprinzip regelt damit die Verbindung zwischen Argumenten und grammatischen Funktionen. Während Jackendoff (1990) annimmt, daß die konzeptuelle Struktur ähnlich strukturiert ist wie die syntaktische Struktur und daß jede maximale Projektion mit einer Konstituente der lexikalisch-konzeptuellen Struktur korrespondiert, geht Bouchard (1991) davon aus, daß die syntaktische Struktur von der konzeptuellen Struktur abhängt. Bouchard (1991) interpretiert binär verzweigende Strukturen, die er als universales Schema[234] betrachtet, wie folgt:

> "All syntactic nodes correspond to conceptual structure (CS) constituents. (...) when the node is branching with an argument or a modifier as a daughter, then the node is licensed by the composition of its daughter nodes. For example, in *John left Mary*, an intermediate V node is licen-

---

232 Bouchard (1991), Jackendoff (1987, 1990), Speas (1990)

233 Ausgedrückt etwa in Bakers (1988) Uniformity of Theta-Assignment Hypothesis (UTAH) oder Bouchards (1991) Relative Theta-Alignment Hypothesis (RTAH).

234 Universal Bracketing Schema $[_{A'}$ AB$]$ $[_{B'}$ AB$]$ (Bouchard 1991:24)

sed by the relation between *left* and *Mary* and it has a corresponding node at CS. However, in *John left*, no such justification from composition can be given for immediate nodes in the V projection." (Bouchard 1991:24)

Die Tatsache, daß ambige wh-Elemente bevorzugt als Objekt interpretiert werden, kann nun dahingehend gedeutet werden, daß der Verarbeitungsmechanismus von Anfang an bestrebt ist, konzeptuelle Einheiten zu konstruieren: So entspricht die Interpretation einer ambigen Phrase als obligatorisches Komplement oder Objekt eines Verbs und die Konstruktion einer V-Projektion bestehend aus Kopf und Komplement einer konzeptuellen Einheit, die auch eine Konstituente in der lexikalisch-konzeptuellen Struktur darstellt. Die Interpretation einer ambigen Phrase als Subjekt würde dagegen bedeuten, daß der Aufbau einer konzeptuellen Einheit aufgeschoben werden muß, bis das Prädikat konstruiert worden ist, was einer inkrementellen Interpretation widerspricht. Die Präferenz für die Objekt-Interpretation ambiger Phrasen kann also darauf zurückgeführt werden, daß der Sprachverarbeitungsmechanismus bestrebt ist, so schnell wie möglich konzeptuelle Einheiten zu bilden, was im Falle ambiger Phrasen dadurch erreicht werden kann, daß diese als Objekt interpretiert werden, die sofort in eine binär verzweigende Konstituente integriert werden können. Dies ist bei der Subjektinterpretation einer ambigen Phrase nicht der Fall, da noch keine Schwesterrelation hergestellt werden kann.

Die Hierarchie der Lizensierungsrelationen, wonach Komplementation Vorrang vor Prädikation hat, entspricht der Aufspaltung der D-Struktur in die Wurzelstruktur[235], die lediglich aus Argument-von-Relationen besteht, und weiteren Substrukturen, die unter dem Prinzip der Lizensierungswohlgeformtheit zusammengefügt werden:

PRINCIPLE OF LICENSING WELL-FORMEDNESS

"A subtree TS may not appear in a major tree TM prior to the point in the derivation that TS is licensed in TM." (Lebeaux 1990b:330)

---

235 Cf. Lebeaux (1988, 1990a, 1990b).

Die in den Experimenten sichtbar gewordene Präferenz für die Objektlesart einer extrahierten ambigen wh-Phrase erklärt sich unter dem Prinzip der Lizensierungswohlgeformtheit, das sowohl für die Grammatik als auch für die Sprachverarbeitung gilt: Da ein Subjekt erst durch ein Prädikat lizensiert wird, konstruiert der Verarbeitungsmechanismus zuerst das Prädikat aus dem Verb und seinen Komplementen. Das Prinzip der Lizensierungswohlgeformtheit bestimmt sowohl die syntaktische Derivation jedes einzelnen Satzes als auch seine Prozessierung.

Die in allen angesprochenen Bereichen festgestellte Präferenz für Theta-Anbindung, bzw. die Relevanz des Argumentstatus von Positionen für den Mechanismus der Spurenpostulierung lassen den Sprachverarbeitungsprozeß primär als eine Prozedur erscheinen, die eine Argumentstruktur auffüllt, und so versucht, die Wurzelstruktur eines Satzes zu konstruieren. Dies erinnert an die von Fodor (1979:249) formulierte *superstrategy*, die besagt, *that the human parsing device processes a word sequence that is heard or read as if it were a terminal string of a wellformed deep structure*. Diese übergeordnete Verarbeitungsstrategie konnte in einem derivationellen Grammatikmodell, in dem jede S-Struktur eine transformationelle Ableitung aus der D-Struktur war, und in dem viele Transformationen irreversibel formuliert waren, jedoch nicht nachgewiesen werden und führte zusammen mit der Annahme, Sprachverarbeitung sei *grammar running backward*[236] letztlich zum Bruch zwischen Psychologie und Linguistik. Für die Sprachverarbeitung hatte man daraufhin angenommen, daß diese von heuristischen, z.T. grammatikunabhängigen Strategien gesteuert wird. In der vorliegenden Arbeit konnte gezeigt werden, daß globale Verarbeitungsstrategien weder die beobachteten Effekte erklären können noch die richtigen Vorhersagen machen. In einem repräsentationellen Grammatikmodell, in dem aufgrund des Projektionsprinzips die Relationen der D-Struktur auf sämtlichen Repräsentationsebenen erhalten bleiben, ist jedoch die Annahme wieder möglich, daß der Sprachverarbeitungsprozeß durch die Grammatik gesteuert wird. Die vorliegenden Ergebnisse legen die Annahme nahe, daß der

236 Fodor, Bever & Garrett (1974:313)

Sprachverarbeitungsmechanismus versucht, die Wurzelstruktur eines Satzes zu konstruieren.

7.3 Korrelationen mit Spracherwerbsdaten

Betrachtet man die Ergebnisse der durchgeführten Experimente, fällt auf, daß einige der beobachteten Effekte eine Parallele im Spracherwerb finden. Die deutliche Präferenz für die Objektinterpretation einer wh-Phrase in temporär ambigen Fragesätzen korreliert mit der Beobachtung, daß die ersten Mehrwortäußerungen von Kindern aus Verben und den Namen von Objekten und Personen bestehen, die von der Handlung, die das Verb bezeichnet, betroffen sind[237]. In der darauffolgenden Phase werden dann Zustände von Objekten beschrieben und Objekte lokalisiert. In einer frühen Phase im Spracherwerb ist also zu beobachten, daß Kinder Subjekte auslassen und Objekt-Verb- bzw. Verb-Objekt-Strukturen äußern.

Bezüglich des Spracherwerbs ist auch bekannt, daß Kontrollverben zwar schon früh im Wortschatz der Kinder auftreten; der Erwerb des syntaktischen Wissens über die Kontrolleigenschaften von Verben erfolgt jedoch sehr viel später, beim Verb *promise* etwa erst im Alter von 8 Jahren. Zur Verarbeitung von Kontrollstrukturen zeigte C. Chomsky (1969), daß Kinder vor diesem Alter den folgenden Satz systematisch falsch interpretieren:

2a) John promised Mary to shovel the driveway

2b) John told Mary to shovel the driveway

Kinder verstehen die Subjekt-Objektverhältnisse in Satz 2a) genauso wie in Satz 2b): *Mary* ist in beiden Fällen Subjekt des eingebetteten Verbs. Die Kinder orientieren sich also an der S-strukturellen Abfolge und folgen in beiden

---

[237] Cf. Bloom et al. (1975).

Fällen dem *principle of minimal distance*[238], indem sie das S-strukturell nächstliegende Element mit dem Subjekt des eingebetteten Satzes identifizieren. Erst später lernen sie dann, daß bei bestimmten Verben die korrekten Kontrolleigenschaften von den Konstellationen der D-Struktur bestimmt sind. Vorher ist das Kind jedoch noch nicht in der Lage ist, die Differenz zwischen D-Struktur und S-Struktur zu berechnen, da die Fähigkeit für *move* α noch nicht vorhanden ist[239].

Es kann bezüglich der Prozessierung von Kontrollstrukturen also ein Zusammenhang zwischen Spracherwerbsdaten und Verarbeitungsbeobachtungen bei Erwachsenen hergestellt werden. Diese Parallelen lassen vermuten, daß der Verarbeitungsmechanismus im Fall von Ambiguitäten Prinzipien verfolgt, die auch im Spracherwerb relevant sind. Danach würden die Sprachverarbeitungsstrategien nicht eigenständige Mechanismen darstellen, sondern wären als ein Zurückfallen in frühere Stufen der Grammatik oder als Wirken von *default*-Strategien zu verstehen, die sowohl im Spracherwerb als auch bei der Verarbeitung von Ambiguitäten eingesetzt werden.

Auch bezüglich der Ergebnisse zur Verarbeitung von Phrasen, die Argument oder Adjunkt sind, läßt sich auf Parallelen im Spracherwerb hinweisen: Brennan (1988) belegt, daß im Spracherwerb Präpositionalphrasen in der Funktion eines Argumentes früher auftreten als Präpositionalphrasen, die modifizierende Adjunkte sind. Adjunkte nehmen also gegenüber Komplementen im Spracherwerb, bei der Satzderivation innerhalb der Syntax - wie die Anti-Rekonstruktionseffekte zeigen - und auch bei der Prozessierung von Sätzen eine nachgeordnete Stellung ein.

Die aufgezeigten Korrelationen von Spracherwerb, Satzderivation und Sprachverarbeitung lassen sich wie folgt erklären: Bezüglich des Spracherwerbs nimmt Lebeaux (1988, 1990a, 1990b) an, daß es in der UG für die einzelnen syntaktischen Operationen einfache *default*-Prozesse gibt, mit denen das Kind den frühen Input verarbeitet, bevor es die korrekten syntaktischen Operationen

238 Rosenbaum (1970)

239 Lebeaux (1990a)

der Zielsprache erwirbt. So hat die Operation *adjoin* α in der UG eine *default*-Realisierung: *Adjoin* α wird als *default* durch Konjunktion (*conjoin* α) realisiert, da Konjunktion eine einfachere Operation ist als Adjunktion. Dies wird beispielsweise sichtbar beim Erwerb von Relativsatzstrukturen: Lebeaux (1990a) untersuchte den Erwerb von Relativsätzen, in denen die durch den Relativsatz modifizierte NP entweder Subjekt oder Objekt des Matrixsatzes ist.

3a) the sheep that hit the rabbit kisses the lion

3b) the sheep kissed the monkey who tickled the rabbit

Das Verständnis der Relativsatzstrukturen wurde bei Kindern unterschiedlichen Alters in einer *act out study*[240] untersucht. Die folgende Tabelle zeigt die Ergebnisse der Studie, wobei die Subjekt-Objektverhältnisse, die die Kinder darstellten, als Zahlenrelationen kodiert sind. Die unterstrichene Struktur entspricht der korrekten Interpretation.

3a') the sheep (1) that hit the rabbit (2) kisses the lion (3)

Antwort	<u>12,13</u>	12,23	21,23	12,32
Alter				
3.0-3.6	18	2	1	0
4.0-4.6	16	5	1	0
5.0-5.6	22	0	0	2
gesamt	56	7	2	2

Tabelle 9: Interpretation von Subjekt-Relativsätzen[241]

240 In *act out studies* wird Kindern ein Satz vorgesprochen, den sie mit Hilfe von Spielfiguren darstellen sollen.

241 Lebeaux (1990a:49)

Die Ergebnisse des Experiments zum Verständnis des Subjekt-Relativsatzes zeigen, daß diese Satzstruktur fast vollständig und von Anfang an korrekt interpretiert wird. Bei den Objekt-Relativsätzen, in denen das Objekt des Matrixsatzes das Subjekt des Relativsatzes ist, zeigt sich jedoch ein vollkommen anderes Bild:

3b') the lion (1) kissed the duck (2) that hit the pig (3)

Antwort	<u>12,23</u>	12,13	12,31	12,32	21,23
Alter					
3.0-3.6	1	17	1	2	1
4.0-4.6	4	15	3	1	0
5.0-5.6	9	13	1	0	1
gesamt	14	45	5	3	2

Tabelle 10: Interpretation von Objekt-Relativsätzen[242]

Kinder stellen einen Objekt-Relativsatz so dar, als sei das Subjekt des Matrixsatzes auch das Subjekt des Relativsatzes, sie interpretieren einen Objekt-Relativsatz also systematisch wie eine und-verknüpfte Satzstruktur: *the lion kissed the duck and hit the pig*. Die Kinder wählen also die Interpretation, die nach der *default*-Regel für *adjoin* α als Koordinationsoperation vollzogen wird[243].

---

242 Lebeaux (1990a:50)

243 Diese Hypothese sagt vorher, daß Objekt-Relativsätze häufiger "mißverstanden" werden sollten als Subjekt-Relativsätze. Fraziers Studie zur Verarbeitung holländischer Relativsätze, die die bevorzugte Lesart des mehrdeutigen Relativpronomens als Subjekt oder Objekt des Relativsatzes untersucht, und die schließlich zur Formulierung der *active filler strategy* geführt hatte, können in der Weise interpretiert werden, daß die bevorzugte Subjektlesart des Relativpronomens durch eine Koordinationsverknüpfung entsteht:

a) ich schreibe einen Brief an meine Freundin, *die* meine Tante besucht hat

b) ich schreibe einen Brief an meine Freundin UND *die* (hat) meine Tante besucht

Für die Einbindung eines Relativsatzes in die Wurzelstruktur der D-Struktur stehen im Laufe der Derivation also prinzipiell zwei Operationen zur Verfügung: Adjunktion an einen nominalen Kopf wie im Englischen und Konjunktion an die IP bei korrelativer Relativsatzstruktur. Wie die Tabellen zeigen, wählen Kinder also am Anfang nicht die Operation, die zum Typ des Relativsatzes in der *target grammar* führt, sondern die *default*-Realisierung, die zwar nicht zur sprachspezifisch korrekten Struktur führt, aber UG-konform ist.

Folgende Sequenz ist bezüglich des Erwerbs des Relativsatzes zu beobachten: 1. Der Relativsatz wird nicht verstanden, sondern nur die Matrixproposition, 2. der Relativsatz wird als Konjunktionsstruktur verstanden, und 3. der Relativsatz wird als Adjunktionsstruktur verstanden. Diese Sequenz macht deutlich, daß bis zu einem gewissen Zeitpunkt die Fähigkeit für *adjoin* α noch nicht vorhanden ist.

4) DS ((--- O1: *adjoin* α ---> S1) --- O2: *conjoin* α ---> S2)

Die Operation O1 steht dem Kind bis zu einem bestimmten Zeitpunkt t nicht zur Verfügung, die Spracherwerbsleistung besteht dann in einem Erschließen weiterer Operationen, was in der Darstellung (4) einer Eliminierung der Klammerung entspricht, so daß schließlich auch die Adjunktionsoperation (O1) zur Verfügung steht. Zu jedem Zeitpunkt ist eine spezifische Grammatik mit einem spezifischen Analyseschritt assoziiert, die durch eine eigene Verarbeitungsaktion vollzogen wird[244].

---

244 Lebeaux (1990a:73)

Zeit	Grammatik	Analyse	Aktion
t1	G1	RS wird nicht angebunden	A1
t2	G2	Koordinationsstruktur	A2
t3	G3	reguläre Anbindung	A3[245]

Wenn also beispielsweise zum Zeitpunkt t3 das Kind mit einer komputationellen Schwierigkeit konfrontiert wird, kann es zu einer einfacheren Analyse (A1, A2) zurückkehren, die mit einer anderen Grammatik assoziiert ist. Auf diese Weise sind alle Analysen des Kindes mit einer der in der UG spezifizierten Grammatiken (G1, G2, G3) kompatibel. Die Spracherwerbsdaten deuten darauf hin, daß bei besonderen Anforderungen die *default*-Regel eingesetzt wird. Komputationelle Schwierigkeiten veranlassen das System, in ein früheres und damit einfacheres System zurückzufallen.

> "The child may be assumed to start from a universal linguistic specification, Universal Grammar, which has at least as much information in it as the final, in terms of universal specifications." (Lebeaux 1990b:318)

Die UG stellt dem Kind also eine Reihe von Operationen zur Verfügung, von denen eine die *default*-Operation darstellt. Mit der *default*-Regel wird der Input analysiert, auch solcher Input, der noch nicht mit der jeweils aktuellen Grammatik des Kindes beschreibbar ist. Dem Input wird also eine grammatische *default*-Struktur zugewiesen. Diese *default*-Strukturen sind eventuell nicht in der Zielgrammatik des Kindes enthalten, kommen aber in natürlichen Sprachen vor. Das heißt, daß die zielgrammatischen "Fehler", die das Kind während des Spracherwerbs produziert, UG-konforme Strukturen sind. Da die *default*-Operationen ständig verfügbar bleiben, kann das Kind in diese Stufen zurückfallen.

---

245 Dabei liegt der Zeitpunkt t1 früher als t2, G1 ist eine "einfachere" Grammatik als G2 und die Analyse A1 "einfacher" als A2 usw. (G1 < G2 < G3 und A1 < A2 < A3 und P1 < P2 < P3).

Aus dem Maturationsansatz übernimmt Lebeaux die Vorstellung, daß die syntaktischen Strukturen des Kindes deshalb komplexer werden, weil die einzelnen Lizensierungsbedingungen heranreifen: zuerst die Argument-Relation, dann die Prädikationsrelation. Mit der Anwendung der syntaktischen Operationen für die Etablierung der Lizensierungsrelationen entwickeln sich die syntaktischen Repräsentationsebenen, etwa durch *move* α wird die Ebene der S-Struktur. Damit ist für Lebeaux die Frage nach derivationeller oder repräsentationeller Grammatik keine *entweder-oder*-Frage: Der Übergang von einer Repräsentationsebene zur anderen kann nur durch Derivation vollzogen werden. Da aber nach dem Projektionsprinzip die lexikalischen Informationen auf allen syntaktischen Ebenen erhalten bleiben müssen, enthält jede syntaktische Repräsentationsebene sämtliche Informationen, so daß von jeder Ebene aus die anderen Ebenen deriviert werden können[246].

Die von Lebeaux (1988, 1990a, 1990b) vertretene Annahme, daß Kinder bei komputationellen Schwierigkeiten in eine andere Grammatikstufe zurückfallen, und daß die Sequenzen im Spracherwerb auch die Sequenzen bei der Derivation eines Satzes darstellen, kann auch eine Erklärung für die beobachteten Effekte bei der Sprachverarbeitung Erwachsener bieten: Sowohl im Spracherwerb als auch bei der Sprachverarbeitung wird zuerst die Wurzelstruktur konstruiert, indem die Komplementpositionen als kanonische Argumentpositionen besetzt werden. In der Universalgrammatik sind einfache Operationen enthalten, mit denen das Kind im Spracherwerb den Input analysiert, bevor es die zielgrammatisch korrekten Operationen erwirbt. Diese einfachen Operationen stehen auch dem erwachsenen Sprecher zur Verfügung, der sie u.a. dann einsetzt, wenn im Fall von Ambiguitäten die Grammatik mehrere Analysen erlaubt. Die beobachteten Sprachverarbeitungseffekte ergeben sich also nicht aufgrund genuiner Sprachverarbeitungsstrategien, sondern einerseits

---

246 In diese Richtung argumentiert auch Johnson (1989) in bezug auf Sprachverarbeitungsmodelle: Wenn ein Parser alle Repräsentationsebenen errechnen soll, kann das nur über Derivation geschehen. Da innerhalb einer einzelnen Ebene aber die Informationen aller anderen Ebenen repräsentiert sind, ist es möglich, daß der Parser nur eine einzige Ebene konstruiert.

aufgrund syntaktischer Faktoren, die die Sichtbarkeit von Positionen innerhalb der syntaktischen Struktur steuern, und andererseits aufgrund von Operationen, die in der Universalgrammatik enthalten sind und die bei Prozessierungsschwierigkeiten im Spracherwerb oder bei der Sprachverarbeitung eingesetzt werden.

Schlußbemerkungen

Ein zentrales Ziel der Psycholinguistik und auch der vorliegenden Arbeit ist die Erforschung jener kognitiven Prozesse, die der menschlichen Sprachverarbeitung zugrunde liegen. Nachdem die Repräsentation der menschlichen Sprachfähigkeit als grammatisches System formuliert und formalisiert ist, ist der Anspruch auf kognitive Validität dieser Grammatik nur dadurch einzulösen, daß gezeigt wird, wie dieses grammatische Wissen bei der Sprachverarbeitung zur Anwendung kommt. Ziel der Sprachverarbeitungsforschung ist also der Zusammenhang zwischen Grammatik und Sprachverarbeitungsmechanismus, zwischen Kompetenz und Performanz.

Während in den 60er Jahren von einer engen Beziehung zwischen Grammatik und Sprachverarbeitungsmechanismus ausgegangen wurde[247] und in den 70er und frühen 80er Jahren die Annahme vorherrschte, der menschliche Parser sei ein autonomes Modul mit eigenständigen, grammatikunabhängigen Prinzipien, die als Sprachverarbeitungsstrategien formuliert waren, legen die Ergebnisse der dargestellten Experimente die Annahme nahe, daß die Beziehung zwischen Parser und Grammatik weitaus enger ist als lange Zeit angenommen. Es wurde gezeigt, daß die *active filler strategy* allenfalls dann als übergeordnete Verarbeitungsstrategie, wonach der Parser versucht, syntaktische Lücken möglichst schnell zu füllen, akzeptiert werden kann, wenn spezifiziert ist, wann die Sichtbarkeitsbedingung von Lücken erfüllt ist. Die vorgestellten Ergebnisse zeigen, daß die Sichtbarkeit von Positionen von ihrem Rektionsstatus und Argumentstatus, i.e. durch syntaktische Faktoren gesteuert wird, und daß Lücken gemäß einer syntaktisch motivierten Hierarchie sichtbar werden. Verarbeitungseffekte gründen also nicht auf eigenständigen Verarbeitungsprinzipien, sondern auf Prinzipien der Grammatik, die Lücken unter spezifischen Bedingungen sichtbar werden lassen. Die Reihenfolge des Sichtbar-

247 "In the earlier view, psychological models were largely concerned with explaining the interactions of linguistic competence (as represented by the grammar) with relatively unsystematic nonlinguistic variables like memory, motivation, and attention." (Fodor, Bever & Garrett 1974:369)

werdens von Lücken konnte in einen Zusammenhang mit allgemeinen Prinzipien für die Konstruktion konzeptueller Einheiten gestellt werden. Die dargestellten Ergebnisse und Interpretationen bestätigen also bezüglich der Frage, ob angeborene Prinzipien, die den Spracherwerb und den Sprachgebrauch steuern, spezifisch für die kognitive Domäne der Sprachfähigkeit oder Teil allgemeiner kognitiver Fähigkeiten sind, die auch in anderen Bereichen zur Anwendung kommen, die These einer "relativen Autonomie". Im letzten Kapitel wurde versucht, die Beobachtungen bei der Verarbeitung struktureller Mehrdeutigkeiten mit Spracherwerbsdaten zu korrelieren. Für die Beobachtungen bei der Verarbeitung einzelner Strukturbereiche konnten jeweils Korrelate aus dem Spracherwerb angeführt werden, was die These unterstützt, daß die Repräsentation der Grammatik, der Erwerb und die Prozessierung von Sprache durch dieselben Prinzipien und Prozesse gesteuert wird.

Die Rückführung der Verarbeitungseffekte auf kompetenzgrammatische Faktoren revitalisiert die Annahme eines engen und transparenten Zusammenhangs zwischen Grammatik und Verarbeitungsmechanismus und knüpft an die von Miller & Chomsky (1963) vertretene *competence* hypothesis an, die eine transparente Ableitung des Parsers aus der Grammatik postuliert - eine Annahme, die aufgrund des Paradigmenwechsels innerhalb der Grammatiktheorie wieder möglich ist.

Literatur

Abney, S. 1987. The English noun phrase in its sentential aspect. Ph.D. dissertation. MIT. Cambridge, Mass.

Abney, S. 1989. A computational model of human parsing. Journal of Psycholinguistic Research 18.1: 129-144.

Altmann, G. 1988. Ambiguity, parsing strategies, and computational models. Language and Cognitive Processes 3: 73-97.

Altmann, G. 1989. Parsing and interpretation: an introduction. Language and Cognitive Processes 4: 1-20.

Altmann, G. & Steedman, M. 1988. Interaction with context during human sentence processing. Cognition 30: 191-238.

Aoun, Y., Hornstein, N. & Sportiche, D. 1981. Some aspects of wide scope quantification. Journal of Linguistic Research 1: 69-95.

Aoun, Y. & Sportiche, D. 1983. On the formal theory of government. The Linguistic Review 2.3: 211-236.

Bach, E., Brown, C. & Marslen-Wilson, W. 1987. Gekreuzte und geschachtelte Abhängigkeiten im Deutschen und Niederländischen: Eine psycholinguistische Studie. In: J. Bayer (ed.) Grammatik und Kognition. Linguistische Berichte. Sonderheft 1/1987: 7-24.

Bader, M. 1990. Syntaktische Prozesse beim Sprachverstehen. Unveröffentl. Magisterarbeit. Universität Freiburg.

Baker, C.L. 1979. Syntactic theory and the projection problem. Linguistic Inquiry 10: 533-581.

Baker, M. 1988. Incorporation. A theory of grammatical function changing. Chicago: The University of Chicago Press.

Balota, A., Flores D'Arcais, G.B. & Rayner, K. 1990. Comprehension processes in reading. Hillsdale: Lawrence Erlbaum.

Baltin, M.R. 1982. A landing site theory of movement rules. Linguistic Inquiry 13: 1-38.

Barton, G. 1984. Towards a principle-based parser. A.I. Memo No. 788. MIT. Cambridge, Mass.

Barton, E., Berwick, R. & Ristad, S. 1987. Computational complexity and natural language. Cambridge, Mass.: MIT Press.

Bayer, J. 1984. COMP in Bavarian syntax. The Linguistic Review 3: 209-274.

Bayer, J. (ed.) 1987. Grammatik und Kognition. Psycholinguistische Untersuchungen. Linguistische Berichte. Sonderheft 1/1987. Opladen: Westdeutscher Verlag.

Bayer, J. 1988. Die Konfigurationalitätsfrage des Deutschen im Lichte von Sprachverarbeitungsdaten. Vortrag. GGS-Tagung Passau.

Bayer, J. 1992. Configurationality in the light of language comprehension: the order of arguments in German. Ms. Universität Düsseldorf.

Bech, G. 1955. Studien über das deutsche verbum infinitum. Neuauflage 1983. Tübingen: Niemeyer.

Bellugi, U. 1967. The acquisition of the syntax of negation in children's speech. Ph.D. dissertation. Harvard University.

Berwick, R. 1985. The acquisition of syntactic knowledge. Cambridge, Mass.: MIT Press.

Berwick, R. 1987. Principle-based parsing. MIT Artificial Intelligence Laboratory. Technical Report 972.

Berwick, R., Abney, S. & Tenny, C. (eds.) 1991. Principle-based parsing: computation and psycholinguistics. Dordrecht: Kluwer.

Berwick, R. & Weinberg, A. 1983. The role of grammars in models of language use. Cognition 13: 1-61.

Berwick, R. & Weinberg, A. 1984. The grammatical basis of linguistic performance. Cambridge, Mass.: MIT-Press.

Berwick, R. & Weinberg, A. 1985. Deterministic parsing and linguistic explanation. Language and Cognitive Processes I.2: 109-134.

den Besten, H. 1977. On the interaction of root transformations and lexical deletive rules. Groniger Arbeiten zur Generativen Linguistik (GAGL) 20 (1981): 1-78.

Bever, T. 1970. The cognitive basis for linguistic structures. In: J.R. Hayes (ed.) Cognition and the development of language. New York: John Wiley and Sons.

Bever, T., Garrett, M. & Hurting, T. 1973. Ambiguity increases complexity in perceptually incomplete sentences. Memory & Cognition 1: 279-286.

Bever, T. & McElree, B. 1988. Empty categories access their antecedents during comprehension. Linguistic Inquiry 19: 35-43.

Bloom, L. 1970. Language development: form and function in emerging grammars. Cambridge, Mass.: MIT Press.

Bloom, L., Lightbown, P. & Hood, L. 1975. Structure and variation in child language. Monographs of the Society for Research in Child Development 40. Chicago, IL: University of Chicago Press.

Bloom, L. 1991. Language development from two to three. Cambridge: Cambridge University Press.

Boland, J., Tanenhaus, M. & Garnsey, S. 1990. Evidence for the immediate use of verb control information in sentence processing. Journal of Memory and Language 29: 413-432.

Bondre, P. 1990. Parameter setting and the Binding Theory: no subset problem. Ms. Universität Köln.

Borer, H. 1984. Parametric syntax. Dordrecht: Foris.

Borer, H. & Wexler, K. 1987. The maturation of syntax. In: T. Roeper & E. Williams (eds.) Parameter setting. Dordrecht: Reidel.

Bouchard, D. 1984. On the content of empty categories. Dordrecht: Foris.

Bouchard, D. 1991. From conceptual structure to syntactic structure. In: K. Leffel & D. Bouchard (eds.) Views on phrase structure. Dordrecht: Kluwer.

Breidt, L. 1989. Thematic roles in language processing. Unpubl. ms. University of Edinburgh.

Brennan, V. 1988. Prepositions or lack them: the formal semantics of telegraphic speech. Ms. University of Massachusetts.

Bresnan, J. 1976. Evidence for a theory of unbounded transformations. Linguistic Analysis 2: 353-393.

Bresnan, J. 1978. A realistic transformational grammar. In: M. Halle, J. Bresnan & G. Miller (eds.) Linguistic theory and psychological reality. Cambridge, Mass.: MIT Press.

Bresnan, J. (ed.) 1982. The mental representation of grammatical relations. Cambridge, Mass.: MIT Press.

Bresnan, J. & Kaplan, M. 1982. Grammars and mental representations of language. Introduction to: J. Bresnan (ed.) The mental representation of grammatical relations. Cambridge, Mass.: MIT Press.

Burzio, L. 1981. Intransitive verbs and Italian auxiliaries. Ph.D. dissertation. MIT. Cambridge, Mass.

Carlson, G. & Tanenhaus, M. 1988. Thematic roles and language comprehension. In: W. Wilkins (ed.) Thematic Relations. New York: Academic Press.

Carlson, G. & Tanenhaus, M. (eds.) 1989. Linguistic structure in language processing. Dordrecht: Kluwer Academic Publishers.

Carrier-Duncan, J. 1985. Linking of thematic roles in derivational word-formation. Linguistic Inquiry 16: 1-34.

Cinque, G. 1986. Bare quantifiers, quantified NPs and the notion of operator at S-structure. Rivista di Grammatica 11: 1-63.

Chomsky, C. 1969. The acquisition of syntax in children from 5-10. Cambridge, Mass. MIT. Research Monograph 57.

Chomsky, N. 1957. Syntactic structures. Den Haag: Mouton.

Chomsky, N. 1959. Review of Skinner's 'Verbal Behavior'. Language 3: 26-58.

Chomsky, N. 1965. Aspects of the theory of syntax. Cambridge, Mass.: MIT Press.

Chomsky, N. 1968. Language and mind. New York: Harcourt, Brace & World.

Chomsky, N. 1970. Remarks on nominalizations. In: R. Jacobs & P.S. Rosenbaum (eds.) Readings in English transformational grammar. Washington: Georgetown University Press.

Chomsky, N. 1971. Deep structure, surface structure, and semantic interpretation. In: D. Steinberg & L. Jakobovits (eds.) Semantics. Cambridge: Cambridge University Press.

Chomsky, N. 1972. Studies on semantics in Generative Grammar. Den Haag: Mouton.

Chomsky, N. 1973. Conditions on transformations. In: S. Anderson & P. Kiparski (eds.) A Festschrift for Morris Halle. New York: Holt, Rinehart & Winston.

Chomsky, N. 1975. Questions of form and interpretation. Linguistic Analysis 2: 75-109.

Chomsky, N. 1976. Conditions on rules of grammar. Linguistic Analysis 2: 303-351.

Chomsky, N. 1977. On wh-movement. In: P. Culicover, T. Wasow & A. Akmajian (eds.). Formal syntax. New York: Academic Press.

Chomsky, N. 1980. On binding. Linguistic Inquiry 11: 1-46.

Chomsky, N. 1981. Lectures on government and binding. Dordrecht: Foris.

Chomsky, N. 1982. Some concepts and consequences of the theory of government and binding. Cambridge, Mass.: MIT-Press.

Chomsky, N. 1986a. Knowledge of language: its nature, origin, and use. London: Praeger.

Chomsky, N. 1986b. Barriers. Cambridge, Mass.: MIT-Press.

Chomsky, N. 1989. Notes on the economy of derivations. MIT Working papers. Cambridge, Mass.

Chomsky, N. 1992. A minimalist program for linguistic theory. Ms. MIT. Cambridge, Mass.

Chomsky, N. & Lasnik, H. 1977. Filters and control. Linguistic Inquiry 8: 425-504.

Church, P. 1982. On memory limitations in natural language processing. Bloomington, Ind. IULC.

Clahsen, H. 1988. Parameterized grammatical theory and language acquisition. In: S. Flynn & W. O'Neil (eds.) Linguistic theory in second language acquisition. Dordrecht: Kluwer Academic Publishers.

Clark, H. & Clark, E. 1977. Psychology and language. New York: Harcourt Brace Jovanovich.

Clifton, C. & Ferreira, F. 1989. Ambiguity in context. Language and Cognitive Processes 4: 77-103.

Clifton, C. & Frazier, L. 1986. The use of syntactic information in filling gaps. Journal of Psycholinguistic Research 15.3: 209-224.

Clifton, C. & Frazier, L. 1989. Comprehending sentences with long-distance dependencies. In: G. Carlson & M. Tanenhaus (eds.) Linguistic structure in language processing. Dordrecht: Kluwer.

Clifton, C., Frazier, L. & Connine, C. 1984. Lexical expectations in sentence comprehension. Journal of Verbal Learning and Verbal Behavior 23: 696-708.

Clifton, C., Speer, S. & Abney, S. 1991. Parsing arguments: phrase structure and argument structure as determinants of initial parsing decisions. Journal of Memory and Language 30: 251-271.

Connine, C., Ferreira, F., Jones, C., Clifton, C. & Frazier, L. 1984. Verb frame preferences. Journal of Psycholinguistic Research 13: 307-319.

Cooper, W. & Walker, E. 1979. Sentence processing. Hillsdale, N.J.: Lawrence Erlbaum.

Crain, S. & Fodor, J.D. 1985. How can grammars help parsers? In: D. Dowty, L. Karttunen & A. Zwicky (eds.) Natural language parsing. Cambridge: Cambridge University Press.

Crain, S. & Fodor, J.D. 1987. Sentence matching and overgeneration. Cognition 26: 123-170.

Crain, S. & Steedman, M. 1985. On not being led up the garden path: the use of context by the psychological sentence processor. In: D. Dowty, L. Karttunen & A. Zwicky (eds.) Natural language parsing. Cambridge: Cambridge University Press.

Cuetos, F. & Mitchell, D. 1988. Cross-linguistic differences in parsing: restrictions on the use of the *late closure strategy* in Spanish. Cognition 30: 73-105.

Culicover, P. & Wexler, K. 1980. Formal principles of language acquisition. Cambridge, Mass.: MIT Press.

De Vincenzi, M. 1989. Syntactic strategies in sentence parsing in Italian: the processing of empty elements. Ph.D. dissertation. University of Massachusetts. Amherst, Mass.

De Vincenzi, M. 1991. Syntactic parsing strategies in Italian. Dordrecht: Kluwer.

Diesing, M. 1990. Verb movement and the subject position in Yiddish. Natural Language and Linguistic Theory 8: 41-79.

Dobrovie-Sorin, C. 1990. Clitic doubling, wh-movement, and quantification in Romanian. Linguistic Inquiry 21: 351-397.

Dowty, D., Karttunen, L. & Zwicky, A. (eds.) 1985. Natural language parsing. Cambridge: Cambridge University Press.

Engdahl, E. 1982. Interpreting sentences with multiple filler-gap dependencies. Working Papers in Linguistics 24. Lund University.

Engdahl, E. 1985. Interpreting questions. In: D. Dowty, L. Karttunen & A. Zwicky (eds.) Natural language parsing. Cambridge: Cambridge University Press.

Fanselow, G. & Felix, S.W. 1987a. Sprachtheorie 1: Grundlagen und Zielsetzungen. Tübingen: Francke.

Fanselow, G. & Felix, S.W. 1987b. Sprachtheorie 2: Die Rektions- und Bindungstheorie. Tübingen: Francke.

Felix, S.W. 1984. Maturational aspects of Universal Grammar. In: A. Davies, C. Criper & A. Howatt (eds.) 1984. Interlanguage. Edinburgh: Edinburgh University Press.

Felix, S.W. 1987. Cognition and language growth. Dordrecht: Foris.

Felix, S.W. 1990. The structure of functional categories. Linguistische Berichte. Sonderdruck 125.

Felix, S.W., Farke, H. & Olsen, J. 1992. The format problem in a GB-parser. Passauer Arbeitspapiere zur Linguistik und Informatik 3. Universität Passau.

Ferreira, F. & Clifton C. 1986. The independence of syntactic processing. Journal of Memory and Language 25: 348-368.

Ferreira, F. & Henderson, J. 1990. The use of verb information in syntactic parsing: a comparison of evidence from eye movements and segment-by-segment self-paced reading. Journal of Experimental Psychology: Learning, Memory and Cognition 16: 555-568.

Ferreira, F. & Henderson, J. 1991. Recovery from misanalysis of garden-path sentences. Journal of Memory and Language 30: 724-745.

Fodor, J.A. 1975. The language of thought. New York: Crowell.

Fodor, J.A. 1983. The modularity of mind. Cambridge, Mass.: MIT Press.

Fodor, J.A. & Bever, T. 1965. The psychological reality of linguistic segments. Journal of Verbal Learning and Verbal Behavior 4: 414-420.

Fodor, J.A., Bever, T. & Garrett, M. 1974. The psychology of language: an introduction to psychology and generative grammar. New York: MacGraw Hill.

Fodor, J. A. & Garrett, M. 1967. Some syntactic determinants of sentential complexity. Perception and Psychophysics 2: 289-296.

Fodor, J.A., Garrett, M. & Bever, T. 1968. Some syntactic determinants of sentential complexity II: Verb structure. Perception and Psychophysics 3: 453-461.

Fodor, J.D. 1978. Parsing strategies and constraints on transformations. Linguistic Inquiry 9: 427-473.

Fodor, J.D. 1979. Superstrategy. In: W. Cooper & E. Walker (eds.) Sentence processing. Hillsdale, N.J. Erlbaum: 249-279.

Fodor, J.D. 1981. Does performance shape competence? Philosphical Transactions of the Royal society 295. London.

Fodor, J.D. 1983a. Phrase structure parsing and the island constraint. Linguistics and Philosophy 6: 163-223.

Fodor, J.D. 1983b. Constraints on gaps: is the parser a significant influence? Linguistics 21: 9-34.

Fodor, J.D. 1985. Deterministic parsing and subjacency. Language and Cognitive Processes 1: 3-42.

Fodor, J.D. 1988. On modularity in syntactic processing. Journal of Psycholinguistic Research 17: 125-168.

Fodor, J.D. 1989. Empty categories in sentence processing. Language and Cognitive Processes 4: 155-209.

Fodor, J.D. 1990. Thematic roles and modularity. In: G. Altmann (ed.) Cognitive models on speech processing. Cambridge, Mass.: MIT Press.

Fodor, J.D. & Frazier, L. 1980. Is the human parsing mechanism an ATN? Cognition 8: 417-459.

Fong, S. 1991. The computational implementation of principle-based parsing. In: R. Berwick, S. Abney & S. Tenny (eds.) Principle-based parsing. Dordrecht: Kluwer.

Ford, M. 1989. Parsing complexity and a theory of parsing. In: G. Carlson & M. Tanenhaus (eds.) Linguistic structure in language processing. Dordrecht: Kluwer.

Ford, M., Bresnan, J. & Kaplan, R. 1982. A competence based theory of syntactic closure. In: J. Bresnan (ed.) The mental representation of grammatical relations. Cambridge, Mass.: MIT Press.

Ford, M. & Dalrymple, M. 1988. A note on some psychological evidence and alternative grammars. Cognition 49: 63-71.

Forster, K.I. 1979. Levels of processing and the structure of the language processor. In: W. Cooper & E. Walker (eds.) Sentence processing. Hillsdale, N.J.: Lawrence Erlbaum.

Forster, K. & Stevenson, B. 1987. Sentence matching and well-formedness. Cognition 26: 171-186.

Foss, D.J. 1970. Some effects of ambiguity upon sentence comprehension. Journal of Verbal Learning and Verbal Behavior 9: 699-706.

Foss, D.J. & Hakes, T. 1978. Psycholinguistics. New York: Prentice Hall.

Frazier, L. 1979. On comprehending sentences: syntactic parsing strategies. Bloomington, Ind. IULC.

Frazier, L. 1985a. Syntactic complexity. In: D. Dowty, L. Karttunen & A. Zwicky (eds.) Natural language parsing. Cambridge: Cambridge University Press.

Frazier, L. 1985b. Modularity and the representational hypothesis. Proceedings of NELS 12: 131-144.

Frazier, L. 1986. Natural classes in language processing. Unpubl. ms. MIT. Cambridge, Mass.

Frazier, L. 1987a. Sentence processing: a tutorial review. In: M. Coltheart (ed.) Attention and performance XII. Hillsdale, N.J.: 559-586.

Frazier, L. 1987b. Syntactic processing: evidence from Dutch. Natural Language & Linguistic Theory 5: 519-559.

Frazier, L. 1989. Against lexical generation of syntax. In: W. Marslen-Wilson (ed.) Lexical representation and process. Cambridge, Mass.: MIT Press.

Frazier, L. 1990a. Parsing modifiers: special purpose routines in the human sentence processing mechanism? In: D.A. Balota, G.B. Flores D'Arcais & K. Rayner (eds.) Comprehension processes in reading. Hillsdale, N.J.: Lawrence Erlbaum.

Frazier, L. 1990b. Exploring the architecture of the language processing system. In: G. Altmann (ed.) Cognitive models on speech processing. Cambridge, Mass.: MIT Press.

Frazier, L. 1990c. Parsing with chains. Vortrag. Conference of the Linguistic Society of Great Britain. Cambridge.

Frazier, L. & Clifton, C. 1987. Thematic relations in parsing. Occasional Papers in Linguistics 9. University of Massachusetts.

Frazier, L. & Clifton, C. 1989. Successive cyclicity in the grammar and the parser. Language and Cognitive Processes 4: 93-126.

Frazier, L., Clifton, C. & Randall, J. 1983. Filling gaps: decision principles and structure in sentence comprehension. Cognition 13: 187-222.

Frazier, L. & Flores D'Arcais, G. 1989. Filler-driven parsing: a study of gap filling in Dutch. Journal of Memory and Language 28: 331-344.

Frazier, L. & Fodor, J.D. 1978. The sausage machine: a new two-stage parsing model. Cognition 6: 291-325.

Frazier, L. & Rayner, K. 1982. Making and correcting errors during sentence comprehension: eye movements in the analysis of structurally ambiguous sentences. Cognitive Psychology 14: 178-210.

Frazier, L. & Rayner, K. 1987. Resolution of syntactic category ambiguities: eye movements in parsing lexically ambiguous sentences. Journal of Memory and Language 26: 505-526.

Frazier, L. & Rayner, K. 1988. Parametrizing the language processing system: left-vs. right branching within and across languages. In: J.A. Hawkins (ed.) Explaining language universals. Oxford: Basil Blackwell.

Frazier, L. & de Villiers, J. (eds.) 1990. Language processing and language acquisition. Dordrecht: Kluwer.

Freedman, S. 1982. Behavioral reflexes of constraints on transformations. Ph. D. dissertation. Monash, Australia.

Freedman, S. & Forster, K. 1985. The psychological status of overgenerated sentences. Cognition 19: 101-131.

Fukui, N. & Speas, M. 1986. Specifiers and projections. MIT Working Papers 8: 128-172.

Garnsey, S.M., Tanenhaus, M. & Chapman, R.M. 1989. Evoked potentials and the study of sentence comprehension. Journal of Psycholinguistic Research 18: 51-60.

Gazdar, G. 1981. Unbounded dependencies and coordinate structures. In: P. Jacobson & G. Pullum (eds.) The nature of syntactic representation. Dordrecht: Reidel.

Gazdar, G., Klein, E., Pullum, G. & Sag, I. 1985. Generalized phrase structure grammar. London: Basil Blackwell.

Gorrell, P.G. 1987. Studies on human sentence processing: ranked-parallel vs. serial models. Ph. D.dissertation. University of Conneticut.

Gough, P.B. 1965. Grammatical transformations and speed of understanding. Journal of Verbal Learning and Verbal Behavior 4: 107-111.

Gough, P.B. 1966. The verification of sentences. Journal of Verbal Learning and Verbal Behavior 5: 492-496.

Grewendorf, G. 1988. Aspekte der Deutschen Syntax. Eine Rektions- und Bindungsanalyse. Tübingen: Narr.

Grimshaw, J. 1990. Argument structure. Linguistic Inquiry Monography 18. Cambridge, Mass.: MIT Press.

Günther, U. 1989. Lesen im Experiment. Linguistische Berichte 122: 283-320.

Guilfoyle, E. & Noonan, M. 1988. Functional categories and language acquisition. Ms. McGill University.

Haider, H. 1984. Topic, focus and V-second. Groninger Arbeiten zur Generativen Linguistik 21: 72-120.

Haider, H. 1986. V-second in German. In: H. Haider & M. Prinzhorn (eds.) Verb second phenomena in germanic languages. Dordrecht: Foris.

Haider, H. 1987. Deutsche Syntax generativ - Eine Einführung in die Theorie von Rektion und Bindung. (erscheint bei Narr, Tübingen).

Haider, H. 1993. ECP-Etüden: Anmerkungen zur Extraktion aus eingebetteten Verb-Zweit-Sätzen. Linguistische Berichte 145: 185-203.

Hakes, D.T. 1971. Does verb structure affect sentence comprehension? Perception and Psychophysics 10: 229-232.

Hanley, R. 1987. Semantic heuristics, syntactic analysis, and case role assignment. Journal of Psycholinguistic Research 16.4: 329-334.

Haverkort, M. 1986. Parasitic gaps. Multiple variable binding, connectedness, ATB or chain composition. University of Nijmegen.

Hawkins, J. 1983. Word order universals. New York: Academic Press.

Hawkins, J. 1990. A parsing theory of word order universals. Linguistic Inquiry 21: 223-261.

Hockett, C.F. 1954. Two models of grammatical description. Word 10: 210-231.

Holmes, M. 1987. Syntactic parsing: in search of the garden-path. In: M. Coltheart (ed.) Attention and Performance XII. Hillsdale, N.J.: Lawrence Erlbaum.

Holmes, V.M., Kennedy, A. & Murray, W. 1987. Syntactic structure and the garden path. Quarterly Journal of Experimental Psychology 39A: 277-293.

Huang, C.T. 1981. Move *wh* in a language without *wh*-movement. The Linguistic Review 1: 369-416.

Huang, C.T. 1984. On the distribution and reference of empty pronouns. Linguistic Inquiry 15: 531-574.

Huang, C.T. 1989. Pro-drop in Chinese: a generalized control theory. In: O. Jaeggli & K. Safir (eds.) The null-subject parameter. Dordrecht: Kluwer.

Hyams, N. 1983. The acquisition of parametrized grammars. Ph.D.dissertation. CUNY, New York.

Hyams, N. 1986. Language acquisition and the theory of parameters. Dordrecht: Reidel.

Hyams, N. 1987. The theory of parameters and syntactic development. In: T. Roeper & E. Williams (eds.) Parameter setting. Dordrecht: Reidel.

Jackendoff, R. & Culicover, P. 1971. A reconsideration of dative movement. Foundations of Language 7: 397-412.

Jackendoff, R. 1990. Semantic structures. Cambridge, Mass.: MIT Press.

Jaeggli, O. 1982. Topics in Romance syntax. Dordrecht: Foris.

Jaeggli, O. & Safir, K. 1989. The null-subject parameter. Dordrecht: Kluwer.

Johnson, M. 1987. Parsing as deduction. Ph.D. dissertation. Stanford University.

Johnson, M. 1989. Parsing as deduction: the use of knowledge of language. Journal of Psycholinguistic Research 18.1: 105-128.

Just, M. & Carpenter, P. 1980. A theory of reading: from eye fixations to comprehension. Psychological Review 87: 329-354.

Just, M. & Carpenter, P. 1987. The psychology of reading and language comprehension. Boston: Allyn & Bacon.

Karttunen, L. 1973. Presuppositions of compound sentences. Linguistic Inquiry 4: 169-193.

Kayne, R. 1981. ECP extensions. Linguistic Inquiry 12: 93-133.

Keenan, E. L. & Comrie, B. 1977. Noun phrase accessibility and Universal Grammar. Linguistic Inquiry 8: 63-99.

Kennedy, A. & Murray, W. 1984. Inspection times for words in syntactically ambiguous sentences. Journal of Experimental Psychology: Human Perception and Performance 10: 833-849.

Kennedy, A., Murray, W., Jennings, F. & Reid, C. 1989. Parsing complements: comments on the generality of the principle of minimal attachment. Language and Cognitive Processes 4: 51-76.

Kenstowicz, M. 1989. The null-subject parameter in modern Arabic dialects. In: O. Jaeggli & K. Safir (eds.) The null-subjact parameter. Dordrecht: Kluwer.

Kimball, J. 1973. Seven principles of surface structure parsing in natural language. Cognition 2: 15-47.

Kiss, K. 1981. Structural relations in Hungarian, a free word order language. Linguistic Inquiry 12: 185-213.

Kolb, H.-P. & Thiersch, C. 1990. Levels and empty categories in a principles and parameters approach to parsing. ITK Research Report 19. Tilburg University.

Konieczny, L., Hemforth, B. & Strube, G. 1991. Psychologisch fundierte Prinzipien der Satzverarbeitung jenseits von *Minimal Attachment*. Kognitionswissenschaft 1: 58-70.

Koopman, H. 1984. The syntax of verbs. Dordrecht: Foris.

Koopman, H. & Sportiche, D. 1982. Variables and the bijection principle. The Linguistic Review 2: 139-160.

Koopman, H. & Sportiche, D. 1991. The position of subjects. Lingua 85: 211-258.

Koster, J. 1986. The relation between pro-drop, scrambling, and verb movements. Groningen Papers in Theoretical and Applied Linguistics, TTT Nr.1. Universität Groningen.

Kratzer, A. 1984. On deriving syntactic differences between German and English. Ms. Berlin.

Kuroda, S.Y. 1988. Whether we agree or not: a comparative syntax of English and Japanese. Lingvisticae Investigationes 12: 1-47.

Kurtzman, H.S. 1985. Studies in syntactic ambiguity resolution. Doct. diss. MIT. Cambridge, Mass.

Larson, R. 1987. *Promise* and the theory of control. Ms. MIT. Cambridge, Mass.

Larson, R. 1988. On the double object construction. Linguistic Inquiry 19: 335-391.

Lasnik, H. & Saito, M. 1984. On the nature of proper government. Linguistic Inquiry 15: 235-289.

Lasnik, H. & Uriagereka, J. 1988. A course in GB-syntax. Cambridge, Mass.: MIT Press.

Lebeaux, D. 1988. Language acquisition and the form of grammar. Ph.D.dissertation. University of Massachusetts.

Lebeaux, D. 1990a. The grammatical nature of the acquisition sequence: adjoin α and the formation of relative clauses. In: L. Frazier & J. de Villiers (eds.). Language processing and language acquisition. Dordrecht: Kluwer.

Lebeaux, D. 1990b. Relative clauses, licensing and the nature of the derivation. Proceedings of NELS 20: 319-332.

Lenerz, J. 1977. Zur Abfolge nominaler Satzglieder im Deutschen. Tübingen: Narr.

Lust, B. (ed.) 1986. Studies in the acquisition of anaphora. Dordrecht: Reidel.

Lust, B. & Chien, Y.-C. 1984. The structure of coordination in first language acquisition of Mandarin Chinese: evidence for a universal. Cognition 17: 49-83.

MacKay, D.G. 1966. To end ambiguous sentences. Perception and Psychophysics 1: 426-436.

MacWhinney, B. & Pleh, C. 1988. The processing of restrictive relative clauses in Hungarian. Cognition 29: 95-141.

MacWhinney, B., Bates, E. & Kliegl, R. 1984. Cue validity and sentence interpretation in English, German, and Italian. Journal of Verbal Learning and Verbal Behavior 23: 127-155.

Manzini, R. 1983. On control and control theory. Linguistic Inquiry 14: 421-446.

Marcus, M. 1980. A theory of syntactic recognition for natural language. Cambridge, Mass.: MIT-Press.

Marslen-Wilson, W.D. 1975. The limited compatibility of linguistic and perceptual explanations. Papers from the Parasession on Functionalism. University of Chicago.

Marslen-Wilson, W.D. (ed.) 1989. Lexical representation and process. Cambridge, Mass.: MIT Press.

Marslen-Wilson, W.D. & Tyler, L. 1975. Processing structure of sentence perception. Nature 257: 784-785.

Marslen-Wilson, W.D. & Tyler, L. 1980. The temporal structure of spoken language understanding. Cognition 8: 1-71.

Marslen-Wilson, W.D. & Tyler, L. 1987. Against modularity. In: J. Garfield (ed.) Modularity in knowledge representation and natural language understanding. Cambridge, Mass.: MIT Press.

Marslen-Wilson, W.D., Tyler, L. & Seidenberg, M. 1978. Sentence processing and the clause boundary. In: W. Levelt & G. Flores D'Arcais (eds.) Studies in the perception of language. New York: John Wiley & Sons.

Mazuka, R. & Lust, B. 1990. On parameter setting and parsing: predictions for cross-linguistic differences in adult and child processing. In: L. Frazier & J. de Villiers (eds.) Language processing and language acquisition. Dordrecht: Kluwer.

McClelland, J. & Kawamoto, A. 1986. Mechanisms of sentence processing: assigning roles to constituents of sentences. In: J. McClelland & D. Rumelhart (eds.) Parallel distrubuted processing: psychological models. Cambridge, Mass.: MIT Press.

Miller, G. 1956. The magic number seven, plus or minus two: some limits on our capacity for processing information. Psychological Review 63: 81-97.

Miller, G. & Chomsky, N. 1963. Finitary models of language users. In: R. Luce, R. Bush & E. Galanter (eds.) Handbook of Mathematical Psychology II. New York: John Wiley & Sons.

Mitchell, D.C. 1987. Lexical guidance in human parsing: locus and processing characteristics. In: M. Coltheart (ed.) Attention and Performance VII. Hillsdale: Lawrence Erlbaum.

Mitchell, D.C. 1989. Verb guidance and other lexical effects in parsing. Language and Cognitive Processes 4: 123-154.

Mitchell, D.C. & Holmes, V.M. 1984. The role of specific information about the verb in parsing sentences with local ambiguities. Journal of Memory and Language 24: 542-559.

Mitchell, D.C., Cuetos, F. & Zagar, D. 1990. Reading in different languages. Is there a universal mechanism for parsing sentences? In: A. Balota, G.B. Flores D'Arcais & K. Rayner (eds.) Comprehension processes in reading. Hillsdale: Lawrence Erlbaum.

Müller, N. 1991. Komplexe Sätze: Der Erwerb von COMP und von Wortstellungsmustern bei bilingualen Kindern. Dissertation. Universität Hamburg.

Müller, G. & Sternefeld, W. 1990. Improper movement. Arbeitspapier 26 der Fachgruppe Sprachwissenschaft. Universität Konstanz.

Neisser, U. 1967. Cognitive psychology. New York: Meredith.

Nicol, J. 1988. Coreference processing during sentence comprehension. Ph.D. dissertation. MIT. Cambridge, Mass.

Nicol, J. & Osterhout, L. 1988. Reactivating antecedents of empty categories during parsing. Unpubl. ms. University of Arizona.

Nicol, J. & Swinney, D. 1989. The role of structure in coreference assignment during sentence comprehension. Journal of Psycholinguistic Research 18: 5-20.

Noonan, M. 1988. Superiority effects: how do antecedent government, lexical government, and V/2 interact? McGill Working Papers in Linguistics: 192-214.

Pesetsky, D. 1987. *wh*-in-situ: movement and unselective binding. In: A. Ter Meulen & E. Reuland (eds.) Representation of (in)definiteness. Cambridge, Mass.: MIT Press.

Pinker, S. 1984. Language learnability and language development. Cambridge, Mass.: Harvard University Press.

Platzack, C. 1983. Germanic word order and the COMP/INFL parameter. Working Papers in Scandinavian Syntax 2: 1-45.

Platzack, C. 1987. The Scandinavian languages and the null-subject parameter. Natural Language and Linguistic Theory 5, 377-401.

Platzack, C. & Holmberg, A. 1989. The role of AGR and Finiteness. Working Papers in Scandinavian Syntax 43: 51-76.

Pollock, J.Y. 1989. Verb movement, Universal Grammar and the structure of IP. Linguistic Inquiry 20: 365-424.

Pritchett, B. 1987. Garden path phenomena and the grammatical basis of language processing. Ph.D. dissertation. Harvard University. Cambridge, Mass.

Pritchett, B. 1991a. Subjacency in a principle based parser. In: R. Berwick, S. Abney, & C. Tenny (eds.) Principle-based parsing: computation and psycholinguistics. Dordrecht: Kluwer.

Pritchett, B. 1991b. Head position and parsing ambiguity. Journal of Psycholinguistic Research 20.3: 251-270.

Pullum, G. 1985. Assuming some version of X-bar theory. Syntax Research Center. University of California. Santa Cruz.

Pustejovsky, J. 1991. The syntax of event structure. Cognition 41: 47-81

Rayner, K., Carlson, G. & Frazier, L. 1983. The interaction of syntax and semantics during sentence processing: eye movements in the analysis of semantically biased sentences. Journal of Verbal Learning and Verbal Behavior 22: 358-374.

Rayner, K. & Frazier, L. 1987. Parsing temporarily ambiguous complements. Quarterly Journal of Experimental Psychology 39: 657-673.

Rayner, K. & Pollatsek, A. 1989. The psychology of reading. Englewood Cliffs, N.J.: Prentice Hall.

Reinhart, T. 1976. The syntactic domain of anaphora. Ph.D. dissertation. MIT. Cambridge, Mass.

Reis, M. 1985. Satzeinleitende Strukturen im Deutschen. In: W. Abraham (ed.) Erklärende Syntax des Deutschen. Tübingen: Narr.

Reis, M. & Rosengren, I. 1988. Wh-imperatives?! Sprache und Pragmatik 10: 1-49.

Riemsdijk, H.v. & Williams, E. 1981. NP-structure. The Linguistic Review 1: 171-217.

Riemsdijk, H.v. & Williams, E. 1986. Introduction to the theory of grammar. Cambridge, Mass.: MIT Press.

Rizzi, L. 1982. Issues in Italian Syntax. Dordrecht: Foris.

Rizzi, L. 1986. Null objects in Italian and the theory of *pro*. Linguistic Inquiry 17: 501-557.

Rizzi, L. 1990. Relativized minimality. Cambridge, Mass.: MIT Press.

Rizzi, L. 1991a. Proper head government and the definition of A-position. GLOW Newsletter 26: 46-47.

Rizzi, L. 1991b. Residual verb second and the wh-criterion. Technical Reports on Formal and Computational Linguistics 2: 1-28.

Rizzi, L. & Roberts, I. 1989. Complex inversion in French. Probus 1: 1-30.

Rock, I. 1985. Wahrnehmung: Vom visuellen Reiz zum Sehen und Erkennen. Heidelberg: Spektrum der Wissenschaft.

Roeper, T. & Williams, E. (eds.) 1987. Parameter setting. Dordrecht: Reidel.

Rosenbaum, P. S. 1970. A principle governing deletion in English sentential complementation. In: R.A. Jacobs & P.S. Rosenbaum (eds.) Readings in English transformational grammar. Washington: Georgetown University Press.

Rosengren, I. 1990. Zum Problem der kohärenten Verben im Deutschen. Ms. Universität Lund.

Ross, J. 1967. Constraints on variables in Syntax. Ph.D. dissertation. MIT. Cambridge, Mass.

Safir, K. 1981. Inflection-government and inversion. Linguistic Review 1: 417-467.

Shank, R.C. 1972. Conceptual dependency: a theory of natural language understanding. Cognitive Psychology 3: 552-631.

Shapiro, L.P., Zurif, E. & Grimshaw, J. 1987. Sentence processing and the mental representation of verbs. Cognition 27: 219-246.

Shapiro, L.P., Zurif, E. & Grimshaw, J. 1989. Verb processing during comprehension: contextual impenetrability. Journal of Psycholinguistic Research 18.2: 223-243.

Slobin, D. 1966. Grammatical transformations and sentence comprehension in childhood and adulthood. Journal of Verbal Learning and Verbal Behavior 5: 219-227.

Slobin, D. 1971. The ontogenesis of grammar. New York: Academic Press.

Speas, M. 1990. A theory of phrase structure. Dordrecht: Kluwer.

Sportiche, D. 1988. A theory of floating quantifiers and its corollaries for constituent structure. Linguistic Inquiry 19: 425-449.

Staudacher, P. 1990. Long movement from verb second complements in German. In: G. Grewendorf & W. Sternefeld (eds.) Scrambling and Barriers. Amsterdam: Benjamins.

Stechow, A.v. & Sternefeld, W. 1988. Bausteine syntaktischen Wissens. Opladen: Westdeutscher Verlag.

Steedman, M. 1988. Grammar, interpretation and processing from the lexicon. In: W.D. Marslen-Wilson (ed.) Lexical representation and process. Cambridge, Mass.: MIT-Press.

Sternefeld, W. 1991. Syntaktische Grenzen: Chomskys Barrierentheorie und ihre Weiterentwicklungen. Opladen: Westdeutscher Verlag.

Stewart, C. & Gough, P. 1967. Constituent search in immediate memory for sentences. Proceedings of the Midwestern Psychology Association.

Stowe, L. 1983. Models of gap location in the human language processor. Ph.D. dissertation. University of Wisconsin. Madison.

Stowe, L. 1984. A subject/object asymmetry in parsing. Proceedings of NELS 14: 432-446.

Stowe, L. 1986. Parsing wh-constructions: evidence for on-line gap-location. Language and Cognitive Processes 1.3: 227-246.

Stowe, L. 1989. Thematic structure and sentence comprehension. In: G. Carlson & M. K. Tanenhaus (eds.) Linguistic structure in language processing. Dordrecht: Kluwer.

Stowell, T. 1981. Origins of phrase structure. Ph.D. dissertation. MIT. Cambridge, Mass.

Stowell, T. 1983. Subjects across categories. The Linguistic Review 2: 285-312.

Tanenhaus, M., Boland, J. & Garnsey, S. 1989. Lexical structure in parsing long-distance dependencies. Journal of Psycholinguistic Research 18: 37-50.

Tanenhaus, M. & Carlson, G. 1988. Lexical structure and language comprehension. In: W. Marslen-Wilson (ed.) Lexical representation and process. Cambridge, Mass.: MIT Press.

Taraban, R. & McClelland, J. 1988. Constituent attachment and thematic role assignment in sentence processing: influences of context-based expectations. Journal of Memory and Language 27: 597-632.

Tavakolian, S. 1978. Structural principles in the acquisition of complex sentences. Ph.D. dissertation. University of Massachusetts.

Tavakolian, S. (ed.) 1981. Language acquisition and linguistic theory. Cambridge, Mass.: MIT Press.

Teuber, M. 1974. Sources of ambiguity in the prints of Maurits Escher. Scientific American 231: 90-104.

Travis, L. 1984. Parameters and effects of word order variation. Ph.D. dissertation. MIT. Cambridge, Mass.

Valian, V. 1991. Syntactic subjects in the early speech of American and Italian children. Cognition 40: 21-81.

te Velde, J.R. 1992. Subject-object and coordinate asymmetries and the syntactic structure of German. In: R. Lippi-Green (ed.) Recent developments in germanic linguistics. Amsterdam: Benjamins.

Vikner, S. 1990. Verb movement and the licensing of NP-positions in the germanic languages. Ph.D. dissertation. Univerity of Geneva.

Wanner, E. & Maratsos, M. 1978. An ATN approach to comprehension. In: M. Halle, J. Bresnan & G. Miller (eds.) Linguistic theory and psychological reality. Cambridge, Mass.: MIT Press.

Weinberg, A. 1985. Topics in parsing and GB theory. Ph.D. dissertation. MIT. Cambridge, Mass.

Wertheimer, M. 1923. Untersuchungen zur Lehre von der Gestalt. Psychologische Forschung 4: 301-350.

Wexler, K. & Manzini, R. 1987. Parameters and learnability in binding theory. In: T. Roeper & E. Williams (eds.) Parameter setting. Dordrecht: Reidel.

White, L. 1985. The pro-drop parameter in adult second language acquisition. Language Learning 35: 47-62.

Williams, E. 1981. Argument structure in morphology. The Linguistic Review 1: 81-114.

Williams, E. 1984. Grammatical relations. Linguistic Inquiry 15: 639-673.

Williams, E. 1986. A reassignment of the functions of LF. Linguistic Inquiry 17: 265-299.

Zwicky, A. & Pullum, G. 1983. Phonology in syntax: The Somali optional agreement rule. Natural Language & Linguistic Theory 1: 385-402.

Aus dem Programm Linguistik

Rainer Dietrich

Modalität im Deutschen

Zur Theorie der relativen Modalität

1992. 224 S. Kart.
ISBN 3-531-12364-5

Das Buch behandelt zum einen die Semantik von Möglichkeit und Notwendigkeit im Deutschen im Gewand unterschiedlicher Ausdrucksmittel, darunter ‚müssen', ‚können', ‚sollen', ‚dürfen', ‚wahrscheinlich', ‚gewiß', ‚wohl', ‚‚sein' + ‚zu' + Infinitiv, ‚-bar', das Futur, Konditionale und die Generik, zum zweiten die Rolle der Modalbedeutung im Textaufbau.

Der besondere Beitrag zur Linguistik besteht in der detaillierten, theoriebezogenen Beschreibung der erwähnten Ausdrücke und in dem Nachweis, daß Modalität in den Äußerungen eines Textes im Prinzip nicht wechselt, soweit es sich nicht um Hintergrundäußerungen handelt, daß diese monotone Belegung gerade zur Kohärenz beiträgt und daß sie von der Textfrage vorbestimmt ist.

Peter Schlobinski

Funktionale Grammatik und Sprachbeschreibung

Eine Untersuchung zum gesprochenen Deutsch sowie zum Chinesischen

1992. 366 S. Kart.
ISBN 3-531-12348-3

Das Buch befaßt sich im Rahmen Funktionaler Grammatiken mit der gesprochenen Sprache. Im Zentrum stehen Untersuchungen zum Deutschen sowie zum Chinesischen. Dabei werden einzelne grammatische Strukturen auf der Basis empirischer Daten analysiert. Die Einbettung in den kommunikativen Zusammenhang spielt bei der Analyse eine wichtige Rolle.

Mechthild Rickheit

Wortbildung

Grundlagen einer kognitiven Wortsemantik

1993. 301 S. (Psycholinguistische Studien; hrsg. von Gert Rickheit und Dieter Metzing) Kart.
ISBN 3-531-12439-0

Das Buch stellt ein Modell der semantischen Repräsentation von Wortbedeutung vor, das zwischen potentiellem und referentiellem Aspekt differenziert. Wortkonzepte werden als variable lexikalische Bedeutungen interpretiert, die kontextspezifisch angereichert, modifiziert und präzisiert werden. Das Wortbildungssystem setzt derartige Konzepte voraus und spezifiziert neue Wortkonzepte. Wortbildungsprozesse werden auf globale Organisationsprinzipien zurückgeführt und anhand formalisierter Beispiele belegt.

WESTDEUTSCHER VERLAG
OPLADEN · WIESBADEN

GPSR Compliance

The European Union's (EU) General Product Safety Regulation (GPSR) is a set of rules that requires consumer products to be safe and our obligations to ensure this.

If you have any concerns about our products, you can contact us on ProductSafety@springernature.com

In case Publisher is established outside the EU, the EU authorized representative is:

Springer Nature Customer Service Center GmbH
Europaplatz 3
69115 Heidelberg, Germany

Batch number: 10809466

Printed by Printforce, the Netherlands